根本 久・和田哲夫
［編著］

天敵利用の基礎と実際
減農薬のための上手な使い方

農文協

はじめに

　本書は、2003年刊の『天敵利用で農薬半減』の内容を全面的に改めた新版である。旧版が出てからのこの十数年で、IPM（Integrated Pest Management：総合的有害生物管理）に基づいた天敵利用を実践している欧米諸国はすでに「農薬半減」を実現している。わが国でも施設栽培を中心に、農薬を多使用しても止められないハダニ類やアザミウマ類、コナジラミ類などに対し天敵資材が大きく活躍しつつある。スワルスキーカブリダニやタイリクヒメハナカメムシなど広（多）食性天敵の登場と活用、植物／害虫の両方を食べる土着捕食者タバコカスミカメの増殖と放飼法の確立など、旧版以降の技術開発に一定の進化がある。しかし、種類が少ない、使い方が難しい、価格が適当でないといった理由から天敵利用は十分な普及に到らず、「農薬半減」とまでいっていないのも現実である。本書ではそうした認識をベースに、これからのわが国の天敵利用の新たな基礎を提供しようとするものである。その思いもあり、書名は新しく『天敵利用の基礎と実際』とした。

　ところで、施設栽培に比べ、露地での天敵活用はまだまだこれからである。施設では害虫を中に入れず、閉鎖空間で「天敵製剤」を害虫発生前に定着させることがベースになり、欧米各国のバンカー法や天敵の餌散布といった施設内で天敵を増やす各種方法などが参考になる。これに対し、露地では生物多様性を増進、確保することが課題であり、天敵の温存場所の工夫や選択性殺虫殺の使い方などがその基本になる。

　このように、施設と露地でアプローチの異なる天敵利用の実際を、本書では総論と各論それぞれで詳しく解説し、間違いのない活用法により減農薬につながる具体的技術を示している。そのなかには天敵の利用による有機栽培の取り組みも紹介している。

　旧版が出版された当時は、1992年の国連環境開発会議（UNCED：地球サミット）の「環境と開発に関する宣言（リオ宣言：アジェンダ21）」に基づき、各国に「農業の持つ物質循環機能を生かし、化学肥料や農薬の使用等による環境負荷の軽減に配慮した持続的な農業の実現」が求められていた。この「リオ宣言」でいう持続的な農業の根幹をなすものがIPMであった。本書第1章でもIPMの詳細、成立の経緯について解説しているが、言わんとすることは、持続可能性はもはや地球規模での要請事項であって農業生産もこれまでと同じレベルでとどまっていることはできない、ということである。天敵活用の意味を押さえるために「農薬半減」の処方箋とあわせ、一読していただければ幸いである。

編者を代表して　保全生物的防除研究事務所・代表　根本　久

目　次

はじめに ……………………………………………………………………………… 1

第1章　欧米と日本の天敵利用

1　総合的有害生物管理とは …………………………………………………… 10
1　病害虫発生の3つの要因 …………………………………………………… 10
2　3つの条件に対する操作 …………………………………………………… 11
❶ 有害生物の操作　11 ／ ❷ 作物の操作　13 ／ ❸ 環境の操作　13

2　農薬のリスク認識とその規制──天敵利用の背景史 ………………… 14
1　総合的有害生物管理（IPM）の歴史と展開 …………………………… 14
2　アメリカの農薬規制の歴史とIPM ……………………………………… 16
❶ 導入天敵はアメリカのIPMの原点　16 ／ ❷ IPMと食品の安全　16
3　EUの農薬規制の歴史と天敵利用 ……………………………………… 19
❶ 1980年代に環境問題がクローズアップ　19 ／ ❷ 予防原則を前提とした農薬規制　20 ／
❸ 農薬登録には、人だけでなく天敵への影響評価も　21 ／ ❹ 農薬規制を支える天敵利用　21

3　欧米での天敵利用 …………………………………………………………… 22
1　天敵利用の実情 …………………………………………………………… 22
❶ 露地での成功例は少ない　22 ／ ❷ 施設栽培ではスペインがリード　23 ／
❸ 微生物剤の利用状況は　23
2　天敵利用の実際──南スペイン・施設トマトの例 ………………… 23
❶ 北ヨーロッパ向けのトマト生産　23 ／ ❷ トマトキバガの侵入を機に一気に利用が広がる　24
／ ❸ 重要害虫とその天敵昆虫　24

4　日本での天敵利用 …………………………………………………………… 27
1　可能性を大きく広げたスワルスキーの登場 ………………………… 27
❶ 1995年以降の本格展開　27 ／ ❷「農薬」登録が必要な日本の特殊事情　28 ／ ❸ 初めはオランダ方式をまねて失敗　28 ／ ❹ 有力天敵の出現と独自開発の「ゼロ放飼」　29 ／ ❺ イチゴのハダニ防除の使用例　29
2　トマトでの新しい利用可能性 …………………………………………… 30
❶ 黄化葉巻病でいったんは減少した天敵利用　31 ／ ❷ オンシツツヤコバチによるIPM防除の可能性　31 ／ ❸ 自家増殖したカスミカメによるIPM防除事例　32
3　有機栽培と生物的防除 …………………………………………………… 33
❶ 欧米と日本との天敵ラインナップの比較　33 ／ ❷ 天敵利用の制度上の問題　35

第2章 天敵利用の基本
どうすればうまく使いこなせるか？

1 露地と施設で異なる病害虫管理 ……………………………… 38
1. 露地・施設それぞれの栽培環境 ……………………………… 38
2. 施設栽培でとくに必要な病害虫リスク回避 ……………………………… 39

2 施設栽培の病害虫管理のポイント ……………………………… 39
1. 病害虫のついていない健全苗の供給 ……………………………… 39
2. 衛生学に基づく圃場管理の徹底 ……………………………… 40
3. 病害虫が入りにくい施設の構造 ……………………………… 40
4. 抵抗性品種の利用 ……………………………… 40
5. 行動制御による害虫防除 ……………………………… 41
   ❶ 光反射資材の利用 *41* ／ ❷ 夜間黄色光照明の利用 *41* ／ ❸ 有色粘着テープの利用 *42*
6. 天敵利用と物理的および生物的環境 ……………………………… 42

3 露地栽培での防除戦略 ……………………………… 44
1. IPMの3つの分野とその要素 ……………………………… 44
2. 植生を利用した天敵の保全 ……………………………… 45
   ❶ 日本に多い天敵温存の自然植生 *45* ／ ❷ 植物の利用による天敵の増殖 *46*
3. 有機マルチ利用による天敵の温存 ……………………………… 52
4. 農薬の天敵への悪影響 ……………………………… 54

4 施設栽培での防除戦略 ……………………………… 55
1. 施設栽培圃場で天敵を増やす方法（圃場増殖法）……………………………… 55
   ❶ 天敵利用で難しい増殖、放飼のタイミング *55* ／ ❷ 栽培施設内で天敵を増殖する *55*
2. バンカー法利用技術 ……………………………… 61
   ❶ 施設栽培でのバンカー法 *61* ／ ❷ バンカー法の実施手順 *62* ／
   ❸ バンカー法実証試験による手順改善例 *64* ／ ❹ バンカー法の普及状況 *65*
3. 微生物製剤を活用した生物的防除 ……………………………… 66
   ❶ 昆虫病原糸状菌とは──知らないうちに防除効果を発揮 *66* ／
   ❷ 上手な使い方と失敗しないポイント *67* ／ ❸ 特性を理解してじっくり長く使う *70*
4. 天敵類の普及方法──イチゴを例に ……………………………… 71
   ❶ 天敵利用を体得したうえで指導 *71* ／ ❷ 化学農薬と組み合わせた防除体系で考える *71* ／
   ❸ 天敵類の試験と調査 *71* ／ ❹ 天敵類の放飼のタイミングと増殖技術 *72* ／
   ❺ 重要な効果の確認──最初の1ヵ月は7～10日おきに *72*

第3章　天敵利用の実際

施 設 栽 培

1　ピーマン ……78
1　天敵導入と普及の経緯 ……78
2　各作型での天敵を利用した害虫防除 ……78
　❶ 半促成ピーマン　78 ／ ❷ 抑制ピーマン　79 ／ ❸ 促成ピーマン　80
3　熟練農家の天敵利用例 ……81
　❶ つねに観察し、農薬使用を徹底制限　81 ／ ❷ Tさんの天敵利用の特徴　81
【囲み記事】天敵を導入した場合の収量・防除費などの試算 ……83

2　ナス ……84
1　対象害虫・主要天敵と防除のポイント ……84
2　使える農薬と使用上の注意点 ……84
3　天敵を利用した防除の実際 ……84
　❶ アザミウマ類の防除　84 ／ ❷ コナジラミ類の防除　87 ／ ❸ アブラムシ類の防除　87 ／
　❹ ハダニ類、チャノホコリダニの防除　89 ／ ❺ 鱗翅目害虫の防除　89 ／
　❻ ハモグリバエ類の防除　89
4　防除上、考慮すべき殺菌剤 ……89

3　キュウリ ……90
1　対象害虫・主要天敵と防除のポイント ……90
　❶ 病害虫の種類が多いキュウリ　90 ／ ❷ 防除に用いる資材　90
2　薬剤と使用上の注意点 ……90
　❶ 使用する生物農薬と薬剤　90 ／ ❷ 薬剤の影響を軽減する資材　90 ／
　❸ 生物農薬の使用方法　91
3　スワルスキーカブリダニを利用した天敵防除の実際 ……92
　❶ 微生物体系と比較すると……　92 ／ ❷ ただし単独でミナミキイロアザミウマの完全防除は難しい　93 ／ ❸ 冬季の施設内でも活用できる　94
4　天敵防除導入のポイント ……94
　❶ 経営的にも普及性の高い技術　94 ／ ❷ 成否は準備で決まる　94

4　イチゴ ……95
1　カブリダニ利用体系によるハダニ防除の実証 ……95
2　最初はミヤコカブリダニを導入 ……95
3　成功とともに失敗事例も ……95
4　ミヤコカブリダニ、チリカブリダニの同時放飼 ……97
　❶ 大きいチリカブリダニの可視化効果　97 ／ ❷ 天敵生態への観察眼も磨かれるように　97 ／

❸ 部会の6割超がチリ・ミヤコ同時放飼を導入　97

5　ガーベラ　98

1　対象害虫・主要天敵と防除体系　98
2　天敵防除体系のポイント　99
❶ 全株植え替え時が天敵利用のスタート　99 ／ ❷ 健全苗の準備が前提　99 ／ ❸ 定植直後は影響の短い薬剤で防除　99 ／ ❹ 定植4〜6週間後に放飼　99 ／ ❺ 放飼後の薬剤選択　100 ／ ❻ 定期的な追加放飼が必要　100 ／ ❼ 冬春のハダニ対策はチリカブリダニの追加放飼で　100 ／ ❽ ハモグリバエの発生が多い場合　101
3　経営評価は……──農薬使用回数は1/4〜1/2減、コストは2〜6割増し　102
4　より省力的な防除の可能性　102

6　有機栽培での天敵利用　103

1　葉菜類で広がる可能性と防除戦略　103
2　シュンギク　104
❶ ハモグリバエ類　104 ／ ❷ アブラムシ類　105 ／ ❸ ハスモンヨトウ、ヤサイゾウムシ　105
3　エンサイ　105
❶ 最重要害虫はアブラムシ類　105 ／ ❷ バンカー法によるモモアカアブラムシ対策　106 ／ ❸ 緑肥エンバク圃場で事前にアブラムシの天敵を増やす　106 ／ ❹ アブラムシが手に負えないとき：対処策として微生物製剤　107 ／ ❺ 夏季のバンカー植物で捕食性天敵を養う　107 ／ ❻ ハダニ類はチリカブリダニで　108 ／ ❼ ハスモンヨトウは予察とBT剤で　109
4　レタス　109
❶ アブラムシ類　110 ／ ❷ ハモグリバエ類、ハスモンヨトウ　110
5　ミニトマト　110
❶ コナジラミ類　111 ／ ❷ ハモグリバエ類、アザミウマ類　111 ／ ❸ アブラムシ類　111 ／ ❹ トマトサビダニ　112 ／ ❺ 病害対策　112

露　地　栽　培

7　ナス　113

1　対象害虫と主要天敵　113
2　この防除法のポイント　113
❶ 一対一の関係で考えない　113 ／ ❷ インセクタリー植物などで環境整備　113 ／ ❸ ヒメハナカメムシ類やヒメテントウ、クモ類を大事にする　114
3　防除の実際　115
❶ 定植前　115 ／ ❷ 定植時以降　115
4　使える農薬と使用上の注意点　116

8 ピーマン ... 118
- 1 対象害虫と主要天敵 ... 118
- 2 この防除法のポイント ... 118
- 3 防除の実際 ... 120
  - ❶ 定植前 120 ／ ❷ 定植時以降 120
- 4 使える農薬と使用上の注意点 ... 120

9 アブラナ科葉菜類 ... 121
- 1 対象害虫・主要天敵と防除のポイント ... 121
  - ❶ 問題になる害虫 121 ／ ❷ おもな天敵と防除のポイント——とくに大事なウズキコモリグモ 122 ／ ❸ 畑で天敵を増やす方法 124
- 2 防除の実際 ... 124

10 ネギ ... 125
- 1 おもな害虫とその対策、有望な土着天敵 ... 125
  - ❶ 地上部の害虫 125 ／ ❷ 地下部（軟白部および根部）の害虫 125 ／
  - ❸ 有望な土着天敵 126
- 2 土着天敵の保護利用を主体としたIPMで使える化学合成農薬 ... 126
  - ❶ 定植時の殺虫剤処理 126 ／ ❷ チョウ目害虫の発生時に利用できる殺虫剤 126 ／
  - ❸ 使用を控えるべき殺菌剤 126
- 3 土着天敵を増やすための植生管理 ... 127
  - ❶ リビングマルチ用オオムギ「百万石」の間作 127 ／
  - ❷ 緑肥用ハゼリソウの温存とリレー播種 127

11 リンゴ ... 129
- 1 主要害虫とその対策 ... 129
- 2 複合交信攪乱剤の利用と殺虫剤削減 ... 129
- 3 殺虫剤削減による土着天敵の保護 ... 129
  - ❶ アブラムシ類の天敵——テントウムシ類、クサカゲロウ類やアブラバチなど 129 ／
  - ❷ カイガラムシ類の天敵——ヒメアカホシテントウなどの捕食性天敵や寄生蜂など 129 ／
  - ❸ ハダニ類の天敵——カブリダニ類、ハダニアザミウマ、ハナカメムシ類など 130
- 4 天敵環境に樹園地の草生管理も大事 ... 130
- 5 天敵資材を利用した害虫防除 ... 131
  - ❶ モモシンクイガ 131 ／ ❷ ヒメボクトウ 132 ／ ❸ ハダニ類 132

12 ナシ ... 133
- 1 主要害虫と土着天敵を温存する害虫管理体系 ... 133
- 2 土着天敵を活かす防除体系の考え方 ... 133
  - ❶ 複合交信攪乱剤コンフューザーNの利用 133 ／ ❷ 複合交信攪乱剤使用上の留意点 133

- 3 殺虫剤削減による土着天敵の保護 134
  - ❶ アブラムシ類の天敵——テントウムシ類、アブラバチ類、ヒラタアブ類など　134 ／
  - ❷ ハダニ類の天敵——カブリダニ類、ハダニアザミウマ、ハネカクシなど　134 ／
  - ❸ カイガラムシ類の天敵——寄生蜂やテントウムシ類　134
- 4 土着天敵を活かした防除体系 135
- 5 複合交信攪乱剤を利用した防除の実際 135
  - ❶ 防除体系　135 ／ ❷ マイナー害虫と対策　138 ／ ❸ コナカイガラムシ類　138 ／
  - ❹ カメムシ類　138
- 6 各害虫の要防除水準 138
- 【囲み記事】ニセナシサビダニの感水紙による簡易密度推定法 139

13　モモ 140

- 1 主要害虫と複合交信攪乱剤 140
- 2 複合交信攪乱剤の利用と殺虫剤削減 140
- 3 殺虫剤削減によって保護される土着天敵 140
  - ❶ アブラムシ類の天敵——テントウムシ類やアブラバチなど　140 ／ ❷ カイガラムシ類の天敵
  ——ヒメアカホシテントウなど　140 ／ ❸ ハダニ類の天敵——カブリダニ類、ハダニアザミウ
  マ、ハナカメムシ類、ハネカクシ類など　140 ／ ❹ ハマキムシ類、シンクイムシ類、モモハモ
  グリガの天敵——各種寄生蜂　141 ／ ❺ そのほかの土着天敵　141
- 4 天敵資材を利用した害虫防除 142
  - ❶ モモシンクイガ　142 ／ ❷ コスカシバ　142
- 5 土着天敵を増やす工夫 142
  - ❶ 殺虫剤の使用方法　143 ／ ❷ 殺虫剤削減によって増加する天敵　143 ／
  - ❸ 樹園地環境の整備　143
- 6 天敵利用と農薬防除の労力と経費の比較 143

14　カンキツ 144

- 1 対象害虫と主要天敵 144
  - ❶ カイガラムシ類、コナジラミ類の天敵　144 ／ ❷ ミカンハダニの土着天敵　144 ／
  - ❸ 市販されている天敵類　146 ／ ❹ 天敵類の効果が期待できない害虫　146
- 2 天敵類と併用可能な薬剤防除 147
  - ❶ マシン油乳剤　147 ／ ❷ 炭酸カルシウム水和剤　147 ／
  - ❸ 天敵類に影響の小さい農薬　149
- 3 天敵類に対して影響の少ない農薬散布法 149
  - ❶ 薬剤の選択と時期　149 ／ ❷ 天敵が期待できない害虫に対する薬剤防除　149 ／
  - ❸ 周辺へのドリフト低減　149
- 4 下草の活用——ナギナタガヤなどの草生栽培 150
- 5 天敵類を活用した防除体系 150

15 チャ ……………………………………………………………………………… 152

1 チャ園の豊かな生物多様性を活かす ………………………………………… 152
2 減農薬防除技術の実践 ……………………………………………………… 152
   ❶ 交信攪乱剤「ハマキコン-N」 152 ／ ❷ 顆粒病ウイルス剤「ハマキ天敵」、BT剤 153 ／
   ❸ 選択性殺虫剤 154 ／ ❹ かん水 154 ／ ❺ せん枝、整枝、すそ刈り 154 ／ ❻ 圃場周辺
   の雑草管理 154 ／ ❼ 黄色灯 154 ／ ❽ 敷き草 157 ／ ❾ 土着天敵の保護利用 157
3 病害対策について ………………………………………………………… 161
4 マイナー害虫対策について ………………………………………………… 162
【囲み記事】土着天敵の保護利用にも一役　世界農業遺産の「茶草場農法」……………………… 163

付録1　主要害虫別バンカー法一覧 ……………………………………………… 164
付録2　天敵などへの殺虫・殺ダニ剤、殺菌剤の影響目安 ……………………………… 168
付録3①　イチゴのハダニを中心としたIPM防除（例）………………………………… 178
付録3②　天敵類の放飼方法・効果の確認方法 ………………………………………… 180

天敵別索引 …………………………………………………………………… 182
害虫別索引 …………………………………………………………………… 186
天敵資材の問い合わせ先一覧 …………………………………………………… 189
天敵資材の連絡先一覧 …………………………………………………………… 190

著者一覧 ……………………………………………………………………… 191

＊本書に記載の農薬について
　農薬の登録は頻繁に追加、訂正されたり変更されたりします。本書で紹介する農薬の使用にあたっては最新の情報入手を心がけるとともに、各農薬のラベル表示を確認し、適切な利用をはかってください。

第1章

欧米と日本の天敵利用

コレマンアブラバチ(原図:長坂幸吉)

1 総合的有害生物管理とは

　総合的有害生物管理（Integrated Pest Management, IPM）はつねに進化している防除の考え方で、新しくは国際連合食糧農業機関（FAO）の「農薬の使用と流通に関する国際行動基準（International Code of Conduct on the Distribution and Use of Pesticides）、2002」に定義されている（成立の過程は14～16ページ参照）。それによると、IPMは、「可能な防除技術すべてを十分に検討し、その適切な防除手段を統合して、病害虫密度の増加を抑制しつつ、農薬その他の防除資材の使用量を経済的に正当な水準に抑え、かつ、人および環境へのリスクを減らすか、あるいは、最小化するよう適切な防除手法を組み合わせる。IPMは、健全な作物の生育を重視し、農業生態系の攪乱を最小限としつつ、自然に存在する病害虫制御機構を助長するものである」とされている。IPMは農薬を否定することはできないものの、自然に存在する病害虫制御機構をより尊重しようとしていることは確かである。

　現在のIPMの仕組みは以下のようである。

は応用生態学とされている。

　有害生物には、病害ではウイロイド、ウイルス、細菌、カビ（糸状菌）など（奥田ら、2004）、害虫では節足動物、センチュウ、マイマイ類（ナメクジなど）、脊椎動物（鳥、イノシシ、シカ、サルなど）があり、有害生物には雑草も含まれる。これらの被害は1つの個体で被害を現わすものから、多数の個体群とならなければ被害を与えられないものまである。

　有害生物による被害は多岐にわたる。害虫の食害や病原体の寄生による腐敗、ならびに収穫量の低下は直接的な被害である。このほか、病原体の媒介、病害虫の加害による味や栄養価、毒素など収穫物の品質に影響する被害、外観品質の低下、有害生物を防除するための費用など多くの被害がある。

　病害虫のターゲットとなる作物がなければ被害は起きないし、飼料用か食用かなど同じ作物でも収穫物の用途によって病害虫被害の程度が異なり、被害は相対的である。また、植物の病害虫に対する侵されやすさも被害と関連する。

1　病害虫発生の3つの要因

　植物に病気や害虫が発生して被害が出る要因には、①病原菌や害虫といった有害生物の存在、②作物の存在、③病害虫が繁殖する環境といった3つの条件が必要である（ノリスら、2003）。この3つが揃っていても各要因が重なるほど大きくならないと病気や害虫の被害は出ないが、3つの要因が重なると被害が出る（図1-1-1）。実際にはこの3つの要因のほかに、時間の要素が必要といわれる。後ほど紹介するが、総合的有害生物管理（IPM）

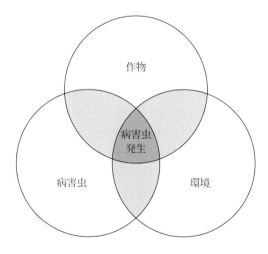

図1-1-1　病害虫発生の3つの要因

環境条件は病害虫の発生に大いに影響する。例えば、湿った環境で生える多くのカビは、風通しをよくして湿度を下げることで発生を抑えることができる。土壌病害の多くは土壌の排水性やpHに影響されることがわかっていて、これを改善することによって被害を回避できることも多い。また、病害虫には多くの対抗生物があり、害虫では天敵の、病害には拮抗微生物などの存在が病害虫の発生を抑制する。抵抗性には、作物を健全に育てると病気に罹りにくくなる、品種とレースなどに限らず発揮される圃場抵抗性もある。連作すると、前の作で発生した病害虫が土の中に残るなどの弊害が出る。

2　3つの条件に対する操作

作物の病気や害虫の被害の起きる3つの要因に対する対策は、それぞれに対する操作、すなわち、①有害生物に対する操作、②加害される作物の操作、③環境の操作とされる(図1-1-2)。

❶ 有害生物の操作
ⅰ) 農薬を利用した戦術と非農薬的戦術
病害虫などの有害生物に対する対抗策は、有害生物を消滅させたり、作物との接触を遮断したりすることである。その戦術は、農薬を利用した防除と非農薬的防除に分けられる。

農薬的防除は、防除暦などに基づくスケジュール（routine）防除と予察に基づく（monitoring based）防除に分けられる。スケジュール防除は、国内の果樹栽培や主穀作などで行なわれているが、予察に基づく防除は、免疫化学物質を用いた予察による方法、目視観察に基づく方法、トラップデータや地域の気象情報などを使った自動的予察に基づく方法などがある。

非農薬的戦術は、物理的・機械的防除、行動的防除、生物的防除に分けられる。

物理的防除は、熱、水や光、マルチ、ネットといった物理的手段によって植物との接触の機会を遮断したり、病害虫を死滅させたりする。行動的防除は、光、音、色や臭いなどに対する昆虫等の反応を利用して、捕獲したり、忌避行動を起こさせたりするといった行動を制御する方法である。生物的防除は、害虫に対する防除と病害に対する防除とで異なる。害虫に対する防除では天敵利用であり、その方法は、導入天敵の「永続的利用」、放飼増強法、土着天敵の保護利用からなる(広瀬、1987)。

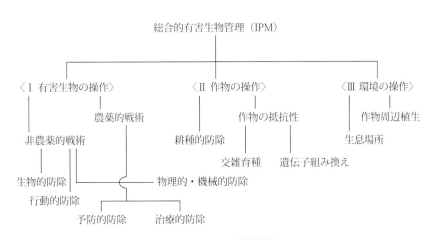

図1-1-2　IPMの防除戦術
（Zadoks and Waibel, 2000などを元に構成）

表1-1-1　天敵利用方法の分類　　（Debach and Rosen, 1991を改変）

①導入天敵の利用(importation of new natural enemies) =伝統的生物的防除(classical biological control)、永続的利用	
②放飼増強法(augmentation)	②-1 接種的放飼(inoculative release)
	②-2 大量放飼法(inundative release)＝生物農薬的利用(biotic insecticide)
③土着天敵の保護利用(conservation of natural enemy)	

ii）生物的防除の3つの方法

　生物的防除は、以下の3つの天敵利用がメインである（表1-1-1）。
・導入天敵の「永続的利用」
・放飼増強法
・土着天敵の保護利用

　永続的利用（伝統的生物的防除）は侵入害虫に対して、その原産地から有力な天敵を導入する方法で、少数の天敵の導入で済むため導入後の利益が大きい特徴がある。アメリカへの侵入害虫イセリヤカイガラムシに対する、原産地オーストラリアから導入したベダリアテントウのケースやアフリカのキャッサバの侵入害虫キャッサバコナカイガラムシに対する寄生蜂の導入の例は有名である。こちらは、最初の放飼以外にはコストがかからず、そのつど天敵を放飼しないため商業ベースにのりにくく、もっぱら国際機関や政府機関による場合が多い。国内では永続的に使用する場合でも農薬登録が必要とされ（高木、2013）、アルファルファタコゾウムシ対策のヨーロッパトビチビアメバチが2014年に登録された。

　放飼増強法は栽培シーズンの始めや栽培期間中に1～複数回、天敵を放飼する方法で、永続的に天敵が活動することを目的にしていない。放飼増強法は、大量放飼法(inundative release)と接種的放飼(inoculative release)とに分けられる（矢野、2003）。

　大量放飼法は次世代の効果を期待せず、放飼した当世代の効果を重視するもので、農薬的な利用法である。トウモロコシのヨーロッパアワノメイガ防除のタマゴコバチ、最近では、花き類で発生するハダニなど各種の害虫に対してチリカブリダニなどの天敵が使用されている。害虫と天敵の相互作用は安定的である必要がなく、短期的なものである。

　同様に、BT剤など再感染を期待しない微生物製剤も農薬的利用法である。すなわち、BT剤は細菌のバチルス チューリンゲンシスを製剤化したもので、この細菌がもつ結晶毒素の働きによって、昆虫を死に至らしめる。次世代は芽胞という耐久体をつくり再生産されるが、芽胞および結晶毒素は培養液中では大量に得られるものの、昆虫体内で再生産されることはまれで、罹病虫から再感染することはない（渡部、1988）。

　接種的放飼はわが国で天敵農薬として市販されているものである。こちらは、放飼した当世代のみではなく、次世代の効果も期待するもので、害虫と天敵の相互作用は安定的または波動的で、大量放飼法では必ずしも要求されない寄主との生理的同調性や、寄主と同等以上の増殖能力が要求される（表1-1-2）。

　天敵の保護利用(conservation)は、人間の活動による天敵への悪影響を抑え、天敵の生息場所としての耕地の環境を整えることによって、天敵の効果を最大限利用するもの（矢野、2003）である。蜜や花粉、代替餌を供給する植生や生息場所を確保することによって天敵を保全する。こちらの多くは「総合的有害生物管理」では後述の「耕種的防除」や「環境の操作」のカテゴリーに入る。

　このほか、天敵に影響のない農薬（選択性農薬）の使用により農薬の悪影響によって天敵が活動できないことによる悪影響を回避することができ（ジェプソン、1989）、天敵利用では必須な項目になっている。

表1-1-2　天敵利用上重要な項目　　　　　（van Lenteren, 1993を改変）

項目	導入天敵の利用[1] (importation of new natural enemies)	接種的放飼 (inoculative release)	大量放飼法 (inundative release)
寄主[2]との季節同調性	○	—	—
寄主との生理的同調性	○	○	—
気象条件が適合している	○	○	○
ほかの有益生物への悪影響がない	○	○	○
大量増殖できる	—	○	○
寄主特異性	○	—	—
寄主と同等以上の増殖能力	○	○	—
天敵の寄主への密度依存的反応のよさ	○	○	不明

注　○：重要である、—：重要でない
　　1) 永続的利用と同義
　　2) この表においては、「寄主または被捕食者」の意味

❷ 作物の操作

作物の操作は、耕種的防除と、作物の抵抗性付与、すなわち育種からなる。

耕種的防除とは、化学的防除や生物的防除のように、有害生物に直接的に効かせるものではなく、作物または作物の環境を通して効果を現わす。そのためその効果はゆっくりと現われ、急速な有害生物防除には向かない。大部分は通常の栽培作業で使用される設備に頼っていて、気候・風土等の影響を受ける。また、圃場単位で行なえるものと、地域の規模を必要とするものがあり、どの地域にも共通の技術はなく地域ごとに検討する必要がある。耕種的防除は、病害虫の増殖を減らすか、作物が病害虫の攻撃に耐える力を増やすかのいずれかを、作物の栽培法を変えることによって行なわれる（図1-1-3）。前者は、病害虫にとっては不利で、天敵や拮抗微生物などの病害虫抑制生物には有利な状況をつくり出すことである。耕種的防除については、「露地栽培での防除戦略」の項（44～45ページ）で触れる。

育種は、交雑と選抜による方法と、遺伝子組み込みによる方法がある。

交雑と選抜による方法の代表は、病害虫対策としての抵抗性品種や抵抗性台木の利用である。遺伝子組み込みによる方法は、日本では使えない。

❸ 環境の操作

環境の操作は、生息場所の確保と作物の周辺植生の維持保全からなる。こうした環境の制御や維持保全は、耕種的防除と多く重なる。

国内のナス栽培で行なわれているソルゴーやデントコーンによる囲い込み（fencing culture）は、畑の外からの侵入を防ぐ障壁植物としての役割と、天敵にその餌となる節足動物を提供する役割とを併せもつ。また、農地近傍のグミやムクゲといった木本植物の植栽は、4～5月にナミテントウを集める効果があり、それが元になって野菜などの草本植物に分散していく例もある（平井、2009）。

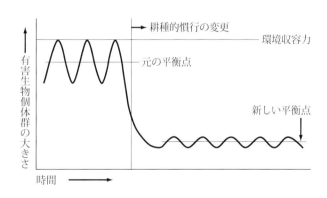

図1-1-3　耕種的防除における有害生物個体群の動態
（Norris, R., F. et al., 2003を改変）

東南アジアやアフリカでよく行なわれる混植や間作も、害虫の抑制効果をもつことが知られている。EUではクモなどが冬季に越冬する場所として、イネ科牧草を帯状に配置するビートルズバンクの例や、アメリカで行なわれる天敵の発生源となる保全緩衝植生（conservation buffers）の例がある。後者は農薬の飛散防止や土壌流亡の防止効果もあるという。

（根本　久）

2　農薬のリスク認識とその規制
——天敵利用の背景史

1　総合的有害生物管理（IPM）の歴史と展開

現在の私たちが理解している総合的有害生物管理（IPM）の発展過程は農薬のリスクの認識と、その規制の歴史でもある（表1-2-1）。

DDTをはじめとした有機合成殺虫剤は第2次大戦後、広く農業場面でも使用されるようになった。ところが、1950年代になって、DDT、BHC、パラチオンといった有機合成農薬が普及するとともに薬効が落ちる薬剤抵抗性（Resistance）、および農薬を使用してかえって害虫が増えてしまうリサージェンス（Resurgence）や置き換え（Replacement）の問題が顕在化し、農薬の3R問題として認識されるようになった。

こうしたなかで、カリフォルニア大学のマイケルバーカーとベーコン（1952）が「総合防除（Integrated Control）」の用語を論文のなかで使い、天敵と農薬を組み合わせる体系として定義された。この後、「総合防除」はカリフォルニア大学の研究者を中心に展開・発展していくことになる。

一方、オーストラリアの生態学者ゲイアーとクラーク（1961）は、生態学の視点から有害生物を制御する「有害生物管理（Pest Management）」

表1-2-1　総合的有害生物管理（IPM）の歴史

時期（年）	事項
1938	ガイギー社（スイス）のミュラーがDDTに殺虫活性のあることを発見
1940年代	DDTなどの有機合成農薬が農業分野でも使用された
1950年代	世界の国々で薬剤抵抗性（Resistance）、リサージェンス（Resurgence）や置き換え（Replacement）の問題が顕在化
1952	カリフォルニア大学のマイケルバーカーとベーコンが「総合防除（Integrated Control）」の概念を発表
1961	オーストラリアの生態学者ゲイアーとクラークが「有害生物管理（Pest Management）」の概念を発表
1962	カーソンが『沈黙の春（Silent Spring）』を刊行
1965	FAO主催のシンポジウムで「総合防除」が規定される
1968	アメリカ合衆国のヌーゾムが「総合的有害生物管理（IPM）システム」の用語を使用
1969	アメリカ合衆国科学アカデミーが「総合的有害生物管理」を定義
1972	ニクソン大統領が議会への一般教書で、「総合的有害生物管理」を使用
	スウェーデンのストックホルムで「国連人間環境会議」が開催され、環境問題が国際的テーマとなる
1985	FAOが「農薬の使用と流通に関する国際行動基準」を公表
1992	ブラジルのリオで「国連環境開発会議（地球サミット）」が開催され、IPMが病害虫防除や動物医療の分野での国際的な規範とされた
2002	FAOが「農薬の使用と流通に関する国際行動基準」のなかで、現在のIPMについて再定義した

の概念を発表、これが後にアメリカで支持されていった。

1962年にはR.カーソンによる『沈黙の春（Silent Spring）』が出版され、農業化学物質の鳥や魚、そのほかあらゆる水生生物への食物連鎖を通した問題点を市民が知る機会をつくった。有機塩素系殺虫剤は分解しにくく、動物の脂肪組織に長期間残留し慢性的な毒性を示すといわれる。この発表は世界の人々に大きな影響を与え、農薬のリスクを減らす技術開発がより求められるようになった。

1965年、国際連合食糧農業機関（FAO）主催のシンポジウムで、カリフォルニア大学のスミスが「総合防除（Integrated Control）」を定義した（FAO、ローマ、1966）。しかし、先にも紹介した「総合防除」は、元の定義で「天敵と農薬を組み合わせる体系」としていて、農業化学物質が環境に与える影響に対する概念を含んでいなかった。一方、ゲイアーとクラークの提唱した「有害生物管理」の概念は、生態学の視点から有害生物の管理を概観していて、これがアメリカ、後に世界中から支持されていくことになる。こうして、「総合防除」と「有害生物管理」は「総合的有害生物管理」へと収れんしていった。1968年、ヌーゾムは論文で初めて「総合的有害生物管理（Integrated Pest Management, IPM）」の用語を使い、1969年にはアメリカ合衆国科学アカデミーが「総合的有害生物管理」を定義した。さらに、1972年にはアメリカ合衆国のニクソン大統領が議会への一般教書のなかで、「総合的有害生物管理」の用語を正式に使い、アメリカ合衆国の公用語としての地位を確立した。

その同じ年、最初の国際的環境会議である「国連人間環境会議」が酸性雨などの環境問題が顕在化していたスウェーデンのストックホルムで開催され、環境問題は国際的な問題として認識された。

農薬の危被害は先進国でばかりでなく、アフリカやアジア、南アメリカなど開発途上国の人畜や環境にも悪影響を及ぼしていることが知られるようになった。FAOは1985年に「農薬の使用と流通に関する国際行動基準」を発表して、世界の農薬会社や国々に、開発途上国に対する食糧増産援助等を含めた農薬輸出や農薬販売に対する節度を求めた。

1992年の環境と開発に関する国際連合会議（UNCED：地球サミット）では環境と開発に関する宣言（リオ宣言：アジェンダ21）が行なわれ、その第14章で「持続可能な農業と農村開発」（日本では「環境保全型農業」といわれる）を実行することが宣言された。第14章の74～82にIPMに関する項目が並んでいて、IPMは国際的な用語として確立することになる。罰則等はないものの、各国に1998年を目途にIPMを進める体制を、2000年を目途に病害虫防除や動物医療の面での農薬の販売や使用を抑制する仕組みを実行することを求めた。こうして、「総合的有害生物管理」は農作物、家畜、貯蔵食品、衛生動物、動植物の病気、家屋害虫ばかりでなく、雑草をも含む概念とされた。そして、合成農薬の世界的な普及とその負の局面が理解されるに従い、IPMも世界中に広がっていった。

IPMは国際的な規範とされ、IPMに基づかない国際間の農業援助はできないことになった（世界銀行）。こうして、IPMをまだ取り入れていない国、および世界の農薬会社は、農業化学物質のリスク軽減のための国際行動に同調せざるを得なくなった。

IPMは持続可能な農業と農村開発の核となるもので（図1-2-1）、前提条件としては、①経済的に実行可能であること、②環境保全的であること、③社会的に受け入れられることの3条件を満たすことが求められている。

わが国でも1999年に「食糧・農業・農村基本法」が制定され、農業の持続的な発展に関する施策が発表され、IPMに基づく病害虫防除が推進されるようになる。その結果か、農薬の使用量が漸減するようになり、2002年には、世界第1位だったが現在は中国、韓

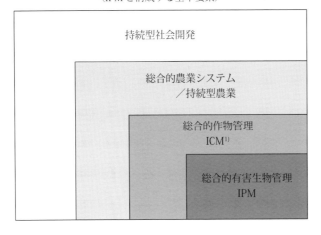

図1-2-1 持続的農業（＝環境保全型農業）における総合的有害生物管理（IPM）の位置付け（GCPF[2]）

注 1) ICM（Integrated Crop Management, 総合的作物管理）：厳密には定義されていない。病害虫管理のみならず、気候・風土に合わせた畑の選択、土壌管理、種子や植付け苗、輪作、作物の栄養、水管理や景観管理を考慮する栽培管理法
2) GCPF（Global Crop Protection Federation, グローバル作物保護連盟）：農薬製造業者の協会の国際グループで、日本の農薬工業会もこの会員である

国に次ぐ第3位である（図1-2-2）。

農薬規制に関しては、アメリカは人畜毒性が、EUでは環境毒性が重視されるが、いずれにせよ、農薬規制と農薬によらない病害虫防除手法の発達は車の両輪のように関連していると思われる。人畜毒性にせよ環境毒性にせよ、IPMに対するニーズは農薬のリスクを減らす農薬規制とは切り離せないものであり、ヨーロッパやアメリカの例を中心に探ってみよう。

2 アメリカの農薬規制の歴史とIPM

❶ 導入天敵はアメリカのIPMの原点

1868年、オーストラリア原産のイセリヤカイガラムシが、カリフォルニアの公園に生えるアカシアで発見された。この外来の侵入害虫は瞬く間にカンキツ園に広がり、アメリカの重要な産業であるカンキツ産業に壊滅的な被害を与えた。しかし、イセリヤカイガラムシに対する有効な防除法は見つからなかった。1888年、イセリヤカイガラムシの天敵ベダリアテントウを原産地オーストラリアから導入したところ、ベダリアテントウはイセリヤカイガラムシを駆逐して、被害から救った。導入天敵の利用は、天敵が永続的に定着することを期待するもので、果樹園や森木など永年性作物で用いられることが多い。定着後には、農薬散布などによって天敵が影響されないよう、導入天敵を保護する管理が必要となる。

1940年代後半になると、DDTやBHC、パラチオンなどの有機合成殺虫剤が天敵利用に取って代わった（表1-2-2）。しかし、それも長くは続かず、時を経ずに合成農薬の使用による薬剤抵抗性などの問題が顕在化した。DDTはベダリアテントウに悪影響があって働けなくなり、1947年にはイセリヤカイガラムシがふたたび多発生するようになった。DDTの使用をやめベダリアテントウの放飼を再開すると、イセリヤカイガラムシの被害は程なくして沈静化した（スターンら、1959：図1-2-3）。DDTによるイセリヤカイガラムシの誘発と、DDTの使用中止による一般的平衡点への回帰は、アメリカの栽培場面のIPMを特徴づける事項と思われる。

❷ IPMと食品の安全

アメリカの化学物質のリスク評価は、医薬品中毒事件を契機とした毒性学の発展と切り離して考えることはできないといわれる（河野、2013）。1958年に合成甘味料等の加工食品中のがん原物質の残留値はゼロでなければいけないというデラニー条項（Delaney clause）が食品・医薬品・化粧品法（Federal Food, Drug, and Cosmetic Act＝FFDCA）に

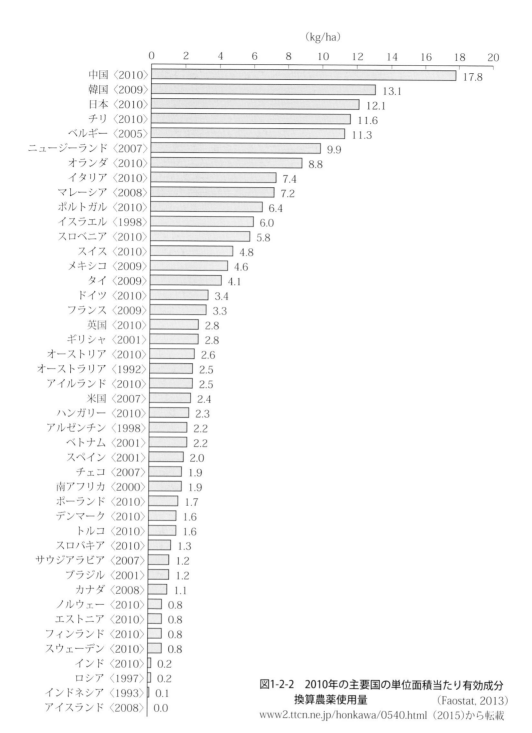

図1-2-2　2010年の主要国の単位面積当たり有効成分換算農薬使用量　（Faostat, 2013）
www2.ttcn.ne.jp/honkawa/0540.html（2015）から転載

付け加えられ、「発がん性」という概念がリスク評価に加わった（河野、2013）。

ところが、加工食品における発がんリスクゼロというデラニー条項についてEPA（United States Environmental Protection Agency, アメリカ合衆国環境保護庁）は、発がん確率が100万分の1以下という化学物質の残留基準を設定し、仮にそれ以上でも有用性があるならば、100万分の1を超えた残留基準を設定してもよいとし、デラニー条項の回避を図った。これに対し、カリフォルニア州政府や自然資源防衛協議会（NRDC[注]）などは「生鮮食

表1-2-2 アメリカにおける農薬規制とIPMの進展

時期(年)	事項
1888	侵入害虫イセリヤカイガラムシ対策のため、オーストラリアからベダリアテントウを導入
1930〜1940年代	2,4-Dのような選択性の除草剤が発見される
1950年代	DDTやBHCなどの使用により、殺虫剤抵抗性、リサージェンス、置き換えの問題が顕在化
1952	マイケルバーカーとベーコンが「総合防除」の概念を紹介
1958	デラニー条項(加工食品中のがん原物質の残留値はゼロでなければならない)
1959	スターンらが殺虫剤を控えるとアブラムシ防除がうまくいくことを発表
1962	カーソンによる『沈黙の春(Silent Spring)』が出版される
1969	アメリカ合衆国研究評議会は「総合的有害生物管理」という用語を定式化する
1993	アメリカ合衆国研究評議会研究報告(乳幼児と児童への食物中の残留農薬の影響を公表)
1996	コルボーンらによる『奪われし未来(Our Stolen Future)』が出版される
	アメリカ合衆国食品品質保護法(FQPA)発令(農薬の登録要件をきびしくし、デラニー条項を撤回)
	クリントン大統領は、すべてのUSDAプログラムはIPMを取り入れなければならないとして、2000年までにアメリカの農地の75%にIPMを普及するとした

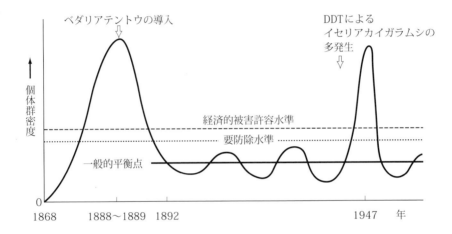

図1-2-3 カリフォルニアにおけるイセリヤカイガラムシ個体群密度の推移とベダリアテントウの導入およびDDTの導入の影響　　　(Debach and Rosen, 1991; Stern et al., 1959)

品の発がんリスクもゼロにせよ」と裁判に訴え、EPAは一審、二審とも敗訴した。さらに、1993年、アメリカ合衆国研究評議会(United States National Research Council；NRC)は「乳幼児や子供への影響を考慮して、残留農薬の規制をもっと強めるよう」勧告した。こうして、デラニー条項に対するEPAの挑戦は、上級審に進んでもEPAが勝てる見込みは確実ではなかった。さらに、1996年に、T. コルボーンらによる『奪われし未来(Our Stolen Future)』が出版され、アメリカ合衆国政府は農薬行政の抜本的な見直しを迫られることになった。日本では「環境ホルモン」として騒がれた出版物だ。

(注) NRDC (Natural Resources Defense Council, 自然資源防衛協議会)：自然保護活動やアメリカ合衆国の核実験についてのデータ収集などを行なっている。1970年設立。本部はニューヨーク。

クリントン政権は食品品質保護法(Food Quality Protection Act, FQPA)を公布(1996年)し、これにより殺虫剤・殺菌剤・殺鼠剤法(Federal Insecticide, Fungicide, and Rodenticide Act：FIFRA)と食品・医薬品・化粧品法(FFDCA)を改正、生鮮食品(未加工食品)と加工食品それぞれに対するきびしい基準の新たな規制値が適用された。未加工食品に対しても、「農薬による集合暴露から危

害が起こらない合理的な確実性（Reasonable certainty of no harm）が求められ、よりきびしい対応をとらなければならないとされた。

具体的には、農薬登録を15年周期とし、「リスク軽減農薬」や「抗菌農薬」の迅速な審査が規定された。「農薬による集合暴露から危害が起こらない妥当な確実性」を担保するため、すべての残留基準は10年以内に再審査することになり、EPAは残留基準審査のスケジュールを公表した。第1弾は、有機リン剤やカーバメート系剤、発がん物質の人への影響の再調査である。そして、残留基準を決める際の考慮点として、「幼児と児童」や「それ以外の薬物感受性の高い人口サブグループ」には最高10倍までの安全係数を加算する。発がんリスクが100万分の1だとすると、「幼児と児童」には10分の1を掛けて1,000万分の1の残留基準が適用される。

さらに、残留基準設定には集合暴露という概念が取り入れられた。これは「リスクカップ」にたとえるとわかりやすい。

従来は、個々の農薬別に残留基準を決めていたが、新基準では、共通の作用機構をもつ化合物すべてをまとめて考慮する。ここで、集合暴露とは以下のとおりだ。例えば、有機リン剤Aと有機リン剤Bは同じ作用機構をもつ薬剤であるので、AもBも扱う会社は、その両方を合算して審査される。また、それらは、公園にも農産物にも家屋でも使われるが、それらすべての暴露を合算して審査する。日本では、家庭用のゴキブリなどの害虫駆除剤は薬事法が、農薬は農薬取締法が適用されるように、用途によって規制が異なる。それがアメリカでは、家庭用、農業・工業用の別に関わらず、EPAが所管する殺虫剤・殺菌剤・殺鼠剤法（FIFRA）によって規制される。EPAは、衛生害虫、ペット、公園、食物生産、水、住宅等で使用されるすべてを合算した集合暴露について審査する。これに伴い農薬会社はリスクカップの中身を減らすため、対象の病害虫を登録からはずしたり、売れない農薬の登録を辞退した。

また、DDTやサリドマイドのように内分泌系障害剤（いわゆる環境ホルモン）は発育や生殖に問題を起こす可能性があるとされ、EPAはこうした疑いのある化学物質を最初にスクリーニングし、内分泌系で生成されるホルモンと相互作用のある物質を3年以内に洗い出すこととした（以上は、ミシガン大学宮崎覚教授からのご教示による）。

クリントン大統領はFQPAにおいて農業場面でのIPMを法制化し、2000年までに農業生産者の75％にIPMを実施させることを宣言した。現在、有機リンおよびカーバメート系剤の薬剤については再認可されたものを除き、最大許容量の見直しがEPAによって行なわれているが、次に紹介するEU地域とはかなり異なった状況ではある。

3　EUの農薬規制の歴史と天敵利用

❶ 1980年代に環境問題がクローズアップ

イギリスでは1920年代にオンシツコナジラミの捕食寄生者オンシツツヤコバチが大量増殖され、温室で防除資材として使われていた（スパイヤー、1927）。その後、1940年代になるとDDTなど化学合成殺虫剤の登場とともに天敵利用が下火になり、その後の薬剤抵抗性の問題が顕在化すると天敵利用が復活したのは、アメリカと同様である（表1-2-3）。すなわち、生物的防除は1960〜1970年代にかけて、大量増殖されたチリカブリダニやオンシツツヤコバチが温室で利用され、ハダニやオンシツコナジラミ対策に使用された（ハッセー、1985）。

1957年のローマ条約（EEC条約）に基づき、農産物の安定供給と食料自給率の確保を目的に「EC共通農業政策」が策定された。これに基づき各国政府は、小さな農家の生産を

表1-2-3 ヨーロッパ（EU）における農薬規制とIPMの進展

時期（年）	事項
1920年代	オンシツコナジラミの捕食寄生者オンシツツヤコバチが大量増殖され、使用される
1950年代	DDTやBHCなどの使用により、殺虫剤抵抗性、リサージェンス、置き換えの問題が顕在化
1957	ローマ条約（EEC条約）に基づき、「EC共通農業政策」が策定される
1962	カーソンによる『沈黙の春（Silent Spring）』が出版される
1969	チリカブリダニを使った防除システム確立
1974	IOBC（西ヨーロッパ地区）に天敵に対する農薬の影響評価研究グループ結成
1985	FAO「農薬の使用と流通に関する国際行動基準」公表 スウェーデン政府は、農薬や肥料投入量の削減目標と時期を設定
1990	オランダ政府は「長期作物保護計画（Multi-Year Crop Protection Plan）」を作成し、農薬や肥料投入量の削減目標と時期を設定
1991	理事会指令91/414/EECにより、農薬登録に関して天敵への影響評価を義務づける
2006	16年間の農薬の見直しを完了
2009	2009/128/ECにより、人、家畜、天敵などへのリスクのある農薬の排除を規定

抑制するとともに、大規模農家の生産性の向上や規模を拡大させて農家収入の増大と価格競争力の強化を図った。これによって生産が刺激されて農産物の自給率が向上し、農業人口と総耕地面積は減少したものの、農家規模が増大し土地生産性も上がった。生産性の上昇は、肥料、農薬、エネルギー、農機具等の投入の増大によるものであった（服部、1993）。

しかし、1980年代に経済状況の変化とともに農業における環境問題がクローズアップされるようになる。農産物の過剰と農業生産を通した環境破壊や財政負担の増大などが問題となり、家畜糞尿、硝酸塩、農薬の地下水への汚染、農薬の空気中への浮遊などが問題となった。また、小さな畑がつぶされ大規模な農場がつくられる過程で植生が単純化され、植生や生物の多様性への悪影響が懸念された。生産効率が上がる反面、景観が損なわれる問題や経営規模拡大のため老齢農業者等の離農が促進され、条件が不利な地域での農村社会の崩壊の危機も顕在化した。

スウェーデン政府は、1985年に農薬や肥料投入量の削減目標を設定し、1981～1985年の平均使用量を基準に、1990年までにこれらを半減するとした。さらに、農業からのチッソ流出量を1995年までに半減することも決めた。1989年の欧州議会選挙では環境問題が大きな争点の1つにさえなった。

オランダ政府も1990年に「長期作物保護計画（Multi-Year Crop Protection Plan）」を作成して、投入資材の削減に取り組むことを宣言して実行に移した。農業生産およびその輸出を維持しながら、環境負荷の少ない作物保護を実現しようとするもので、具体的な到達点として2000年までに農薬と化学肥料を、1989年を基準に半減することを目的にした。具体的な目標として、①農薬依存からの脱出、②農薬使用の低減、③環境中への農薬の放出の削減であった。こうした流れは、EU統合とともにヨーロッパの大きな流れになっていった。

❷ 予防原則を前提とした農薬規制

1974年、国際生物的防除機構・西ヨーロッパ地区（IOBC-WPRS, the International Organisation for Biological Control（IOBC）, West Palaearctic Regional Sections（WPRS））のなかに農薬影響評価グループが組織された。2年に1回、研究発表会が開催され、これをもとに試験の方法、その結果をどのように解釈するのかなどが国レベルや連合レベルでも議論された。1991年に欧州理事会は指令（理事会指令91/414/EEC）を出し、農薬登録に関して天敵への影響評価を義務づけた。そして、EU-ポジティブリスト

（Annex I）に載らない農薬は使用できないことにした。さらに、1993年から上市済みの農薬を10年間で再評価することにした。当初計画よりも大幅に遅れたものの、2009年に16年間の農薬の見直しを完了した（2010、田中）。

2009年、これを待つかのように新たな農薬規制に関する指令（「農薬規則（欧州議会及び理事会規則（EC）No1107/2009）」や「農薬指令（理事会指令2009/128/EC）」が出され、それまでの「理事会指令91/414/EEC」などを廃止した。その結果、人の健康や環境に重大な危険性を及ぼす可能性をもつ物質が禁止され、多くの生物致死性製品や植物防護製品（農薬）の全般にわたる削減が行なわれ、各成分について人への安全や地下水、および鳥、哺乳動物、ミミズ、ミツバチ、天敵など、農薬の標的外生物への影響（健康）に関して新ガイドラインが適用された。EUは、農薬の危険性に関する対策を、予防原則（注）を前提として進めており、これに基づき有害な化学物質を含む農薬類の上市を禁止し、人、動物および環境を保護するとともに、農薬の域内での国境を越えた市場流通を図る相互承認のルールを定めた（望月、2011）。ヨーロッパ議会では、当初、イギリス、アイルランド、スペインおよびハンガリーが農業生産に深刻な影響を与え、食糧価格が上昇するとして反対した。これらの少数意見に対して妥協が図られ、内容を調整し妥結された。

(注) 化学物質や事業活動が健康や環境に悪影響を及ぼすことが合理的に推定される場合、科学的に完全にわかっていなくても、予防対策を実施することは価値があり、正当化されるとする考え方。

❸ 農薬登録には、人だけでなく天敵への影響評価も

2009年以降、天敵や花粉媒介者など非標的生物に対する薬剤の影響評価は、人に対する影響評価と並んで、農薬を登録する場合の

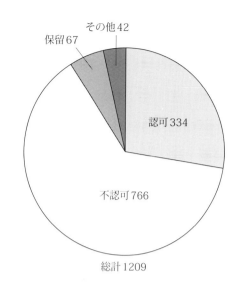

図1-2-4　1989年を基準としたEU新基準後の認可農薬（原体）の種数（EU, 2009）

必須条件になっているが、天敵への悪影響が大きい薬剤の大部分は農薬登録ができなくなっている。

欧州委員会によれば、リスク評価の見直しが立ち上げられた1993年の時点では、市場に出ている数万の農薬中に含まれる活性成分は約1,200種存在した。新ガイドラインでの毒性、環境問題等の理由やメーカー自らの取り下げによって、72.3％がポジティブリスト（Annex I）に搭載されなかった（図1-2-4）。欧州委員会によると、農薬の種数が減っても食糧事情にまったく影響していないのは、政策が間違っていない証拠であるという。

その結果、日本ではまだ使用されている多くの有機リン剤、カーバメート系剤、合成ピレスロイド剤（一部を除く）は使用できなくなった。そして、EU加盟国は農薬のより安全な使用に関する国家行動計画を作成し、農薬全体の削減目標を設定することとされている。

❹ 農薬規制を支える天敵利用

次頁で紹介するように、オランダはかつてもっとも天敵利用が盛んであったが、2010年頃にスペインに取って代わられた。2005

～2006年に残留農薬の多いスペイン産のパプリカの輸入がドイツやイギリスで禁止される事件が起こった。その後、ドイツなどのスーパーマーケットチェーンが、野菜のきびしい農薬残留値を要求するようになり、農薬に代わって天敵利用の割合が高くなっていった。現在、スペインでの天敵を利用して生産される野菜の普及率は、トマト、パプリカでそれぞれ90％以上であるという(注)。

(注) EUではネオニコチノイド系3剤の農薬は不認可ではないが、ミツバチなどへの影響を理由として2013年12月から2年間、受粉時期の露地での使用が禁止されている。

EUでの農薬規制は世界でもっともきびしいが、天敵の利用技術がこれを支えていて、作物保護はこれによって変化している。作物保護を変化させている要因として、①病害虫の薬剤抵抗性、②表流水汚染防止のための化学物質の排出規制、③有効な農薬がないこと、④農薬の違法使用の公表、⑤残留のない農産物を求める消費者の圧力の5点が挙げられている(メッセリンク、2014)。　　(根本　久)

3 欧米での天敵利用

1　天敵利用の実情

❶ 露地での成功例は少ない

露地栽培での天敵利用で、継続的に、かつ高い効果を示したという例は、世界を見渡してもさほどない。

過去において、社会主義時代の中国、ソ連などでチョウ目の卵寄生蜂であるトリコグラマなどを放飼したという報告はある。現在はカザフスタンなどでワタのチョウ目（オオタバコガ）などで使用されている。同時に影響の少ないインドキサカルブのような殺虫剤とのローテーションで使用されているが、影響のあるピレスロイドなども一部使用されている。

また、フランスやドイツでは飼料用のトウモロコシの害虫であるヨーロッパアワノメイガ（*Ostrinia nubilaris*）の防除で1970年代より現在に至るまでブラシカトリコグラマ（*T. brasicae*）が航空散布で用いられている。製剤は円盤型にしたボール紙のなかにトリコグラマ（タマゴコバチ）を寄生させたスジコナマダラメイガの卵を貼り付けたもので、年間10万ha以上で空散されている。

ブラジルで近年、サトウキビの害虫の天敵を増殖し、生産会社が自家農園で利用しているという報告もある。その示唆するところは大きいものの、日本では数年以上の時間と開発コストを必要とする農薬登録が必須であること、栽培単位が狭小であることなどの理由から、そのまま当てはめることができない事例である。

そのようななか、アメリカ・カリフォルニア州のイチゴ栽培は露地で、ハダニの天敵チリカブリダニが広範囲に使われていることは有名である。総面積は1万5,000ha。その90％以上でカブリダニが使われている。ただし、この地域は海岸沿いとはいえ雨量も少なく、周囲の植生は貧弱で、半砂漠的ななかでのいわば隔離栽培ともいえ、施設栽培に近いものがある。

2015年より日本では野外のナスでスワルスキーカブリダニが使用され始めている。まだ試験的段階ながら2016年からは本格的に普及していく可能性はある。

❷ 施設栽培ではスペインがリード

一方、施設栽培において圧倒的に天敵昆虫の利用面積が大きいのがスペインである。

2005年にパプリカでのハナカメムシによるアザミウマ防除が2,000haでしかなかったのが（全栽培面積は1万ha）、2013年にパプリカでスワルスキーカブリダニの、トマトではタバコカスミカメの利用が始まり、飛躍的に生物防除の面積が拡大した。現在は80%以上のハウスで生物防除がメインの防除方法となっている（次項参照）。

スペインの次にくるのがオランダで、ここでもパプリカ、トマト、キュウリ、花き類において100%近い天敵利用率となっている。

そのほか、生物防除が盛んな国としては、カナダ、ベルギー、フランス、北欧（デンマーク、フィンランド、スウェーデン）、ポーランド、イタリア、イギリス、日本、アメリカなどが挙げられる。

アジアではまだ日本だけが突出しているが、韓国、中国も今後10年程度で追いついてくる可能性はあるであろう。また近年はオランダのバラの生産会社がアフリカに進出し、ケニア、エチオピアでのカブリダニの利用が急上昇しており、その勢いはスペインに迫っている。

アジアでは一時、韓国で天敵利用が高まりを見せたが、補助金に頼る利用法だったため、補助金が打ち切られた後、利用は激減した。補助金の悪用例も報告されている。そうしたなかで日本はヨーロッパ、北米以外ではもっとも天敵利用が進んでいる。

❸ 微生物剤の利用状況は

微生物剤の利用は2014年現在まだまだ進んでいるとはいえないが、欧州においては土壌微生物、例えばトリコデルマ剤などが根圏の微生物層の改善に使用されており、土壌病害の抑制に役立っている。

微生物殺虫剤にはボーベリア菌、レカニシリウム菌、ペキロマイセス菌、メタリジウム菌などの昆虫病原菌が開発されているものの、利用面積はさほど増えていない。その原因は、これらの菌は、感染時に中〜高湿度を要求するため、葉面あるいは昆虫の体表面での安定性、増殖性が低いことである。その結果、効果が低くなり、リピーターが増えないという悪循環になっている。最近の研究では、化学殺虫剤と混用することで効果が上昇することが確認されている。

昆虫ウイルス剤は、ヨーロッパ、アメリカにおいて開発されたが、商業的に成功した例は少ない。例外として、2013年以来、ブラジルのオオタバコガ防除用にそのウイルス剤が多量に使用されたという報告がある。日本ではチャのハマキ天敵、野菜用などのハスモン天敵が登録されているが、化学剤に押されて利用は低迷している。

〔和田哲夫〕

2 天敵利用の実際
―― 南スペイン・施設トマトの例

❶ 北ヨーロッパ向けのトマト生産

スペインは欧州における重要なトマトの生産地で、栽培面積は2万haである。そのうち40%はアンダルシア地方とムルシア地方の南地、地中海沿岸の温室で栽培されるフレッシュトマトである。そのおよそ58%はおもに北ヨーロッパに輸出される。

トマトの定植は夏の終わりから始まる。収穫は10月から始まり、ピークは3月であるが、初夏まで栽培は続く。

トマトの価格は北ヨーロッパなどでの生産量が少ない冬場に高くなる。

この作型での生産量は12〜16kg/㎡である。

またムルシア地方では年間を通じて栽培されるが、栽培期間は一般的により短い。

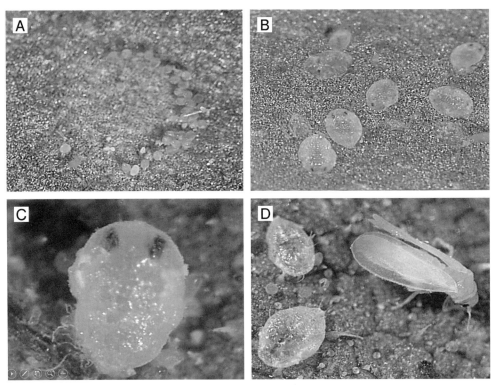

写真1-3-1　タバココナジラミ
A：卵、B：同3齢幼虫、C：同4齢幼虫、D：成虫と脱皮殻

❷ トマトキバガの侵入を機に一気に利用が広がる

　この10年間、アンダルシアとムルシア地方でのトマトの害虫防除は100％化学農薬による防除からほとんど化学農薬を使用しない生物的防除に進化してきている。

　この変化は、まずマルハナバチの導入から始まっている。生産者はマルハナバチに影響のない薬剤を選ぶ必要が出てきたのである。この結果、選択性のない（マルハナバチに悪影響のある）殺虫剤はマルハナバチの普及に反比例して減少していった。選択性のある薬剤が使われることで、天敵昆虫を使えるような温室環境になっていったが、化学農薬は依然として主流であった。

　そうしたなか、2006年にトマトキバガ（Tuta absoluta）がスペインに侵入したことが、結果的にカスミカメムシの導入を促すことになった。タバコカスミカメがトマトキバガのみならず、トマトのもっとも重要な害虫であるタバココナジラミを効率よく抑制することが判明したのである。さらに、この天敵の高く幅広い捕食能力のため、トマトサビダニ以外のほとんどの害虫が抑制されることも明らかになった。この結果、使われる農薬は、サビダニに数種類のダニ剤を散布するだけとなった。

　以下、本地域に発生するトマトの害虫とその天敵、カスミカメムシの放飼における2つの戦略の優劣について述べる。

❸ 重要害虫とその天敵昆虫

　もっとも重要なトマトの害虫は広食性の害虫であり、トマトに限ったことではない。その重要度は気候条件、最終消費地、野外か温室条件かなどによって変わるが、ここではもっとも重要な2種の害虫、タバココナジラミとトマトキバガについて詳述する。

写真1-3-2　チチュウカイツヤコバチ
A：産卵する成虫、B：コナジラミの幼虫をずらすと見えるチチュウカイツヤコバチの卵、
C：コナジラミの体液を吸汁、D：吸汁された幼虫（平たくなっている）

ⅰ）コナジラミには、ツヤコバチやカスミカメムシ

トマトでは、オンシツコナジラミ（以下、オンシツ）とタバココナジラミ（以下、タバコ、写真1-3-1）がもっとも重要なコナジラミである。両種の違いは、オンシツのほうが低温下でも活動できる点である。それゆえ、南スペインでの優勢種はタバコであり、オンシツは冬季に観察される。またタバコは、黄化葉巻病（TYLCV）を伝播し、多くの殺虫剤に対して抵抗性をもっている点が問題である。

コナジラミの天敵利用については、放飼増強法、保護利用法いずれも長年にわたり行なわれてきたが、どちらにしても対象のコナジラミの種を同定し、それにあった天敵を選択する必要があった。タバコの場合は、チチュウカイツヤコバチ（写真1-3-2）かサバクツヤコバチが適している。オンシツには、オンシツツヤコバチである。2種のコナジラミが同時に出現したときは、上記2種の天敵の混合されているものを利用する。

近年はタバコカスミカメとマクロカスミカメ（*Macrolophus pygmaeus*）の放飼がツヤコバチに比べ効果が高いことが判明している（写真1-3-3）。この2種はアザミウマ、ハモグリバエ、アブラムシ、ハダニ、チョウ目害虫にも一定の効果がある。

そのほか、微生物製剤として、ペキロマイセス フモロセウス菌（プリファード）、バーティシリウム レカニ菌（マイコタール）、アスケルソニア菌（Aschersonia）、ボーベリア バシアーナ菌、メタリジウム アニソプリエ菌などが、選択性殺虫剤と同様な使い方で利用されている。

ⅱ）トマトキバガにも2種のカスミカメムシが有効

トマトキバガは、その原産地でも侵入地域

写真1-3-3　マクロカスミカメの成虫（A）とタバコカスミカメの成虫（B）

写真1-3-4　トマトキバガによるトマトの被害

のいずれにおいてもトマトの重要な害虫である。年間に数回以上世代交代するこの小型のチョウ目害虫は、中央アメリカの原産である。幼虫はトマトのすべてのステージに加害するが、とくに葉を食害する。また柔らかい蕾や花、果実も食害する（写真1-3-4）。

天敵は50種類以上が知られているが、コロンビアやブラジルでは卵寄生蜂であるタマゴコバチが利用され成功している。しかしながら、スペインではこの方法は成功しなかった。その理由は判然とはしていない。

トマトキバガの原産地においては、捕食天敵による生物防除はほとんど研究されていないが、スペインでは、前述の2種のカスミカメムシによる防除が一般的である。このカスミカメムシに加え、BT剤の複数回散布が行なわれている。

iii）そのほかの問題害虫

チョウ目では、トマトキバガ以外にオオタバコガ、キンウワバの一種（*Chrysodeixes chalcites*）、シロイチモジヨトウ、ハスモンヨトウ近縁種、ガマキンウワバ、シロスジヨトウなどが被害を与えることがある。ミナミキイロアザミウマはトマト黄化えそウイルス（TSWV）を媒介し、抵抗性品種でないトマトに重大な被害を及ぼす。またコナカイガラムシの一種は近年スペクトルの広い殺虫剤を使用しなくなったので増加傾向にあるが、問題化はしていない。

ほかに4種のハモグリバエ、サビダニ、ハダニが問題となることもある。サビダニは冬季には問題ないものの、ハダニは冬季でも問題化することがある。サビダニは近年スペインでは問題化しているが、残念ながらいまだ天敵昆虫は開発されていない。上記のサビダニ以外の害虫については、天敵の存在が確認されており、経済的に問題になるほどの被害は報告されていない。

iv）カスミカメムシの利用のポイント

肉食性の捕食天敵であるカスミカメムシ（以下、カスミカメ）は捕食範囲が広い広食性の天敵として知られているが、植食性でもある。

カスミカメムシ類は多くの害虫や植物を餌とすることができるので、重要害虫が作物にいなくてもその数を維持することができる。このため、害虫防除の効率性が高い。

現在、タバコカスミカメの利用上のポイン

トは、カスミカメの密度が十分に高くなるまでは、ほかの生物的防除剤か選択性殺虫剤でしのいでいる。

トマトのコナジラミ用には、1㎡当たり1〜2頭のタバコカスミカメを定植2〜3週間後に放飼する（ムルシア地方ではこの方法で3,000haがIPMで管理されている）。

春夏作では、カスミカメが十分な個体数に達するまでには5〜8週間が必要である。

暖房のない秋以降の作型では、カスミカメの増殖スピードが遅すぎるため必要な数量に達するのは困難である。この問題を解決するには、苗床時期からの放飼が必要である。アルメリアでは、2010年から2011年にかけて苗床放飼を実施したところ、ほとんどのトマトハウスでトマトキバガを成功裡に抑制することができた。これは、苗床の段階ですでにカスミカメがトマトに産卵していることを示している。

1株当たり0.5〜1頭のタバコカスミカメを放飼する際に、スジコナマダラメイガの卵を代替餌として散布する方法があり、天候条件がよければカスミカメの密度は急速に増加し、害虫密度を抑制することが判明している。

ただし、カスミカメの個体数が増えすぎると作物への被害、葉の部分的壊死や落花が生ずることがあり、個体数のモニタリングが必要となる。

なお、以上のスペインにおける天敵による作物保護は、化学農薬による防除より安価に達成できていることを付言する。

v）カスミカメ放飼でトマトの生育に好影響も

過去10年にわたり南ヨーロッパでの温室の生物的防除は成功裡に実施されてきている。トマトとパプリカでそれは顕著である。成功の理由は、おもに土着の広食性捕食天敵がこの地域の環境条件の元で作物に集合するように誘導したことだと考えられる。上述のように苗床時期からのタバコカスミカメの放飼はきわめて有効であった。

近年、タバコカスミカメは作物の生長にもよい影響を与えているという報告もある。これはトマトの防御的な反応、すなわち、植物とカスミカメとの接触により、

- アブシジン酸が合成され、タバココナジミに対して忌避効果のある揮発性の物質を放出
- 同様にジャスモン酸の合成が起こり、寄生性天敵を誘引する物質を放出する

ことが、ペレス・エドら（Perez-Hedo, M. et al., 2015）により明らかにされている。今後の研究としては、カスミカメの保護と増殖管理が重要な課題となるであろう。

（メリトセル・ペレス・エド、アルベルト・ウルバネーハ；和田哲夫訳）

4 日本での天敵利用

1 可能性を大きく広げたスワルスキーの登場

❶ 1995年以降の本格展開

日本で本格的に天敵が利用され始めたのは、チリカブリダニとオンシツツヤコバチが農薬登録された1995年以降のことである。1990年代はマルハナバチの普及に伴って、天敵利用も拡大していくのではという楽観的な予測はあったがはずれ、その普及はきわめて遅いものであった。

トマト、イチゴ、ナス、キュウリなどの初

期の対象害虫は、オンシツコナジラミ、ナミハダニ、ハモグリバエ、アブラムシなどであった。トマトやナスでのオンシツコナジラミに対してはツヤコバチの初期からの放飼や、その後登録されたタイリクヒメハナカメムシ（2001年登録）の活用で天敵利用が数百ヘクタールまで伸張したが、トマト黄化葉巻病ウイルス（TYLCV）の侵入により、トマトの生物防除は足踏み状態となった。

それに比べ、イチゴのハダニ防除は地道に普及試験が行なわれた結果、北九州をはじめとして埼玉、静岡、愛知などでミヤコカブリダニ（2003年登録）とチリカブリダニの併用による安定的な利用が拡大した。

その後、2008年にスワルスキーカブリダニが登録するに及び、世界（欧州では2005年頃より普及開始）と同様に日本の生物防除も大きく塗り替えられることになった。

2014年現在、イチゴ、ピーマン、ナスなどの施設栽培野菜では推定50％以上で生物防除を実践している。

❷「農薬」登録が必要な日本の特殊事情

第一に挙げられる日本の特殊事情は、土着天敵でも、輸入天敵でも、農林水産省による農薬登録の手続きが必要となることである。つまり、海外で発見された新天敵をすぐ使うことは困難である。近年は先進諸国でも天敵昆虫の輸入はどんどんときびしくなってきているものの、いったん輸入許可が下りたら、その後は増殖して使用することはおろか、販売することも無許可で可能である。なぜなら日本以外の国においては、天敵昆虫は生物「農薬」ではないからである。

ただ特例として、土着天敵については採集された県内の使用に限って許可はいらないという特定農薬の制度がある。この制度を利用してタバコカスミカメなどについては、四国、九州の農家の間で天敵増殖ハウスが設置され、生物防除が実践されている。

またこれは日本だけのケースではないが、一般に温室栽培では化学農薬の散布回数は多く、温室内、植物体、植物内に化学農薬が残留するなど、天敵昆虫が生存して働くにはきわめて悪い条件であることが多い。それに比べ、オランダのハウスは温度管理がしっかりしており、極端な低温や高温にならないようにコンピュータ管理されているため、天敵昆虫の利用はきわめて安定している。

一方で、ヨーロッパ南部のスペインの地中海沿岸のハウス群は網室タイプの温室が多く、柱なども木製で軒高も低く、お世辞にも立派とはいえない。湿度はどちらの地域も日本より低いが、オランダは夏を越す栽培であり、スペインは夏に休耕する点は日本と似ている。

結果的には、この3つの国はどこも生物防除に成功しているので、日本の温室の環境条件がとくに劣悪であるという指摘はもはやあたらないであろう。

温室の密閉性を上げつつ、極端な温度条件（40℃以上、5℃以下など）を避け、天敵に影響のある化学農薬の残留を減らすことにより、天敵昆虫の利用はより実現可能となる。

❸ 初めはオランダ方式をまねて失敗

日本の生物防除、とくに天敵利用技術はオランダでの技術を移転したものである。日本では天敵昆虫の基礎研究はチリカブリダニなどを対象にかなり行なわれていたが、現場において、採算レベルでの実践的な利用はなされていなかった。1990年代から多く行なわれた試験も、農業試験場段階ではある程度効果は見られたものの、現場ではもうひとつで、失望する生産者が多かった。

いくつかその理由は考えられるが、
・オランダと日本での害虫の初期密度、
・ハウス内の気温、
・野外からの害虫の飛び込み、
・ハウス内での農薬の散布回数
あたりが原因である。すなわち

- オランダでの一般の野菜の定植は11月であり、その時期は低温で害虫密度はきわめて低い
- オランダの多くのハウスは最低気温が16℃に設定されている
- 日本の定植時期は8月から9月が多く、ハウスは開放状態に近い
- オランダの面積当たりの農薬使用量と散布回数は日本の数分の一以下

以上のように、日本の施設の環境は生物農薬に適していないにも関わらずオランダ方式で指導したため、失敗例が多かったのである。加えて、初期の天敵は多くが寄生性で、効果が出るまでに時間がかかり、生産者が効果が出るまでの期間を待ちきれなかったということもあった。

❹ 有力天敵の出現と独自開発の「ゼロ放飼」

しかしその後、捕食性の天敵が多く開発され、タイリクヒメハナカメムシとスワルスキーカブリダニ、土着のタバコカスミカメが、難防除害虫であるアザミウマ類とコナジラミ類の防除において化学農薬を上回る効果を示すことが判明したため、2009年以降、ピーマン、ナスなどで天敵利用は飛躍的に増加した。またイチゴではチリカブリダニとミヤコカブリダニの両種を使う方法が確立し、関東などでは利用率70％を超える産地も出現している。

オランダとスペインでなされていない日本特有の天敵利用のテクニックは「ゼロ放飼」法である。

オランダスタイルは、害虫密度が低いとき、あるいは最初の害虫を発見したときに天敵を放飼するのが定法である。しかし日本では、害虫密度が低い時期というのは厳寒期くらいしかない。そこでわが国では、天敵に影響のない化学農薬を天敵放飼の1ヵ月前くらいから粒剤、あるいは1～2週間前から散布剤で低密度にしており、これが成功している。

スペインでも同様に初期密度を下げてから天敵放飼をしているか質問したところ、ゼロ放飼は実践してないとのことであった。スワルスキーカブリダニとタバコカスミカメの旺盛な捕食量があれば、ゼロ放飼は必要ないのかもしれないが、コナジラミ、アザミウマが増えた場合に天敵に影響のない薬剤を散布することは、どの国においても行なわれている。その程度はオランダで少なく、日本、スペインで多くなるのは、害虫密度が高い環境においては致し方ないことである。とはいえ、日本でも薬剤散布が通常の5割以下に減少している天敵利用ハウスは珍しくない。

❺ イチゴのハダニ防除の使用例

現在、スワルスキーカブリダニはハウスミカンのミカンハダニ（スワルスキープラス：パック製剤）やスイカなどでも使用されている。これは同剤が作物のグループごとの登録で、多くの作物での利用を試みることができるためである。化学農薬は作物ごとに登録の有無があり注意が必要だが、天敵昆虫はこうしたところが使いやすい点といえよう。

表1-4-1に、天敵が多く使用されている作物と天敵名を示すが、詳細は本書各論および天敵販売会社の技術資料を参照していただきたい。以下にその使い方の一例としてハダニ防除の例を示す。

ⅰ）ゼロ放飼のために推奨されている農薬
　天敵導入2週間前：アファーム乳剤
　天敵導入1週間前：コロマイト水和剤
　天敵導入2～3日前：マイトコーネフロアブル

ⅱ）導入天敵頭数
　10a当たりチリカブリダニ5,000頭＋ミヤコカブリダニ2,000～6,000頭、年内にハダニが発生した場合はチリカブリダニを1万5,000頭追加。

表1-4-1 おもな天敵とその使用例（一部）

作物名	害虫名	天敵名
野菜類、豆類、イモ類	ハダニ類、コナジラミ類、アブラムシ類、アザミウマ類、チャノホコリダニ	ミヤコカブリダニ、スワルスキーカブリダニ、コレマンアブラバチ、ヒメカメノコテントウ、ヤマトクサカゲロウ、ナナホシテントウ、リモニカスカブリダニなど
ナス（野外）	アザミウマ類	スワルスキーカブリダニ
果樹類	ミカンハダニ、ハダニ類	スワルスキーカブリダニ、ミヤコカブリダニ（野外の果樹でも使用可能）、チリカブリダニ
花き類、観葉植物	アザミウマ類、ハダニ類	スワルスキーカブリダニ、ククメリスカブリダニ（シクラメンのみ）、ミヤコカブリダニ、チリカブリダニ

注　詳細は各メーカーのホームページなどを参照のこと

表1-4-2 天敵製剤の出荷額（単位：百万円）

（日本植物防疫協会「農薬要覧」より）

天敵名	対象害虫	2001年	2005年	2010年	2012年	2013年	2014年
スワルスキーカブリダニ	アザミウマ類 コナジラミ類	−	−	138	303	346	378
ミヤコカブリダニ	ハダニ	−	28	97	151	171	103
チリカブリダニ	ハダニ	47	140	101	182	303	260
タイリクヒメハナカメムシ	アザミウマ	67	97	114	114	108	109
コレマンアブラバチ	アブラムシ	16	57	26	32	31	30
オンシツツヤコバチ	コナジラミ類	35	58	18	19	21	21
その他		45	42	27	18	13	17
合計		210	422	521	819	993	918

ⅲ）実際にあたっての注意点

- 栽培期間中は天敵に影響のない薬剤を散布する。微生物剤などもこのなかに入るものが多い。
- 害虫が増えすぎた場合は、天敵に影響のある薬剤を散布して、再度天敵を放飼することもある。これをリセットという。
- 天敵を使うことにより化学農薬の散布回数が半減することは、各種アンケートから確認されている。
- 化学農薬と天敵昆虫、天敵微生物を併用するとその組み合わせは複雑になるが、成功率は高くなる。

ただし、天敵昆虫と微生物製剤だけで生物防除を実現している施設はヨーロッパでは少なくない。これは前述した害虫の多さの違い、ハウス環境なども関係しているわけだが、日本でも多くはないが生物防除だけで完結している生産者もいる。放飼タイミング、室温の管理、作物の状態などでそうしたことも十分可能なのである。

結局、①化学農薬をまったく使わずに生物防除を行なうか、②両方を使うハイブリッド防除にするか、③初期から天敵を使い、害虫が増えたら化学農薬も使うか、は生産者の判断であるが、オランダは③、日本は②、完全無農薬栽培は①ということになる。現在は面積的には③が多い。世界的にも、またスペインでもそうである。

なお、表1-4-2にわが国主要天敵の販売金額を示した。

2　トマトでの新しい利用可能性

先に述べたとおり、わが国ではイチゴに比べトマトでの天敵利用は足踏み状態が続いた

が、新しい可能性も見えてきている。

❶ 黄化葉巻病でいったんは減少した天敵利用

日本のトマトでの天敵利用は1990年代から始まっている。これはスペインでの生物防除の開始より早い。当初はオンシツツヤコバチ、サバクツヤコバチなどの寄生蜂によるコナジラミの幼虫、蛹への寄生による生物防除が中心だったが、コナジラミの発生前か、ごく初期からの天敵導入が必要であり、またハウス内の気温が20℃以上は必要であったことなどから、天敵としては使い勝手があまりいいものではなかった。

フランスのハウスなどでは、コナジラミの大発生する株を数株わざと温存し、そこにコナジラミの寄生蜂が集まるようにして天敵の巣とし、生物防除を実施しているケースもあり、日本でも神奈川県などで同様の現象を見ることができた。しかしながら生産圃場でコナジラミの多発している株を廃棄せず維持することは、生産者としてはなかなかできることではなかった。

その後、シルバーリーフコナジラミ、タバココナジラミなどの新規外来コナジラミが侵入し、これまでのツヤコバチ類では寄生率が上がらないことが判明した。また同時に、黄化葉巻病ウイルス（TYLCV）が猛威をふるい始め、日本におけるコナジラミの生物的防除は実質的に2000年以降減少の一途をたどった。

一方で、スペインを中心とする南ヨーロッパ、イスラエルなどでは、TYLCVの問題はなくなっている。

以下のものが理由として、挙げられる。
・抵抗性の度合いはさまざまではあるが、ウイルス抵抗性品種を導入
・タバコカスミカメなど数種のカスミカメの導入による安定的なコナジラミ防除＋基本的なツヤコバチ放飼

❷ オンシツツヤコバチによるIPM防除の可能性

日本ではタバコカスミカメが一定以上の数に増えるとトマトやナスを加害するため、輸入が禁止されており、国内でも生物農薬としての登録を目指している会社はあるものの、加害の問題は解決しておらず先行きは不透明である。ただ、高知県で、コナジラミ発生前に土着のタバコカスミカメを1㎡当たり1頭の放飼と合わせバンカー植物（48ページ参照）を利用して、2012年の栽培で成功している事例がある。

一方で、カゴメなどのオランダ式の大型トマト菜園ではオンシツツヤコバチと硫黄剤などを併用し、コナジラミのIPM防除を実現している。これは苗の段階から完全な閉鎖系のなかで、ウイルス感染していない苗を使うことで可能となっている。コナジラミが増えすぎた場合は、天敵に影響のある化学農薬の散布も必要に応じて行なうが、近年は、コナジラミはツヤコバチにより抑制されている。

ここに至るまでには、管理者の努力が不可欠であるが、方法としては、コナジラミ発生前（発生前と判断できるような害虫密度の低い時期）にウイルスが感染していない苗を使い、10a当たり2,000頭程度のオンシツツヤコバチを3～4週間にわたり放飼する。ポイントとしては、以下のような点である。

・コナジラミが多いところに多く吊り下げることも必要である
・黒いマミー（寄生された蛹）が90％になるまで継続する
・栽培期間中放飼を継続すると、より安定した防除が期待できる
・それでもTYLCVが発生することがあるが、病株を抜いて対応する
・いずれにしても、丁寧な植物と害虫と天敵のモニタリングが重要である
・冬場はハウス内の温度もオランダに近い16℃になるべく近づけることにより、ツヤコバチの増殖を図る

コナジラミに効果があり、ツヤコバチに影響の少ない殺虫剤、すなわちウララ、アプロード、チェス、ボタニガード、プリファード、プレバソンなどをローテーション散布。チョウ目には、トルネード、BT剤、プレバソン、プレオなどを散布する。

またマルハナバチに影響のない薬剤を使うことで、ハモグリバエの土着寄生蜂も増え、ハモグリバエの被害も減ってきている。より詳しくは日本バイオロジカルコントロール協議会のホームページ（http://www.biocontrol.jp/）を参照してほしい。

❸ 自家増殖したカスミカメによる IPM防除事例

次に、タバコカスミカメを生産者（普及所、農協なども含め）が天敵増殖ハウスをつくって増やし、トマト栽培ハウスに放飼してIPMを成功させた事例を紹介する（こうち農業ネット2013年7月号より）。

ⅰ）放飼タイミング

・コナジラミがほとんど見えない状況で、2012年3月5日に9aのハウスにタバコカスミカメ1,000頭を導入（1㎡当たり約1頭、コナジラミ発生前）
・比較対照として、前年の2011年3月8日および22日に、隣接ハウス（15a）において、コナジラミが発生している状態で、10a当たり合計500〜1,000頭を導入（1㎡当たり0.5〜1頭、コナジラミ発生後）

ⅱ）バンカー植物の設置

天敵が定着しやすいように、2012年はハウス東部分にバンカー植物としてクレオメおよびゴマを設置（天敵誘引のため）。

ⅲ）調査方法

調査間隔は約10日とし、ハウス内の6ヵ所において、トマト各10株の上位葉および下位葉各1葉に寄生するコナジラミ数およびタバコカスミカメ数を数えた。

ⅳ）結果

2011年には5月からコナジラミが急増したが、2012年は栽培終了まで低い密度で推移した（図1-4-1）。一方、タバコカスミカメは、2011年は4月から増え始めたのに対して、2012年は初期から低密度で推移して、栽培期間の終盤である6月から急激に増えた（図1-4-2）。2012年は天敵が害虫の増殖を長期間にわたって抑制し、黄化葉巻病の発生も見られなかった。今回の実証試験では、コナジラミ以外にトマトサビダニが発生したために天敵に影響の少ない薬剤での防除を1回行なった。

6ヵ所の調査地点ごとに、コナジラミの発生状況にばらつきがあった。クレオメやゴマのバンカー植物を設置しているハウスの東部分では、コナジラミの発生は少ない傾向だった。一方、設置していない西部分ではコナジラミが6月に一時的に急増し、その後タバコカスミカメが増殖するにつれて、コナジラミの発生が少なくなっていくという状況だった（図1-4-3、図1-4-4）。

以上のことから、タバコカスミカメはコナジラミ防除に有効であると思われた。

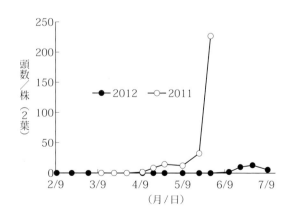

図1-4-1　コナジラミの推移
（こうち農業ネット、グリーンフォーカス平成25年7月号より）

なお、防除効果を早くから安定させるためには、コナジラミなどの害虫がほとんどいない状況から天敵を放飼することと、クレオメやゴマなどのバンカー植物を満遍なく設置することが適当と考えられた。

以上に加え、ボタニガード、マイコタール、プリファード、ゴッツAなどの微生物殺虫剤でコナジラミを含むトマトの諸害虫の初期密度ならびに生育中の密度を下げておくことが重要である。　　　（和田哲夫）

3　有機栽培と生物的防除

❶ 欧米と日本との天敵ラインナップの比較

日本でも施設栽培と露地栽培で病害虫の防除戦略が異なるのは欧米と同じである。生物的防除は露地でも施設でも病害虫問題解決のためのツールが揃っていないと難しい。

天敵のラインナップを見ると、日本の天敵資材（表1-4-3）とヨーロッパ（表1-4-4）の天敵資材を比較すると、明らかに日本よりもヨーロッパで多いことがわかる。また、日本では制度上露地で使える天敵は2015年時点では適用のあるカブリダニ2種のみであり、伝統的生物的防除に使用されるヨーロッパトビチビアメバチにも農薬登録が必要である。欧米ではそのような規制はない。露地での天敵利用はアメリカで盛んで（表1-4-5）、果樹、ナッツ類やベリー類を中心に、100ha規模の有機栽培も行なわれている。

日本の施設栽培での天敵利用は果菜類を中心としたものが多いが、こ

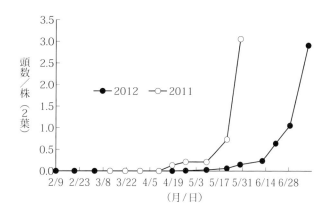

図1-4-2　タバコカスミカメの推移
（こうち農業ネット、グリーンフォーカス平成25年7月号より）

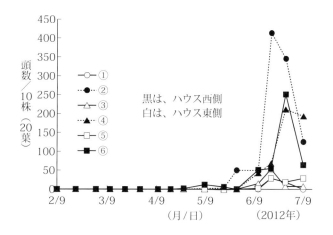

図1-4-3　地点別コナジラミの推移
（こうち農業ネット、グリーンフォーカス平成25年7月号より）

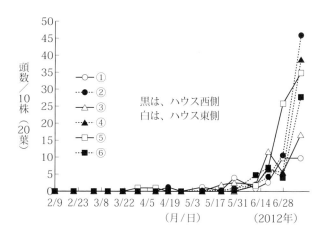

図1-4-4　地点別タバコカスミカメの推移
（こうち農業ネット、グリーンフォーカス平成25年7月号より）

表1-4-3　日本の登録天敵

（2014年9月1日現在；日本植物防疫協会資料等より作成）

初登録年度	天敵農薬の種類	天敵の学名	対象害虫	備考
1951	寄生蜂剤（ルビーアカヤドリコバチ）	Anicetus beneficus	ルビーロウムシ	1954年失効
1970	寄生蜂剤（クワコナコバチ）（クワコナカイガラヤドリバチ）	Pseudophycus malinus	クワコナカイガラムシ	1973年失効
1995	オンシツツヤコバチ剤	Encarsia formosa	コナジラミ類	
	チリカブリダニ剤	Phytoseiulus persimilis	ハダニ類	
1998	ククメリスカブリダニ剤	Neoseiulus cucumeris	アザミウマ類、ケナガコナダニ	
	ナミヒメハナカメムシ剤	Orius sauteri	ミカンキイロアザミウマ	
	コレマンアブラバチ剤	Aphidius colemani	アブラムシ類	
	ショクガタマバエ剤	Aphidoletes aphidimyza	アブラムシ類	
2001	タイリクヒメハナカメムシ	Orius strigicollis	アザミウマ類	
	ヤマトクサカゲロウ剤	Chrysoperla carnea	アブラムシ類	
2002	ナミテントウ剤	Harmonia axyridis	アブラムシ類	
	イサエアヒメコバチ剤	Diglyphus isaea	ハモグリバエ類	
	ハモグリコマユバチ剤	Dacnusa sibirica	マメハモグリバエ	
2003	アリガタシマアザミウマ剤	Franklinothrips vespiformis	アザミウマ類	
	デジェネランスカブリダニ剤	Iphiseius degenerans	アザミウマ類	2007年失効
	サバクツヤコバチ剤	Eretmocerus eremicus	コナジラミ類	
	ミヤコカブリダニ剤	Neoseiulus californicus	ハダニ類、カンザワハダニ	
2005	ハモグリミドリヒメコバチ剤	Neochrysocharis formosa	ハモグリバエ類	
2007	チチュウカイツヤコバチ剤	Eretmocerus mundus	タバココナジラミ類	
2008	スワルスキーカブリダニ剤	Amblyseius swirskii	アザミウマ類、タバココナジラミ類、チャノホコリダニ	
2009	チャバラアブラコバチ	Aphelinus asychis	アブラムシ類	
2013	キイカブリダニ	Gynaeseius liturivorus	アザミウマ類	
2014	ヒメカメノコテントウ	Propylea japonica	アブラムシ類	
	ヨーロッパトビチビアメバチ	Bathyplectes anurus	アルファルファタコゾウムシ	伝統的生物的防除用

注　□：失効天敵農業

の施設果菜類でも一部を除き化学農薬を排除することが難しく、有機栽培を実現している生産者はまだ少ない。こうしたなか、コマツナ、チンゲンサイ、ミズナ、シュンギク、エンサイ、ホウレンソウ、レタスといった、通常では天敵利用が難しい作目で、各種物理的防除法やバンカー法（48〜49ページ）を活用した有機栽培が実現している（103〜110ページ参照）。

一方、露地栽培では登録のある天敵種（天敵農薬）が少なすぎて、これを組み込んだ有機栽培のシステムの構築は難しい。これに替わるものとして土着天敵とインセクタリー植物（天敵温存植物）を組み合わせたものがあり、アメリカでより盛んである（フロリダ大学、2014）。

オランダでは、キャベツをクローバーと間作した有機栽培が行なわれている。クローバーを間作するとゴミムシの数が増え、オオモンシロチョウやヨトウムシの被害が軽減することが知られ、普及している（50〜51ページ参照）。日本では、リビングマルチなどによる雑草抑制研究はあるものの、天敵の専門家などによる土着天敵を活用した有機栽培に適したインセクタリー植物やリビングマルチ、間作などの研究は少ない。生産者レベルでは、果菜類にコムギのリビングマルチを組み合わせた有機栽培が、栃木県那須烏山市の

表1-4-4　ヨーロッパで入手可能な天敵資材　　　　　　　　　　　　　　　　　　（EPPO, 2014）

節足動物門・昆虫類(綱)			節足動物門・クモ類(綱)
コウチュウ(鞘翅)目	ハチ(膜翅)目	ハチ(膜翅)目(続き)	ダニ(クモ形綱)
Adalia bipunctata	*Anagrus atomus*	*Leptomastidea abnormis*	*Amblyseius andersoni*
Aleochara bilineata	*Anagyrus fusciventris*	*Leptomastix dactylopii*	*Amblyseius barkeri*
Atheta coriaria	*Anagyrus pseudococci*	*Leptomastix epona*	*Amblyseius degenerans*
Chilocorus baileyi	*Aphelinus abdominalis*	*Metaphycus flavus*	*Amblyseius swirskii*
Chilocorus bipustulatus	*Aphidius colemani*	*Metaphycus helvolus*	*Cheyletus eruditus*
Chilocorus circumdatus	*Aphidius ervi*	*Metaphycus lounsburyi*	*Euseius gallicus*
Chilocorus nigrita	*Aphidius matricariae*	*Metaphycus swirskii*	*Hypoaspis aculeifer*
Coccinella septempunctata	*Aphytis diaspidis*	*Microterys nietneri*	*Macrocheles robustulus*
Cryptolaemus montrouzieri	*Aphytis holoxanthus*	*Opius pallipes*	*Metaseiulus occidentalis*
Delphastus catalinae	*Aphytis lingnanensis*	*Praon volucre*	*Neoseiulus californicus*
Rhyzobius lophanthae	*Aphytis melinus*	*Pseudaphycus maculipennis*	*Neoseiulus cucumeris*
Rodolia cardinalis	*Aprostocetus hagenowii*	*Scutellista caerulea*	*Phytoseiulus persimilis*
Scymnus rubromaculatus	*Bracon hebetor*	*Tetracnemoidea peregrina*	*Stratiolaelaps scimitus*
Stethorus punctillum	*Coccophagus lycimnia*	*Tetracnemoidea brevicornis*	*Typhlodromus pyri*
ハエ(双翅)目	*Coccophagus rusti*	*Thripobius javae*	線形動物門・センチュウ類
Aphidoletes aphidimyza	*Coccophagus scutellaris*	*Trichogramma brassicae*	*Heterorhabditis bacteriophora*
Episyrphus balteatus	*Compariella bifasciata*	*Trichogramma cacoeciae*	*Heterorhabditis megidis*
Feltiella acarisuga	*Cotesia marginiventris*	*Trichogramma dendrolimi*	*Phasmarhabditis hermaphrodita*
カメムシ(半翅)目	*Dacnusa sibirica*	*Trichogramma evanescens*	*Steinernema carpocapsae*
Anthocoris nemoralis	*Diglyphus isaea*	*Trichogramma pintoi*	*Steinernema feltiae*
Anthocoris nemorum	*Encarsia citrina*	アミメカゲロウ目(Neuroptera)	*Steinernema kraussei*
Macrolophus pygmaeus	*Encarsia formosa*	*Chrysoperla carnea*	
Orius albidipennis	*Encyrtus aurantii*	アザミウマ(総翅)目	
Orius laevigatus	*Encyrtus infelix*	*Franklinothrips megalops*	
Orius majusculus	*Ephedrus cerasicola*	*Franklinothrips vespiformis*	
Picromerus bidens	*Eretmocerus eremicus*	*Karnyothrips melaleucus*	
Podisus maculiventris	*Eretmocerus mundus*		
	Gyranusoidea litura		

表1-4-5　北米における露地栽倍での天敵利用の例

（Hale and Elliot, 2003を改変）

天敵学名	同左和名	対象害虫	対象作物
Neoseiuls fallasis	ファラシスカブリダニ	ハダニ	イチゴ、ミント、リンゴ
Metaseiuls occidentalis	オクシダンタリスカブリダニ	ハダニ	リンゴ
Phytoseiulus persimilis	チリカブリダニ	ナミハダニ	イチゴなどベリー類
Feltiella acarisuga	ハダニバエの一種	ハダニ	ベリー類
Aphidoletes aphidimyza	ショクガタマバエ	アブラムシ	果樹苗
Aphytis melinus	キイロコバチの一種	アカマルカイガラムシ	カンキツ、ナッツ
Cryptolaemus montrouzieri	ツマアカオオヒメテントウ	コナカイガラムシ	グレープフルーツ、カンキツ
Trichogramma sibericum	タマゴコバチの一種	ハマキムシの一種	クランベリー

帰農志塾で実践されている（戸松、2011）。

❷ 天敵利用の制度上の問題

　害虫の天敵は、捕食者（predator）、捕食寄生者（parasite）、病原微生物（pathogen）と定義されている（上野、2009；矢野、2003；村上、1982）。一方、生物的防除に使用する登録農薬を「生物農薬」と呼んでいて、（独）農林水産消費安全技術センターはそれを「農作物に有害な病害虫や雑草を防除するため、微生物や天敵昆虫等を生きた状態で農薬のように利用するもの」と定義している（2009）。性

表1-4-6 生物農薬の分類

(FAMIC, 2013)

天敵農薬	寄生性昆虫、捕食性昆虫などで捕食性ダニ等も含む
微生物農薬	微生物(ウイルス、細菌、糸状菌など)、線虫(共生細菌などの微生物を活性成分とするものに限る)

フェロモンや抗生物質のように、生物が産生する物質などを利用する農薬もあるが、これらは「生きた状態」では利用しないので、生物由来の防除剤として生物農薬としては扱っていない。

生物的防除は寄生性または捕食性天敵、および病原微生物天敵を用いた防除と定義されていて(桐谷・中筋、1973)、利用する生物によって「天敵農薬」と「微生物農薬」に大きく分けることができる(表1-4-6)。

「微生物農薬」には、作物の病害防除を目的とする「拮抗微生物」等と害虫の防除を目的とする「天敵微生物(昆虫病原微生物)」、除草を目的とした「微生物除草剤」(雑草に寄生する寄主範囲の狭い植物病原微生物)が含まれる。

日本では、病害虫防除等のために使用する天敵は農薬と規定され、製造、販売または使用する場合には農薬取締法の規定に定める使用基準に従わなければならないとされている。天敵農薬の大部分の使用基準は施設での使用となっていることもあり、露地で体系が組めるラインナップがなく、有機露地栽培での天敵農薬を利用した体系は確立していない。

さらに、有機農産物の日本農林(有機JAS)規格では、その第4条で、「有害動植物の防除において使用できる、耕種的防除(カッコ内省略)、物理的防除(略)、生物的防除(略)以外は、「農産物に重大な損害が生ずる危険が急迫している場合」に限り「別表2」の資材を使うことができるとしている。このため、「天敵といえども農薬であり、重大な損害が生ずる危険が急迫していない限り使用できないとして」、認証団体から有機認証を受けられない生産者もあるようだ。

しかし、生物的防除資材は第4条のとおりに危機的な状況で使用しても効果が期待できない。そこで、「平成25年度有機栽培技術の手引」(日本土壌協会、2014)で筆者は、生物農薬の使用は、有機JASでいうところの「生物的防除」に該当するものとし、「別表2」に掲載されていても生物農薬個々の使用基準に従って使用できるとした。とはいうものの、有機JAS第4条と農薬取締法第2条の矛盾は解釈が難しく、「日本農林規格第4条」の解釈は認証団体ごとに異なるようだ。

日本の有機栽培は、物理的防除や耕種的防除が中心で、生物的防除を組み込んだ対策はまだ少ない。しかし、物理的防除や耕種的防除は生物的防除と相性がよく、慣行栽培でも有力な病害虫防除手段となっている。なお「有機JAS規格『別表2』で果菜類に使用が許容されている農薬」は、有機栽培技術の手引〔果菜類編〕(平成26年、(一財)日本土壌協会、https://japan-soil.net/report/h25tebiki_02.pdf)に掲載されているので参考にされたい。

(根本 久)

第2章

天敵利用の基本

どうすればうまく使いこなせるか？

ネギアザミウマを捕食するカブリダニ類（原図：大井田　寛）

1 露地と施設で異なる病害虫管理

　露地と施設とでは、それぞれの栽培環境が異なるため病害虫管理のアプローチも異なる。当然それぞれに則した病害虫管理のシステムにならうべきである。本章でもそのために1節を設け、施設栽培の病害虫管理のポイントを解説した（39ページ）。

　同じように、天敵による防除戦略も、露地と施設では管理の仕方が異なる。

　つまり、施設栽培では害虫をなるべく施設の中に入れないようにし、閉鎖空間で「天敵製剤」を放飼することがベースになるのに対し、露地では多くの場合、「天敵製剤」ではなく地域の土着天敵を主体に、その働きを妨げる要因の除去と好ましい環境を整えることが課題となる。リビングマルチなど天敵の温存場所の工夫や隠れ場所（refuge）、選択性殺虫剤の使い方などがその基本だ。

　しかしそれぞれの防除生態系は今日ではともに生物多様性を高める方向にも向かっている。施設栽培でも天敵を放飼して終わりでなく、餌を与えたり、バンカー植物やインセクタリー植物を設置したりする。マルチ・レイヤー（mulch layers）という天敵を増やすマルチの資材ウッドチップも販売されている。こうしたものを使うことで、天敵を何回も買って放すよりコストが安くなるばかりでなく、効果も安定する。つまり、施設栽培ではその施設内部で天敵を増やすのに対し、露地では、土着している天敵を畑あるいはその近辺で温存し、増殖する、というやり方になる。

　このように栽培環境で異なりつつ共通項もある天敵防除の基本戦略を本章では整理した。

1 露地・施設それぞれの栽培環境

　露地での病害虫管理システムを表2-1-1に示すが、露地では天敵などの病害虫を抑制する自然の要因がたくさんある。このなかには病害虫の発生を抑制する対抗生物もあり、この力を引き出す手法として、天敵の生息地管理、天敵や拮抗微生物などの働きの増強、および作物には有利で、かつ、各種病害虫には不利となるような耕種法、選択性殺虫剤の利用なども重要だ。

　施設栽培では人為的に天敵などを放飼しない限り、害虫発生を抑制する要因が少なく、露地とは異なる特殊な環境である。安定した

表2-1-1　露地栽培での病害虫の管理戦術
（根本、1995を改変）

適地適作
輪作
作付けパターン
作物管理と環境衛生
抵抗性品種の利用
天敵など対抗生物の働きの増強（生息地管理を含む）
耕種法（誘引作物、干渉作物などを含む）
肥培管理
かん水管理
選択性殺虫剤の利用

表2-1-2　ハウス栽培における病害虫の管理戦略
（根本、1995を改変）

①病害虫のついていない健全苗の供給
②衛生学（Hygine）の徹底
③病害虫が入りにくい温室の構造
④病害虫に対する抵抗性品種の利用
⑤行動制御による害虫防除
⑥防除手段の総合化
・害虫の発生調査に基づく防除
・天敵の利用
・選択性殺虫剤の利用
・圃場での天敵増殖法の採用

栽培を維持するためには、露地栽培とは異なる病害虫管理法（表2-1-2）が必要になる。また、欧米を中心に、害虫の発生具合に合わせて天敵を放飼するのではなく、あらかじめ天敵を常在させておく手法が主流になっている。

2 施設栽培でとくに必要な病害虫リスク回避

施設栽培の作物に与える好適な環境条件は、病害虫にも好適である。施設では病害虫を抑制する天敵や対抗生物などの死亡要因が少なく、何らかの防除手段を講じない限り、病害虫は指数曲線的に増えてしまう（根本、1995）。施設栽培は露地栽培と対極にある栽培法で、露地では有効積算温度が足りず栽培が難しい冬でも、栽培が可能である。施設は温度、水、光などの物理的環境を制御でき、炭酸ガスを補給するなど、作物の生長に有利なように施設内を管理できる。その反面、ある程度の規模の施設栽培では、露地のように輪作することが難しく、連作障害が生じやすい。これを解決するため、オランダでは、土耕からロックウールによる水耕栽培に変えることによって、土壌消毒とそれに伴う農薬の使用量を大幅に減らすことができた。また、ドリップかん水とブロック配置されるロックウールによって、水を伝い移動するセンチュウや病菌がブロックを越えることがないよう、リスク軽減も行なっている。

収穫終了後には、ロックウールの蒸気殺菌や施設の内部清掃を行ない、内部に発生した病害虫を死滅させる。こうすることで病害虫を次の栽培に持ち越すリスクも少ない。

土耕ではあるが、オランダと競合する農産物輸出国であるスペインも、ドイツなどの消費国からの残留農薬の心配のない農産物要求に合わせ、自国に合った天敵利用法を開発し対応している（23〜27ページ参照）。

施設栽培における病害虫のリスク回避には、基本的に以下のものが必須である。

- 外部から病害虫が侵入しづらい密閉型であること（スペインではオランダなど北欧と比較して密閉度は低いが防虫ネットは必須となっている）
- 内部に侵入した病害虫を増殖させないシステムであること
- 作物および天敵や受粉昆虫が活動しやすい物理的環境
- 天敵を栽培期間中安定的に維持できる生物環境
- 栽培終了後、内部の病害虫をリセットできること
- 栽培（品種を含む）、肥培、収穫などの管理技術

2 施設栽培の病害虫管理のポイント

1 病害虫のついていない健全苗の供給

施設栽培では天敵などの導入を行なわない場合、露地のような病害虫の対抗生物がないため、一度病害虫が発生すると、その被害は甚大となる場合が多い。施設に持ち込む苗は、病害虫がついていないものを用いなければならない。病害虫の汚染種子の使用、育苗中の発生、苗の輸送時や搬入時の付着、ハウスへの人の出入りによる施設内への病害虫の持ち込みには注意が必要だ。

わが国では、苗半作といわれるように苗栽培技術も重要で、苗生産専門の生産者も出てきているが、健全な苗の供給は、作物生産ばかりでなく苗生産者の経営も左右する。

2　衛生学に基づく圃場管理の徹底

多くの病害虫は、苗生産の段階、その移動の段階、作物生産段階の3つの場面で発生し、とくにアザミウマ類、コナジラミ類、アブラムシ類やハダニ類などの微小害虫の発生リスクは大きい。多くは、ウイルス病の媒介者にもなっている。作物生産段階では、収穫が終わってから次の作を始める前までの夏季や休止期の間（北欧では冬季）で、前作で発生した病害虫をリセットするシステム（高温利用、農薬利用などで）も不可欠だ。

国内では、栽培終了後、微小害虫は施設内外に生える雑草や作物などで一時生活し、次作が始まると施設に戻って冬を越すサイクルを繰り返すことが多く、注意が必要だ。

また、人の靴裏などに付着して侵入する病原菌やセンチュウ対策として、作業者ら人の出入りに伴う病害虫の持ち込みの防止対策を実施することも有効である。人の発する静電気や黄色や青の衣服に誘引されるなど、人に付着し施設内部に持ち込まれる微小害虫の対策も必要である。

3　病害虫が入りにくい施設の構造

出入り口や窓など、病害虫が侵入しやすい構造の施設では、病害虫侵入の機会が多く、その防除は困難になる。かといって、殺虫剤や殺菌剤に頼りすぎると、それらに対する抵抗性が発現した場合のリスクが大きい。

ある程度の大きさの施設では、外部から病害虫が侵入しづらい密閉型が基本である。侵入口は天窓と出入り口のみで、天窓には防虫ネットの展張、出入り口に予備室を備え、害虫のダイレクトな飛び込みは防止される。オランダ型のハウスのように、軒高が高く、側窓のない施設はその典型だ。出入り口の位置は、光や風等との関係で病害虫が侵入しにくい位置が望ましい。

また、トマト栽培ではトマト黄化葉巻病対策のため、開口部に0.2～0.4mm程度の防虫ネットを展張するなど、タバココナジラミの侵入防止策が必須である。この場合、通風の悪さは5m以上の高軒高ハウスによって上部からの空気の抜けをよくすることで解決している。高軒高ハウスは採光しやすく、冬季に逃げる温度を小さくすることが可能で、循環扇使用による室内温度の均一化といった面からも有利になっている。こうした高軒高の大型ハウスは、国内でもトマト栽培を中心に普及が進みつつある。

4　抵抗性品種の利用

施設での果菜の栽培は栽培期間が長く、種々の病害虫が発生する。野菜の種類を変えて多毛作することはあっても、多くのハウスがなければ輪作は難しい。前述のようにこれらに化学合成農薬で対すると、抵抗性の問題が大きな障害になる。こうした問題には、化学合成農薬などに頼りきらない、施設IPMなどの実施が求められる。そのなかで病害虫抵抗性品種の利用はとくに重要である。抵抗性穂木や台木については作物ごとの情報を各種苗会社などから入手する。

筆者は、オランダ・エンザ社の有機認証種子を利用した和歌山県のトマト栽培の事例を調査したことがあるが、多種類の病害虫抵抗性をもった品種の効果は大きいと感じた。

5 行動制御による害虫防除

光や臭い、音などを利用する方法で、おもに害虫対策に用いられる。施設栽培では光を利用したものが多い。

❶ 光反射資材の利用

国内では、コナジラミ類、アザミウマ類、アブラムシ類の侵入防止に、光反射シート（ネオポリシャインなど）を施設外部に沿った周囲にマルチ張りしたり、不織布シート（タイベック・スリムホワイト®）を側窓部に設置したりする例がある。また、海外や国内の高設栽培など水温調節できる施設では、施設内部の地表面や畝面を白色マルチで被覆することが行なわれている。これらは、昼間飛翔する昆虫が背中に光を浴びて飛翔する性質（背光性）を利用し、下から光の反射光を受けさせることで飛べなくなるようにした侵入阻止技術である。施設内部の白色マルチ被覆は、気温上昇の抑制効果も期待でき、天敵利用にも適している。しかし、土耕栽培では地温が上がらず、燃料費がかかるためか普及していない。

❷ 夜間黄色光照明の利用

ハスモンヨトウやオオタバコガなどヤガ類の侵入阻止に、高圧ナトリウムランプや蛍光灯、LEDなどを光源とした黄色光が利用されている。

ヤガ類やカメムシ類などの昆虫が好む光の波長を抑えた黄色の光を夜間点灯すると、果実の吸汁、産卵、交尾などの夜間の活動を抑制することが知られている。オオタバコガなど夜行性のガに一定以上の明るさ（照度）の黄色光をあてると、ガの複眼が昼間に順応した目（明反応）となり、吸汁、交尾、産卵などの夜間行動が抑制される性質を利用したものだ。通常の軒高の低いハウスでは、黄色蛍光灯や黄色LEDが用いられ、オランダ式のハウスなど大規模の高軒高施設では黄色高圧ナトリウムランプが用いられる。

黄色高圧ナトリウムランプの一種は道路やトンネルの照明に用いられるが、このランプの光には昆虫が集まることは少ない。

トマトなど大型施設では、内部の高さ4～5m程度の位置に黄色高圧ナトリウムランプを設置して（写真2-2-1）、点灯時の空間照度を2ルクス程度にする。このとき、施設内部の地表面を白色マルチなどで被覆すると陰ができにくく、より効果が高くなる。写真2-2-2の園では9haの施設に32セットの黄色高圧ナトリウムランプを設置していて、オオタバコガやハスモンヨトウなどのヤガの被害をゼロにするほどの威力があるという。わが国の大型の施設栽培では、必須の設備ということができよう。

写真2-2-1 黄色高圧ナトリウムランプ（エコイエロー）（上）の設置状況（左） （岩崎電気㈱提供）

写真2-2-2　夜間黄色光照明の利用
（岩崎電気㈱提供）
上：黄色高圧ナトリウムランプの点灯状況(世羅菜園)
中：ランプが設置されている施設の床面
下：夜間点灯全景

　規模の大きくない慣行施設の場合は、施設の外側の施設長軸方向両端の延長上に高さ5m程度のポールを1本ずつ立て、黄色高圧ナトリウムランプを設置し、外から照らすようにしてもよい。この場合も、空間照度を2ルクス程度に保つ必要がある。ランプの点灯は日没前から日の出までとする。
　一方、黄色光は、イネ、ダイズ、ホウレンソウ、キクなど、光に感応性のある作物が周囲にある場合は、これらの作物に影響が出ることがあるので何らかの対策が必要だ。

❸ 有色粘着テープの利用

　コナジラミ類やアブラムシ類、ハモグリバエ類、アザミウマ類などが施設内部に侵入してしまった場合に、コナジラミ類やアブラムシ類、ハモグリバエ類には黄色粘着テープ、アザミウマ類には青色粘着テープが用いられている。
　有色粘着テープを施設の側窓部内側、天窓部下の苗上部、天井谷間下などに設置する。コナジラミ成虫は生長点近辺に多く生息するので、苗上部や天井谷間下の柱に設置した場合は、苗の生長に合わせて、適宜上方にずらす。
　有色粘着版は局所の防除やモニタリングが主である。モニタリング用の黄色や青色の粘着板は適宜各所に設置し、発生地点の早期発見に利用する。防除資材として利用する場合は、使用数をモニタリングの場合よりもはるかに多くしなければならず、効率的ではない。

6　天敵利用と物理的および生物的環境

　天敵類は生きているので、温度や湿度、日長はその活動に適するようにする。それらは、作物の栽培温度や限界温度（表2-2-1）と矛盾するものであってもいけない。冬季の燃料代を抑えながらも、施設内温度が天敵の活動に適する範囲でなければならない（表2-2-2）。国内の夏季の施設では30℃を超えることはざらで、天敵のなかにはこれに耐えられないものも多く、夏季の高温対策も必須である。
　最近は、スワルスキーカブリダニ、ミヤコカブリダニ、ククメリスカブリダニ、タイリクヒメハナカメムシ、ヒメカメノコテントウ、ヤマトクサカゲロウ、一部の県ではタバコカスミカメといった35℃近くの高温にも耐える天敵が選べるものの、低い温度に対応した

表2-2-1 野菜類における適温および限界温度

	生育適温（℃）		低温限界（℃）	高温限界（℃）	天敵利用と栽培温度
	昼温	夜温			
トマト	25～30	10～20	5	32	低・高温管理下では困難
ナス	22～30	15～18	10	—	
ピーマン	25～30	15～20	10	—	
シシトウ	28～30	20～23	—	—	
キュウリ	25	15（幼苗期18≦）	5	—	
メロン	28～30	18～20	15	—	
スイカ	22～30	15	—	—	
イチゴ					
（葉生育伸長）	20～25	—	20	28～30	
（根の伸長）	18～25	—	13～15	25	
（果実肥大）	20～24	6～10	昼：10～15、夜：0	昼：35、夜：14	低・高温管理下では困難
シソ	20～23	—	—	—	
スイートバジル	20≦	—	10≦	—	
シュンギク	15～20	—	0℃でも枯死せず	27～28	低夜温管理下では困難
モロヘイヤ	25～30	—	10	—	

表2-2-2 国内で販売されているおもな天敵農薬資材の活動温度および適湿度

天敵和名	対象害虫	活動可能温度（℃）	最適温度（℃）	発育零点（℃）（O：産卵限界温度、F：飛翔限界温度）	活動可能湿度（%）（最適湿度）
スワルスキーカブリダニ	アザミウマ類、コナジラミ類、チャノホコリダニ	15～35	28		60＜
ミヤコカブリダニ	ハダニ類	12～35	25～32		60＜
ククメリスカブリダニ	アザミウマ類	12～35	15～30		60＜
チリカブリダニ	ハダニ類	12～30	20～25	(O:10～12)	50＜(60＜)
タイリクヒメハナカメムシ	アザミウマ類	11～35	25～30	卵11.4、雌幼虫11.0、雄幼虫11.4	65～75
アリガタシマアザミウマ	アザミウマ類	20～30	22.5～25	13	
ナミテントウ	アブラムシ類	15～30	20～25	卵5.4、幼虫5.9、蛹8.8	
ヒメカメノコテントウ	アブラムシ類	15～30	20～30		
ヤマトクサカゲロウ	アブラムシ類	15～35	24～26		70～90
オンシツツヤコバチ	コナジラミ類	15～30	25	7(O:11、F:17)	75前後
サバクツヤコバチ	コナジラミ類	17～33	20～30		
コレマンアブラバチ	アブラムシ類	5～30	15～25	5	55～65
イサエアヒメコバチ	ハモグリバエ類	15～30	20～25		
チャバラアブラコバチ	アブラムシ類	15～30	20～25	約10	
ハモグリミドリヒメコバチ	ハモグリバエ類	20～27	25	(O:10～12)	50＜(75)
スタイナーネマ カーポカプサエ[2]	ハスモンヨトウ				
スタイナーネマ グラセライ	ネキリムシ類				

天敵資材はごく少ない。また、カブリダニの多くは、湿度がある閾値から下がると卵のふ化率が大幅に下がる傾向がある。そのため、カブリダニを使用するときには湿度が下がりすぎないよう、微気象などにも配慮が必要だ。

近年、欧米ではスワルスキーカブリダニ、ミヤコカブリダニ、ヒメハナカメムシ、天敵カスミカメ類といった広食性の捕食者をバン

カー法や餌の供給と組み合わせた利用法が進んでいる。

一方、国内では天敵も農薬(天敵農薬)とされていて、害虫の発生量に合わせ、天敵農薬の使用量や使用時期を決められたとおりに使用しなければならない。欧米では、天敵は農薬ではないので、総コストを下げるための仕掛けがさらに充実されてより安定した天敵利用が進められ、必要な天敵を害虫発生前から定着させる技術が発達している。これによって、天敵利用の不安定さと天敵コストの低減化が図られている。詳しくは55〜61ページを参照いただきたい。

3 露地栽培での防除戦略

露地栽培では施設栽培に比べ土着天敵の活用など、自然の力を利用しやすいが、害虫を天敵利用だけで防除するのはかなり難しい。一方、農薬だけで病害虫を防除しようとしても、薬剤抵抗性の問題に直面してしまう。

露地栽培では、輪作、作付けパターン、作物管理と環境衛生、抵抗性品種、生息地管理を含む天敵など対抗生物の働きの増強、誘引作物、干渉作物などを含む耕種法、また肥培管理やかん水管理、選択性殺虫剤の利用などが求められる(FAO・IIBC合同農薬影響トレーニング、マレーシア、1995)。

具体的な防除法としては、第1章で見たように、①物理的防除、②行動的防除、③生物的防除に分けられる。③の生物的防除は、微生物農薬や登録がいらない土着天敵を除いては国内では利用方法があまりない。露地での土着天敵の利用も、露地ナス畑での境界植生としてのソルゴーやデントコーンの利用や、チャ栽培でのキク科のチトニアをバンカー植物としたハダニ管理の報告がある程度である。欧米では、各種天敵資材の露地で使える技術が開発されているが、露地用の天敵商品はまだ少ない。

1 IPMの3つの分野とその要素

害虫を対象にする場合、IPMは「総合的害虫管理」といっている。第1章でも触れたように、FAO(2002)は「可能な防除技術全てを十分に検討し、その適切な防除手段を統合して、病害虫密度の増加を抑制しつつ、農薬その他の防除資材の使用量を経済的に正当な水準に抑え、かつ、人および環境へのリスクを減らすか、あるいは、最小化するよう適切な防除手法を組み合わせる。IPMは、健全な作物の生育を重視し、農業生態系の攪乱を最小限としつつ、自然に存在する病害虫制御機構を助長するものである。」と定義している。

IPMは、病害虫の発生要素に対する対策となっていて、IPMを構成する3つの防除戦術、①有害生物の操作、②作物の操作、③環境の操作からなる(図2-3-1)。IPMを実施するうえで求められる条件としては、この3つの操作と同時に、④地域的に適合している、⑤コストと利益のバランスが適当である、⑥環境保全の面で問題がない、⑦社会的に受容される、の4つの条件を満たす必要がある。先の3つの操作は、第1章の図1-1-2(11ペー

ジ）に示した各戦術からなる。

　有害生物の操作には農薬的戦術と非農薬的戦術がある。農薬的戦術は、予防的防除と治療的防除に分けられるが、予防的防除は害虫の発生がなくても使用されるので、過大使用につながる懸念もある。殺虫範囲が広い農薬（broad-spectrum pesticide）の多用はリサージェンスや薬剤抵抗性の問題が生じるので、非農薬的戦術と組み合わせた選択性の高い農薬を選びたい。成長制御剤やBT剤などの環境に優しい剤であっても、害虫に薬剤の選択圧がかかるような使い方をすると、有効成分を解毒する機構ができあがるなど、薬剤抵抗性の問題からは逃れられない。

2　植生を利用した天敵の保全

　天敵が有効に働いている畑では、ハダニ類、アザミウマ類、コナジラミ類などの害虫被害が小さいことが知られている（カリフォルニア大学・IPMプロジェクト、1990）。そのため欧米では天敵を保全する種々の方法が考案され、実施されている。こうして保全された天敵と、それら天敵への影響が小さい農薬との組み合わせによって、農薬に頼りきらないIPMによる農業が進められているのである。このような技術をもたない国々では、農薬による防除を優先するため、単位面積当たりの農薬の使用量が多い傾向がある。

❶ 日本に多い天敵温存の自然植生

　人が耕作する畑は、1年を通して天敵が生

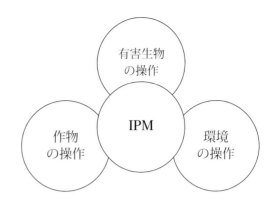

図2-3-1　IPMを構成する3つの防除戦術

息できる環境にはなく、多くの場合、天敵は冬季にはほかの場所で越冬し、栽培期に越冬場所から移動してくる。天敵にとって栽培圃場は、1年を通してみると必ずしも安定した生態系ではない。

　その天敵の移動能力は、グループごとに異なっている（表2-3-1）。例えば、ジェプソン（2006）によると、地上徘徊性のコモリグモ類、ハネカクシ類、捕食性ゴミムシ類は移動能力が小さく、冬季の植生が貧弱な畑地では越冬時に個体数が減ってしまう。これを保全するため、ヨーロッパの畑地（数十ヘクタール規模）では隣接する境界線（Boundary）に「ビートルズバンク」と呼ばれる、数種のイネ科牧草を混播した植生帯を設け、移動性が小さい天敵種の越冬場所を確保している。そして、ビートルズバンク用の混合種子が販売されている。

　中距離の移動能力をもつ天敵にはヒメハナカメムシなどの捕食性カメムシ類、クサカゲロウ類、寄生蜂類があり、遠距離移動能力をもつ天敵にはヒラタアブ類、テントウムシ類

表2-3-1　土着天敵の分散能力　　　　　　　　　　　　　　（Jepson, 2006）

近距離性	中距離性	遠距離性
コモリグモ科などの地上徘徊性クモ類 ハネカクシ類 捕食性ゴミムシ類	クサカゲロウ類 寄生蜂類 捕食性カメムシ類	バルーニングするクモ類 ヒラタアブ類 テントウムシ類

のほか、幼体が飛翔分散（バルーニング）するタイプのクモ類などがある。イギリスで発達した畑を囲う生け垣およびアメリカの樹木と草本植物からなる保全緩衝帯（conservation buffers）などの植生は、これらの天敵に寄主や餌資源、越冬のための生息地を提供している。ヨーロッパでは天敵類を温存するため、畑の中に樹木を残したりしていて、大変な努力が払われている。わが国では、北海道のような広い畑地では可能かもしれないが、一般的には一枚の畑が小さく、このような植生帯を設けることは難しい。

わが国では欧米のように天敵を温存する植生帯を意識して設けられてはいないにもかかわらず、有機栽培圃場などで中・長距離移動性の土着天敵が発生している状況は多い。近くに、樹木のあるお寺や神社、民家の生け垣や屋敷林、あるいは、クワやチャが植栽されていたであろうと思われる名残が、畑の縁に残っている場合もある。各地に残る里山のほか、例えば、関東には埼玉県所沢市と三芳町にまたがる三富新田に代表される江戸時代の入植地には畑地と雑木林がセットになって残っている。

このように、地域単位で見るとわが国の天敵環境もまったく悲観したものではない。オレゴン州立大学総合的植物保護研究センター所長のジェプソン教授を埼玉の有機栽培農家の畑に案内したときに、そうした意見をいただいたことがある。遠距離移動性の天敵の保全には市町村や県レベルでの植生保全が求められる。

オランダでは、不動産を1年以上管理せずに放置すると、その後、他人が使用し管理した場合に使用者に使用権が発生するらしい。農地を休耕する場合は、ほかの農家に貸し出したり、ワイルドフラワーを植栽するなどして管理を行なわないと財産を保全できない。ワイルドフラワーを植栽するなどの環境保全を行なうと政府から補助金が出るらしく、金を払って管理を委託しても休耕農家に不利益は生じない。このように地域での天敵の発生源をつくる重要性も理解する必要があるだろう。

❷ 植物の利用による天敵の増殖

ⅰ）天敵温存植物の利用

天敵温存植物は「インセクタリー植物（insectary plants）」ともいい、天敵の餌となる蜜や花粉を生産したり、餌となる節足動物が生息するなどの特徴をもち、天敵を誘引したり増殖する効果のある植物である。欧米では、天敵温存植物を畑の境界または内部に畝状（insectary strips, flower strips）に配置することが行なわれている（写真2-3-1）。

天敵温存植物の利用には季節学（phenology）の知識が必要といわれ、それぞれの植物種について、花粉や蜜の有無、誘引天敵の種類、地域ごとの開花時期や、花外蜜腺があればそれらの蜜を出す時期などの情報を知らないと使いこなせない（ジェプソン、2006：私信）。季節学はその土地の気象と密接に関連していて、ちょうど日本で桜の開花予測をするのと似ている。例えば、各種の作物の害虫の発生時期の予測と春から秋までの植物ごとの開花期間、満開の時期と期間、そのピーク時期との関係から、その土地に合ったインセクタリー用の混合種子も販売されているという。

欧米ではインセクタリー用の植物例として、ソバ、マリーゴールド、ジニア、スイートアリッサム、リナリア、カリフォルニアポピー、ヤグルマギク（矮性）、ルピナス、ゴテチャ、コレオプシス、デルフィニウム、ディモルホセカ、カスミソウ、イベリス、ケイランサス、トコナデシコ、ファセリア、ゴデチア（矮性）、セラスチウム、ツキミソウ（昼咲き）、ハルシャギク（矮性）、ワスレナグサ、コマチソウ（矮性）、ビオラ、ヒメナデシコ、カンパニュラ、アイスランドポピー、ヒメキンギョソウ、ネモフィラ、チドリソウ、モナルダなどがある。これらが、わが国で有効か

写真2-3-1　ナス畑内の昆虫増殖植物（ソバ、マリーゴールド、ジニア）：花帯（flower strips）では多くの天敵が活動する

否かはわかってはいない。国内でも公的な研究機関からインセクタリー植物の報告がされるようになってきており、今後の詳細な研究に期待したい。

一方、欧米で使用されている混合種子が日本に輸入され、家庭菜園などや景観植物とし

第2章　天敵利用の基本　**47**

て利用されているが、なかにはヤグルマギクのように、ムギ畑などで雑草化して問題になっている種類もあり、注意が必要だ。使用するインセクタリー植物が導入する土地に適した植物か否か、どのような天敵を誘引・増殖する効果があるのか、その有効な時期や播種、定植の時期、栽培方法などについての情報も必要と思われる。

ii）バンカー植物の利用

〈バンカー植物とインセクタリー植物〉

「バンカー植物」という用語は、先に紹介した「インセクタリー植物」とよく似ている。「インセクタリー植物」は、花粉や蜜などを供給し天敵などの昆虫を集めるものの、天敵が一生をまっとうできる力はない。花粉や蜜などを餌とする多くの昆虫を集め、これらの昆虫を餌とする天敵も間接的に増殖させる効果がある。

一方、「バンカー植物」は天敵に代替え寄宿（餌）、花粉や蜜を供給することによって、この植物上で天敵が増殖し一生をまっとうできる植物のことである。筆者を含め、これらの用語に関して混乱していた部分があるが、ここに明らかにしておきたい。

〈周囲作＝障壁栽培（ナス栽培例）〉

国内では、ナス栽培で畑の境界部にソルゴーやデントコーンを栽培し（写真2-3-2）、外部からの害虫の飛び込みの障壁とすることが普及している。こうした「周囲作（fencing culture＝障壁栽培）」は、古くから欧米の有機栽培で採用されていた害虫の侵入阻止技術であるが、これを国内の害虫防除に実践したのは、元岡山県農林水産総合センター農業研究所の永井一哉博士である。

ソルゴーを障壁栽培すると、ナス畑の外部のハウスなどから移動してくるミナミキイロアザミウマの侵入を阻止できるうえ、障壁のソルゴーにヒエノアブラムシが発生し、それを餌にするテントウムシ、ヒラタアブ、クサカゲロウなどの天敵によってナス畑の害虫が

写真2-3-2　ナス畑の境界にデントコーンを栽培し、害虫の飛び込みを防ぐ

減少する。これに、ミナミキイロアザミウマの天敵ヒメハナカメムシに影響が少ない選択性殺虫剤を組み合わせる。この方法は、ソルゴーに発生するヒエノアブラムシがナスの害虫にならないこと、このアブラムシを餌にテントウムシなどの天敵が増え、そこで使用する薬剤は天敵に影響がないものを使用するといった特徴がある。デントコーンやソルゴーには、テントウムシ類、クサカゲロウ類ばかりでなく、ヒメハナカメムシ類も温存していることがわかっている。これらの天敵の温存と障壁効果によってアザミウマのほかハスモンヨトウの発生抑制にもなっている（図2-3-2）。

国内ではスワルスキーカブリダニが天敵農薬として露地ナス栽培にも適用拡大された。したがってこれを組み込んだ「バンカー法」も期待できそうだ。またこのデントコーンやソルゴーなどのバンカー植物は、ナスばかりでなく、ピーマン、トマト、キュウリ栽培でも応用が可能と思われる。

ただし、ソルゴーが鳥獣の隠れ場所やスズメバチの巣営場所になりやすいことがあり、注意が必要だ。この点、株の間隔を開けて植栽するデントコーンならそうした心配はソルゴーと比較して少ない。

なお、こうした障壁栽培にはナス畑で散布した農薬が外へドリフトするのを防ぐという

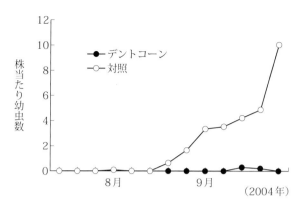

図2-3-2 境界部障壁栽培のハスモンヨトウ幼虫個体数の抑制効果　　　　（根本、2007）

意味合いもあり（種苗会社の広告等）、天敵を温存した栽培法か否かは、使われる薬剤の種類とこれによって減農薬が意図されているかどうかで決まる。

〈チャ園のバンカー法〉

チャ園では、土着天敵ケナガカブリダニとバンカー植物チトニア、代替餌としてナミハダニを用いたバンカー法が国内で開発されている。チャに寄生しないナミハダニをチトニアに寄生させ、さらにケナガカブリダニを放飼して増殖、このチトニアをチャ園の隣に植え、カブリダニをチャ園に広げるという方法である（富所・磯部、2010）。

これは、欧米で開発された露地での樹木や樹木苗生産におけるカブリダニの利用法と同じ原理で（166〜167ページ参照）、土着天敵を利用した日本では数少ない露地での「バンカー法」の開発事例である。しかし、土着天敵といっても国内の場合、農家は自分で天敵を増殖しない限り実現は難しい。

〈海外では盛んだが日本では難しい〉

同様な事例は海外では多く、アメリカ・カリフォルニア南東部の砂漠地帯の有機栽培のマスクメロンの一種（カンタロープ）やスイカで、シルバーリーフコナジラミ（タバココナジラミ・バイオタイプB）対策にカンタロープをバンカー植物として使った方法がある（ピケットら、2004）。あまり選好されないが、カンタロープの圃場にエチオピアやパキスタンからそれぞれ導入した *Eretmocerus hayati* や *Eretmocerus* spp.（ツヤコバチ科）を寄生させたカンタロープを混植した。これにより、シルバーリーフコナジラミの発生がよく抑えられた。これはアメリカの有機栽培での事例であるが、外来生物を導入し、かつ天敵の農薬登録なしに用いている点で日本での応用は難しい。

また、オランダでは、露地のダイコンアブラムシが発生したキャベツ畑にコレマンアブラバチを放飼し、ここにピーマンを作付けしてモモアカアブラムシを防除する方法が、露地ピーマンの有機栽培で行なわれている（ファン、2011）。こちらも、EUでは天敵に農薬登録がいらないことから導入が可能であるが、日本ではコレマンアブラムシの露地での登録がない点で、すぐに実現することは難しい。

ⅲ）リビングマルチの利用

リビングマルチは作物と同時に栽培するもので、生きているマルチの意味だ。一方で、次に述べるカバークロップは緑肥作物などを作物の前作として栽培する場合を指す。これらは、対象作物と緑肥作物を同時に作付けするか、対象作物と緑肥作物で栽培時期が異なるかの違いがある。

リビングマルチのおもな効果は、光の遮断（雑草防除）、土壌乾燥防止、土壌浸食防止、土壌肥料成分の流出防止、土壌表面固化抑制、泥はね防止による病害軽減、地温の調節、地表面の湿度上昇抑制による病害発生の防止などが挙げられる。

リビングマルチは天敵温存の効果もあり、天敵に餌となる花粉や隠れ家を提供したり、そこで発生する節足動物が天敵の餌になったりする効果も期待できる。リビングマルチは主として果樹栽培の下草として行なわれているが、一部では野菜栽培でも行なわれている。

写真2-3-3　下仁田ネギ（上）、オクラ（下）とオオムギの間作

害虫侵入の障壁になるとともに、カブリダニ類の住処となり、アザミウマなどの発生を抑える

写真2-3-5　雑草を伸ばし作物と間作した例。上はキャベツ、ブロッコリーとカリフラワー、下はレタス、リーフレタスの畑（山梨県）

作物の背を越さないよう、条間の草を刈るだけでよい

写真2-3-4　クローバー「フィアー」を間作したキャベツ畑。捕食性ゴミムシ類やハネカクシ類が増え、害虫の密度を下げる（長野県）

　リビングマルチの代表的な例は、群馬県での下仁田ネギとオオムギ、オクラとオオムギの間作（写真2-3-3）、さらに、栃木県那須烏山市の有機栽培家、帰農志塾でのナスとコムギ（屑ムギ）の組み合わせが知られている。これらを行なうとアブラムシやハダニなどの害虫の発生が抑制される。

　海外ではオランダで1990年代からキャベツとクローバーの間作法が有機栽培で実施されている。

　キャベツを定植する予定圃場の畝間に白クローバーを播種しておき、その後キャベツを定植する。これによりコナガ、ヨトウムシ、タネバエなどがキャベツを見つけにくくなり、産卵が抑制される。そのうえ、クローバーの間作によって捕食性ゴミムシ類やハネカクシ類が増え（図2-3-3）、これによっても害虫の密度が下げられる。クローバーの間作によってキャベツは小さくなるものの、害虫被害が減るため可販率が上がり、収入は増えるという。

国内ではキャベツと白クローバー（品種；フィアー、タキイ種苗）などの組み合わせによるアブラナ科を加害する害虫の抑制試験が、いくつかの公的機関で研究されているものの実用化には至っていない。1990年代中頃からこの方法を実施していた長野県の農家の話では、あらかじめクローバーを繁茂させておき、キャベツの定植直前にその畝だけを耕耘して定植すると、すぐにクローバーが復活し、露出した地表面を修復するという。クローバーとキャベツの間作（写真2-3-4）による方法は、クローバーの生育の旺盛な、冷涼な土地でないとうまくいかないのかもしれない。

　雑草と野菜を間作し、雑草をリビングマルチとして利用している有機栽培の事例もある。山梨県北杜市ではキャベツやブロッコリーと雑草、リーフレタスと雑草草生の組み合わせ（写真2-3-5）事例が、埼玉県本庄市では長ネギと雑草の事例がある。山梨県の事例では、畦草刈り機という自走式の草刈り機で雑草の過繁茂を抑制しつつ、害虫の被害を回避している。こうした方法は、害虫が野菜を見つけにくくするとともに、圃場徘徊性のゴミムシやハネカクシ、コモリグモなどを雑草のなかに生息しやすくする利点もある。

　また、このような通路部分の雑草の有無が土中の土壌動物相に与える影響を調べたところ、雑草草生を行なった場合は除草区（手取り）と比較して、トビムシ、ケダニ、トゲダニ（図2-3-4）といった土壌動物が多くなっていた。このような、土壌動物のなかには地上徘徊性または葉上徘徊性捕食者の餌になっている可能性もあり、注目したい。

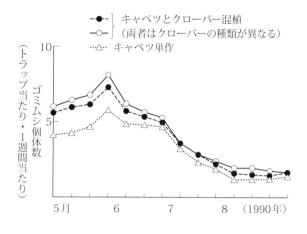

図2-3-3　キャベツとクローバーの混植とゴミムシ個体数の変化
（Theunissen et al., 1995を改編）

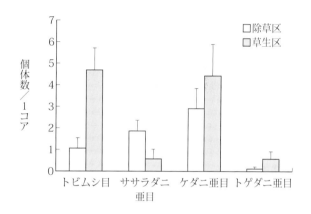

図2-3-4　ナス畑通路草生の有無と土壌動物
（清水・島田・根本、未発表）

iv）カバークロップの利用

　カバークロップは、緑肥作物などを作物の前作として栽培する場合を指す。長野県のキャベツと白クローバーの間作の事例では、事前にキャベツ定植圃場にクローバーを作付けしておくので、カバークロップ的な部分もある。

　埼玉県本庄市の有機栽培者は果菜類やネギの前作にハゼリソウを栽培し（写真2-3-6上）、作付け1ヵ月以上前に周囲だけ残して耕耘し、その後果菜類やネギを栽培すると、

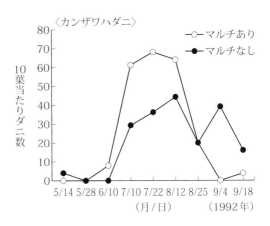

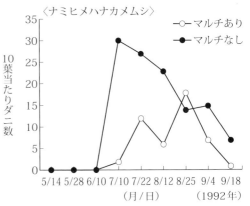

図2-3-5 マルチの有無と、カンザワハダニおよびナミヒメハナカメムシの発生数の比較

(根本、1993)

写真2-3-6 ハゼリソウのカバークロップ（上）、境界植生としても利用できる（中）。下はハゼリソウに訪花したクサカゲロウの成虫

冬の間温存されたヒラタアブ、クサカゲロウ、テントウムシなどの天敵類が栽培圃場に速やかに定着することが観察されている（写真2-3-6中、写真2-3-6下）。ハゼリソウを利用したネギ栽培については125ページを参照されたい。

3 有機マルチ利用による天敵の温存

果菜類では、定植時に地温を確保するために黒色などのポリマルチが用いられる。しかし、夏場の高温期には地温や地表面の温度が上がり、湿度は下がってしまうため、地上徘徊性の天敵であるクモやゴミムシ、葉上徘徊性の天敵であるカブリダニやヒメハナカメムシなどが生息しにくくなり、ハダニ類やアザミウマ類などの害虫が増えやすくなる。

例えば、ナス栽培で平畝表面に黒色ポリマルチをした場合とそうでない場合とを比べる

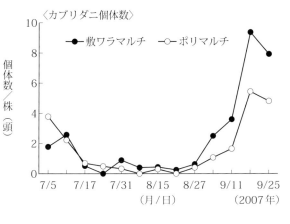

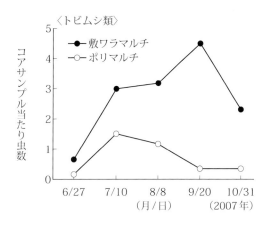

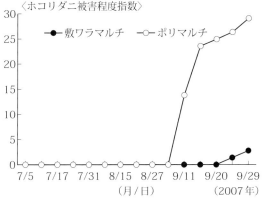

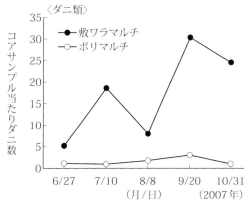

図2-3-6　敷ワラマルチまたはポリマルチとカブリダニ発生数およびチャノホコリダニ被害度指数の推移　　　　（根本・大森、2007）

図2-3-7　ナス畑における敷ワラマルチとポリマルチでのトビムシ類やダニ類発生数の比較　　　　　（清水・島田・根本、未発表）

と、カンザワハダニおよびヒメハナカメムシの発生は、黒色ポリマルチ設置区でカンザワハダニ発生がより多く、捕食者であるナミヒメハナカメムシ発生数は黒色ポリマルチ設置区で少なかった（図2-3-5）。

夏季のナス栽培ではチャノホコリダニの被害が問題になるが、この回避策として平畝表面への敷ワラマルチが知られている。敷ワラと黒ポリマルチをそれぞれマルチした場合のホコリダニ被害を比較すると、敷ワラマルチ区では黒ポリマルチ区よりも明らかにホコリダニ被害程度指数が小さかった（根本・大森、2007）。さらに、この両区について、カブリダニの発生数を見ると、敷ワラマルチ区では黒ポリマルチ区よりもミチノクカブリダニの発生数が多かった（図2-3-6）。また平畝下の土壌動物相を調査すると、トビムシ類およびダニ類などの発生数は、敷ワラマルチ区で明らかに多くなっていた。（図2-3-7）。マルチ面に敷ワラマルチなどの有機マルチを処理することによって土壌動物相が豊かになり、その結果、地上部の葉上徘徊性のカブリダニなどが増え、チャノホコリダニなどの発生が抑えられた可能性がある。

2006年に埼玉県の春日部市、深谷市、本庄市のナス栽培圃場6ヵ所で、カブリダニ発生とチャノホコリダニ被害程度との関係を調査したところ、10葉当たりカブリダニが1頭以上発生している圃場では、ホコリダニの被害がなかった（図2-3-8）。さらに、殺ダニ剤

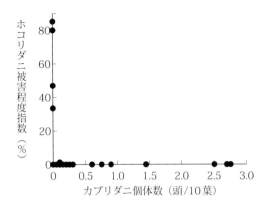

図2-3-8 ナス栽培におけるカブリダニ発生と
ホコリダニ被害の関係
（根本・斉藤、2006；根本、2007を改変）

表2-3-2 マルチ素材とチャノホコリダニ被害
およびカブリダニの発生（2006年）

	敷ワラ マルチ	黒ポリ マルチ
カブリダニ（10葉当たり）	0.64頭	0.1頭
チャノホコリダニ被害程度指数	0.1%	16.3%

注 1) 本庄市および春日部市農家圃場
2) いずれの圃場でも、殺ダニ剤は無散布

を使用していない圃場3ヵ所を選定し、このうち2ヵ所は敷ワラマルチ処理、1ヵ所は黒ポリマルチ処理を行ない、5月から9月にかけてカブリダニ発生数とチャノホコリダニ被害程度指数を調査したところ、敷ワラマルチ圃場2ヵ所ではカブリダニの発生があり、チャノホコリダニの被害程度指数はきわめて低かった。一方、黒マルチ処理をした圃場ではカブリダニの発生が非常に少なく、チャノホコリダニの被害が認められた（表2-3-2）。

なお、ここで紹介した有機マルチは、稲ワラのみであったが、欧米では「マルチ・レイヤー（mulch layers）」と呼ばれる天敵の餌となる節足動物を増やす有機マルチ資材が開発され、活用されている。

4　農薬の天敵への悪影響

天敵への影響が小さい薬剤でも、広域で使用されると影響がある（ジェプソン、2006）。ところが、日本の害虫管理の分野には欧米で発達している天敵への農薬の影響について専門に研究している研究機関は存在しない。この分野は応用生態学の一分野で、EUでの農薬政策を左右する重要な研究項目になっている。土着天敵をいくら大事にしようとも、農薬を多用しているところでは影響が出てしまう。わが国では露地栽培を想定した有用天敵に対する薬剤の影響評価はほとんどない。

一方、国内で登録されている天敵農薬のデータの多くは、国際生物的防除機構・西ヨーロッパ地区（IOBC-WPRS）の「農薬と非標的無脊椎動物」ワーキンググループが作成した評価結果で、EUで農薬登録するときに義務づけられたデータである。わが国でも、これを参考にせざるを得ない。

地域ごとに重要な土着天敵が異なり、かつ薬剤に対する感受性が異なる。しかし、日本には土着天敵に対するそうしたデータはほとんどないので、次善の策として、天敵農薬に対する影響表（巻末付録2）から必要な結果を類推するしかない。つまり、知りたい天敵と分類上近い天敵の結果を用いて、安全と推定される農薬を選び出す。例えば、守りたい天敵がアブラムシの寄生蜂ギフアブラバチであれば、巻末付録2のコレマンアブラバチの結果をギフアブラバチとしてあてはめる。

（根本　久）

4 施設栽培での防除戦略

1 施設栽培圃場で天敵を増やす方法（圃場増殖法）

❶ 天敵利用で難しい増殖、放飼のタイミング

　天敵の多くは餌や被寄生者となる節足動物がいなければ増えることができない。

　例えば、ハダニ対策のチリカブリダニはテトラニカス属のハダニしか食べない狭食性のスペシャリストで、対象害虫のハダニがいなくては増えることができない。そのためチリカブリダニは、ハダニが発生してから放飼するのが一般的だ。発生を認めてから放飼したのでは遅く、海外では餌・害虫であるハダニをあらかじめ放飼するpest-in-first法も行なわれている。この方法は、失敗するとカブリダニが増えずハダニだけが増えてしまうなど、作物生産者には不評であった（ファンら、2011）。

　オンシツコナジラミやアブラムシの寄生蜂使用の場面では、定期的に少数の寄生蜂を放飼し、発見しやすいそれらのマミーを人が確認次第、大量の天敵を定期的に放飼することが行なわれていた（ラマケルス・ラバス、1995）。この方法はドリブル法といわれるが、これも費用や効果の安定性の点から改善の余地が大きい。20年前に訪れたイギリスのキュウリ農家が話していたが、「わが家は祖父の代から天敵を使っているが、私の一番の仕事は天敵や害虫のモニタリングであり、週の半分の時間をモニタリングに費やす」とのことだった。

　また、チリカブリダニやオンシツツヤコバチは代替餌の種類が少なく、対象作物以外のバンカー植物が少ない（ファンら、2011）。

現在この2種は、オランダ、イスラエル、モロッコなど3～4ヵ国でしか製造されていないが（和田、2015）、これは代替餌の種類が少ないことも関係している。特殊な大量生産技術をもつところでないと価格面で対抗できず、世界の天敵生産会社の競争に生き残れないのだろう。

　欧米の作物栽培の施設は大きく、また施設に発生する害虫は微小なため、低密度だとその発生に気付かない危険がある。しかし、害虫の密度が高くなってから天敵を放飼したのでは対処が遅くなる。害虫の個体数を調査し、その数に合わせて天敵を放飼するのも非効率である。そこで実際には天敵を大量に放飼する方法（inundative release）が多く行なわれているが、生産者にとっては大きなコスト増になっていた（ファンら、2011）。

❷ 栽培施設内で天敵を増殖する

　欧米でも天敵の価格は相対的に高く、効果が安定しない弱点があった。これを解消するため必要な天敵を害虫の発生前から徐々に長期間発生させる技術が発達している。これによって、天敵利用のコストと不安定さの低減化を図っている。

　栽培施設内で天敵を増殖する方法がそれで、バンカー植物の利用、開放型飼育システム（open rearing systemsまたはopen rearing units）、天敵の餌散布（food sprays）、インセクタリー植物（insectary plants）、天敵を増やすマルチ資材の設置（mulch layers）などが行なわれている（表2-4-1）。これらは、天敵を長期間施設内に供給し、その供給コストを下げる効果がある。広食性のヒメハナカメムシやカブリダニ、雑食性のタバコカスミカメなどによるギルド内捕食[注]の解消対策にも

表2-4-1 おもな天敵の圃場増殖の方法の例

(Messelink *et al.*, 2014；Huang *et al.*, 2011などから作成)

天敵の種類	おもな圃場増殖の方法	対象害虫	対象作物
チリカブリダニ	pest-in-first（ペスト イン ファースト）[1]	ハダニ類	ピーマン
ミヤコカブリダニ	開放飼育システム[2]、マルチ・レイヤー（コナダニ類）	ハダニ類	野菜、花き類
スワルスキーカブリダニ	開放飼育システム[3]、マルチ・レイヤー（コナダニ類）	タバココナジラミ、オンシツコナジラミ、ミカンキイロアザミウマ	野菜、ベリー類、花き類
	バンカー植物（トウゴマ、観賞用トウガラシ）	タバココナジラミ、ミカンキイロアザミウマ	トマト、ピーマン、インゲンマメ（green bean）など（施設）
トウナンカブリダニ (*Euseius ovalis*)	バンカー植物（トウゴマ）	アザミウマ類、コナジラミ類	バラ
ククメリスカブリダニ			
デジェネランスカブリダニ	バンカー植物（トウゴマ）、花粉散布（ガマ）[4]	アザミウマ類	ピーマン
ヒメハナカメムシの一種 (*Orius laevigatus, O. majusculus, O. insidiosus*)	バンカー植物（キク、シュンギク、観賞用トウガラシ）[5]	ネギアザミウマ、ミカンキイロアザミウマ	イチゴ、キク
オンシツツヤコバチ	バンカー植物（ケール）	オンシツコナジラミ	野菜、花き類
ショクガタマバエ	バンカー植物（イネ科植物、コールラビなど）	アブラムシ類	野菜、花き類
アブラバチ類・ツヤコバチ類	バンカー植物（イネ科植物など）	アブラムシ類	野菜、花き類
ハネカクシの一種 (*Atheta coriaria*)	開放飼育システム[6]	アザミウマ類、キノコバエ類など	ハーブ、花き類
マクロカスミカメ (*Macrolophus pygmaeus=M. caliginosus*)[6]	スジコナマダラメイガやブラインシュリンプの卵を散布[7]	コナジラミ類、トマトキバガ、ナミハダニ	野菜、花き類
タバコカスミカメ	スジコナマダラメイガやブラインシュリンプの卵を散布[7]	コナジラミ類、トマトキバガ	野菜、花き類
ホソヒラタアブ	蜜源植物（スイートアリッサム、ソバ、モミジバスズカケノキなど）	アブラムシ類	ピーマン

注 1) 天敵よりも餌となる害虫を先に放飼する方法
2) 餌（コナダニ類：サヤアシニクダニ）付き飼育袋
3) 餌（コナダニ類：サトウダニ）付き飼育袋
4) ガマの花粉および散布器は欧米で販売されている
5) 観賞用トウガラシ（ブラックパール）は国内でも入手可能
6) キノコバエなどが増殖する養鶏飼料などの設置
7) ブラインシュリンプの卵嚢（シスト）は熱帯魚用の餌として国内でも販売されている

なっている（メッセリンクら、2014）ようだ。
　(注) ギルド内捕食 (intraguild predation)：同一の栄養段階に属し、共通の資源を利用している複数の種をギルド (ecological guild)（加藤、2008）と呼ぶ。ここでは同じ餌動物（寄主）をもつ天敵同士の捕食のこと。

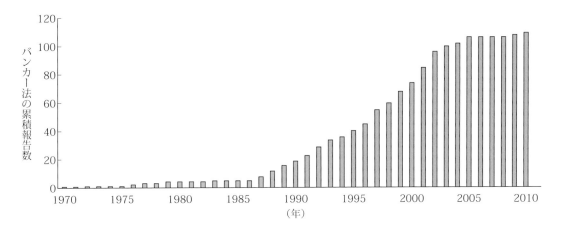

図2-4-1　バンカー法の累積論文数　　（Huang et al., 2011などから作成）

以下、代表的なバンカー法、開放型飼育システム、天敵の餌散布について紹介しよう。

ⅰ）バンカー法
〈施設野菜・花きで広がる〉
アブラムシ類に対するバンカー法の日本での利用技術については「(2) バンカー法利用技術」で詳しく紹介するが、ここではヨーロッパなどで行なわれている例について紹介する。

バンカー (banker) とは銀行を意味し（矢野、2011）、害虫が少ない時期から圃場に天敵を定着させて害虫を待ち伏せし、長期間にわたって天敵を供給する方法である（ファン、2011）。バンカー法（banker plant system）は、1980年代後半から2000年代初頭にかけて欧米を中心に開発され（図2-4-1）、その報告数は、施設野菜で80％、施設花き類で10％、露地で10％と、施設野菜が圧倒的に多い（図2-4-2、巻末付録1）。しかし、近年バラなど施設花き類での利用が増えている。

〈天敵＋代替寄主・餌＋バンカー植物のセットで〉
バンカー法の基本は、対象害虫を制御する天敵種（natural enemy, beneficials）、害虫に替わる代替寄主・餌（alternative host / food）、代替寄主・餌を増殖させるバンカー

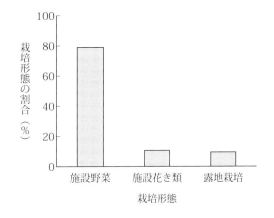

図2-4-2　バンカー法実証試験に占める各栽培形態の割合　　（Huang et al., 2011などから作成）

植物（banker plant）の3つをセットにして（長坂、2010）、天敵を圃場で増殖し、分散させる（ファンら、2011）。

バンカー法には2通りあり（フロリダ大学、2014）、1つは対象害虫と同種の害虫を寄主・餌とするもので、天敵が増えない場合はリスキーだ。もう1つは対象害虫とは異なる節足動物や花粉などを代替寄主・餌とするもので、それを増やす植物も対象作物と異なるのが通例だ。開発当初は、代替寄主・餌が対象害虫と同じであったり、バンカー植物が対象作物と同じであったりしたが、近年は対象の

第2章　天敵利用の基本　　57

害虫や作物とは異なるものになってきている（巻末付録1）。

欧米では、バンカー法に用いられる資材は通常、商業的に販売されていることが多い。日本でもコレマンアブラバチを使ったバンカー法用のキット、すなわち代替寄主のムギクビレアブラムシとムギがセットになった「アフィバンク」（アリスタライフサイエンス㈱）という製品が販売されている。

〈具体的な組み合わせ例―アブラムシの場合〉

野菜や花き類のモモアカアブラムシなどアブラムシ対策の一般的な組み合わせは、寄生蜂であるアブラコバチの一種 Aphelinus abdominalis やアブラバチ科のエルビアブラバチ Aphidius ervi を組み合わせて使う方法で、バンカー植物として冬コムギと代替寄主 Sitobion avenae の組み合わせがある（メッセリンクら、2014）。エルビアブラバチはコレマンアブラバチと比較して生存期間が長く、体の大きさも大きく、チューリップヒゲナガアブラムシ、ジャガイモヒゲナガアブラムシ、エンドウヒゲナガアブラムシ、モモアカアブラムシを対象害虫とする。そのため世界中でもっとも使用されているアブラバチだが（シンジェンタ・テクニカルシート、2014）、二次寄蜂[注]が発生すると効果が下がる問題がある（メッセリンクら、2014）。

(注) 例えば、コレマンアブラバチに寄生する蜂がいて（天敵の天敵）、これを「二次寄蜂」という。この「二次寄蜂」に寄生する蜂もいて、こちらは「三次寄蜂」と呼ぶ。

コレマンアブラバチ Aphidius colemani（アブラバチ科）は、ワタアブラムシやモモアカアブラムシなどを対象害虫とする寄生蜂で、ムギクビレアブラムシなどにも寄生するのでこれを代替寄主、イネ科のライグラスやムギ類、シコクビエやトウモロコシなどをバンカー植物として用いる。イネ科のバンカー植物は、花きや野菜に被害をもたらすウイルス病の感染源になることもなく、病害管理の面からも有利であるという（ファンら、2011）。ムギ類やライグラスなどをバンカー植物とすると代替寄主は3〜4週間しか維持できないが、トウモロコシなら3ヵ月間も持続する（ジャコブソン、クロフト、1998）。こちらも、二次寄蜂が発生すると効果が下がる問題がある。

このような二次寄蜂対策として、アブラムシ類の捕食者であるショクガタマバエ Aphidoletes aphidimyza が用いられる。しかし、ショクガタマバエは施設での定着が難しく、価格が高いことも問題となっている。これに対しイネ科植物やコールラビ（アブラナ科）をバンカー植物に、ムギクビレアブラムシやニセダイコンアブラムシを代替寄主とすることによってショクガタマバエの定着を促し、コスト低減を図る取り組みもある（メッセリンクら、2014）。ちなみに、日本では天敵への影響が小さい選択性殺虫剤が使用されるためか、あるいは欧米と同じく製品の値段が高く、定着が悪いためか、ショクガタマバエの売れ行きは悪く、現在は販売されていない。

〈具体的な組み合わせ例―コナジラミほかの場合〉

トマト、ピーマン、ナス、キュウリのオンシツコナジラミを対象としたオンシツツヤコバチの代替寄主としてアブラナ科植物に寄生する Aleyrodes proletella が採用され、バンカー植物としてケールなどが用いられている。

トマト、キュウリ、ピーマンのタバココナジラミを対象としたテントウムシ科の Delphastus pusillus やツヤコバチ科の Eretmocerus sophia （= E. transvena）では、バンカー植物として果樹のパパイアが用いられるようになった（巻末付録1参照）。パパイアはトマト黄化葉巻病（TYLCV）に罹らないので、感染源になる心配がないという。

スワルスキーカブリダニやトウナンカブリダニ（Euseius ovalis、カブリダニ科）はミカンキイロアザミウマやコナジラミなどを対象とした捕食者として利用されるが、花粉ある

いは花蜜を代替餌にでき、トウゴマ（トウダイグサ科：高さ4〜5mにもなる）や観賞用トウガラシ（マスカレードやレッドミサイルなど）がその花粉供給用バンカー植物として利用されている。トウゴマや観賞用トウガラシには葉脈の腋などにドマティア（domatia = domatiumの複数形）と呼ばれる小室ができやすい品種があり、このドマティアの数に比例してカブリダニが増えるという（マッケンジー、オズボーン、2014）。

また、ヒメハナカメムシの Orius laevigatus や O. insidiosus などでは花粉が代替餌となるが、キクやシュンギク、観賞用トウガラシなどがそのバンカー植物となっている（表2-4-1、メッセリンクら、2014、ほか）。

例えば、観賞用トウガラシの「ブラックパール」をバンカー植物に、これがつくる花粉をヒメハナカメムシの代替餌として用いるバンカー法がある（ヴァレンチン、2011）。ブラックパールは国内でも手に入るが、温室で10月に播種すると、1月末には花をつける。ピーマンのミカンキイロアザミウマ対策にヒメハナカメムシが十分な密度まで増えるには、通常8〜10週間を要するという。ヒメハナカメムシが増えるまでの間、ククメリスカブリダニやスワルスキーカブリダニを用いてアザミウマの多発生を防ぎ、その後、ヒメハナカメムシに引き継ぐ。ブラックパールはアザミウマが低密度時にその花粉を餌としてヒメハナカメムシに提供する。ピーマンは1年間栽培されるが、短日時は補光して日長を長くし、ヒメハナカメムシの休眠を避ける。

ⅱ）開放型飼育システム
〈ヌカ、フスマなどで代替餌を増殖、広食性天敵を養う〉

バンカー植物を必須としないものも含む開放型飼育システムは現在、バンカー法と同じ意味で用いられている（矢野、2011；シャオら、2011）。この方法はイギリスのバラの切り花生産者が最初に実施したといわれ、広食性のハネカクシ、カブリダニ類（表2-4-1）をバケツのような容器内で増殖する方法である。

アザミウマ類やキノコバエ類を対象としたハネカクシの一種（*Atheta coriaria*）を、花き類やハーブの施設内で増殖する。施設内に設置した容器に養鶏飼料などを入れてキノコバエ類を発生させ、このキノコバエ類を代替餌としてハネカクシを増殖するものだ。この広食性のハネカクシは欧米の各天敵販売会社から販売されている。

同様の方法はスワルスキーカブリダニやミヤコカブリダニでも行なわれ、こちらはコナダニ類を代替餌としている。コナダニはフスマに生えたカビを食べて繁殖、このコナダニを代替餌としてカブリダニなどを増やす（メッセリンクら、2014）。

同様な方法はわが国でも行なわれていて、宮崎県ではカップにヌカとザラメを入れ、スワルスキーカブリダニを放飼する方法（第3章90〜94ページ参照）、京都では特産の万願寺トウガラシのハダニ対策に、ネットに入れたもみ殻を平畝の上においてミヤコカブリダニを放飼する方法が開発されている（岡留、2011）。いずれも、カブリダニの餌としてそれぞれサヤアシニクダニやサトウダニが混入されている。

また上記のようなシステムを製剤化したものが、コパート（Koppert）社やバイオベスト（Biobest）社など、国内ではアリスタライフサイエンス社から販売されている（商品名；スパイカルプラス、スワルスキープラス）。これは通気性のある紙袋にヌカなどを入れてコナダニ類を繁殖させ、これを代替餌としてスワルスキーカブリダニやミヤコカブリダニを増殖させるもので、数週間にわたって徐々にカブリダニを放出できる。これらの資材は、対象のコナジラミやアザミウマ、ハダニ発生の極初期から数週間も徐放的に放飼できるため効果が安定する。

〈有機物マルチで代替餌を増やす工夫も〉

　開放型飼育システムをハウス全体に展開した手法がある。有機農業などでは、有機マルチ資材として、バークやウッドチップ、ワラ、枯葉、刈り草などが用いられている。施設内にウッドチップなどの有機資材をマルチングして、ククメリスカブリダニやスワルスキーカブリダニなどの代替餌であるサトウダニやアシブトコナダニといったコナダニ類を増やすもので、マルチ・レイヤーと呼んでいる（メッセリンクら、2014）。ヨーロッパでは、アルストロメリアなどの花き類やピーマンなどでも使用されていて、マルチ・レイヤー用の資材も販売されているようだ。

　国内の一部の県でもワラやもみ殻などを地表面にマルチングしてカブリダニの餌となるコナダニを発生させ、カブリダニが増えやすい環境を構築する工夫も行なわれている（例えば95ページ）。

iii）餌の散布

　圃場に餌を散布する方法もある。バンカー法同様、費用低減化と天敵効果の安定化、また、高次消費者のギルド内捕食を軽減する効果がある（メッセリンクら、2014）。

　害虫と天敵との関係は一対一ではなく、害虫（食植者：一次消費者）、害虫の天敵（食肉者：二次消費者）、天敵を捕食または寄生する天敵の天敵（高次消費者）というように多段階の食物連鎖となっている。さらに実際の食物連鎖は、このような縦の関係ばかりではなく、網目状になっている。

〈カスミカメムシ類の餌〉

　害虫を食べたり、天敵も食べたり、ときには作物を加害したりする雑食性のカスミカメムシ類や広食性のヒメハナカメムシ類など、餌種の幅の広い天敵は、花粉や昆虫卵が増殖源として用いられる。マクロカスミカメ（$Macrolophus\ pygmaeus$（＝$M.\ caliginosus$））やタバコカスミカメは、タバココナジラミや南米原産で地中海地域へ侵入したトマトキバガ（$Tuta\ absoluta$）の有力な天敵資材となっている。その餌として、スジコナマダラメイガ卵やブラインシュリンプ（brine shrimp：アルテミア $Artemia\ salina$）の卵嚢（シスト）を施設内に散布することが行なわれている。スジコナマダラメイガ卵は価格が高いことが問題で、ベルギーのゲント大学（2008）では、スジコナマダラメイガ卵とアルテミアの混合餌を開発した。

　オランダのコパート社ではこの成果に基づき、100（または500）mlのボトルにスジコナマダラメイガ卵10（50）gに対しアルテミアのシスト50（250）gが入った「ENTOFOOD」というまき餌を販売している。コナジラミがいない場合のマクロカスミカメ成虫および若虫の代替餌として、1ha当たり600gを散布するという。「ENTOFOOD」はマクロカスミカメばかりでなく、ヒメハナカメムシの代替餌にもなっている。

　ブラインシュリンプは日本の水田に生息するホウネンエビのような形をした塩水性のエビで、長期間の乾燥に耐え、熱帯魚の餌などになっている。専用の送風散布器もあり、スワルスキーカブリダニの散布にも利用できるという。スペインでの試験によると、スワルスキーの餌付き袋（スワルスキープラス）を使用した場合と同等程度のカブリダニの分散効果が認められた。家庭で使うドライヤー程度の大きさの散布器もあるようだ。

〈高次捕食者の複雑な食物連鎖〉

　ミカンキイロアザミウマは、野菜や花き類の害虫であるばかりでなく、ハダニやコナジラミ、捕食者のスワルスキーカブリダニやチリカブリダニも捕食する（図2-4-3）。また、スワルスキーカブリダニはミカンキイロアザミウマやハダニ、コナジラミの捕食者であるとともに、ショクガタマバエやカスミカメムシ類、ヒメハナカメムシ類、チリカブリダニも捕食する（図2-4-3）。先に述べたとおり、自然の食物連鎖は縦の関係ばかりではなく、網目状になっているのである。そしてこのよ

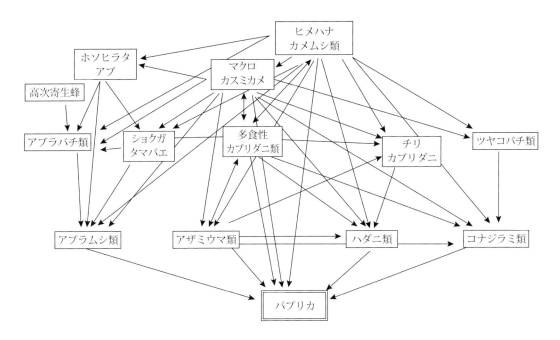

図2-4-3　施設パプリカにおける4種天敵の植物網

(Messelink *et al.*, 2014)

うな高次捕食者の行動は、天敵利用に不安定な状況をたびたびもたらす。

　天敵の餌用に散布された花粉や昆虫の卵、エビの卵囊は、捕食性カスミカメムシ類やヒメハナカメムシ類の餌となるばかりでなく、ミカンキイロアザミウマのような雑食性の害虫の餌にもなるが、そうすることでギルド内捕食対策にもなっている（メッセリンクら、2014）。

　スワルスキーカブリダニはショクガタマバエの卵を捕食し、ショクガタマバエを使用してアブラムシを抑えている施設にスワルスキーを放飼すると、かえってアブラムシが増えてしまうらしい。

　スワルスキーカブリダニ、トウナンカブリダニ（*Euseius ovalis*）、デジェネランスカブリダニは花粉あるいは花蜜を代替餌にできるが（表2-4-1）、カブリダニ類の餌としてガマ（ガマ科：単子葉植物）の花粉も販売されている。このガマの花粉散布や、トウゴマ（トウダイグサ科）のバンカー植物利用はスワルスキーカブリダニのショクガタマバエ卵の捕食を抑

制する。

　花粉や昆虫卵、エビの卵などの散布は、ハウス全体で天敵を増殖する効果と高次捕食者の障害を抑制している（メッセリンク、2014）。

（根本　久）

2　バンカー法利用技術

　ここでは、すでに実用化されているアブラムシ防除のためのバンカー法技術について、その仕組みと実際的な方法、園芸産地での手順改善事例を紹介する。

❶ 施設栽培でのバンカー法
ⅰ）難しいモニタリングと天敵放飼の
　　　タイミングをカバー

　作物のみが栽培される施設内においては、多くの場合、天敵の餌は害虫に限られる。餌がないと天敵も生きられない。しかし、餌が増えすぎると、作物に害を与えてしまう。被害をなくすためには害虫が少ないうちに天敵

を放飼する必要がある。市販されているどの天敵を使う場合にも、使用時期は発生初期、などと書かれている。しかし、その低密度状態の害虫を広い圃場のなかで正確にモニターするのは非常に難しい。通常は、害虫がある程度増えた後にやっと認識し、天敵を放飼することとなる。発見後、天敵を注文し、それが到着して放飼するまでの間にも、害虫は増加する。すると、注文した天敵の量では害虫の増殖が抑えられず、被害が生じてしまう場合がある。

一般の生産圃場においては害虫のモニタリング自体に労力がかかることや、天敵の餌が害虫しかないところが、天敵利用の難しさの原因である。それならば、害虫のモニタリングなしに、害虫の発生前から天敵を定着できればよいということである。これを実現するのが、天敵の餌や住処を提供するバンカー植物である。バンカー植物から継続的に供給される天敵により、施設へ侵入してくる害虫を待ち伏せて、数の少ないうちに逐次防除しようというのがバンカー法である。

ⅱ）バンカー法に適するターゲットと天敵 ——アブラムシとアブラバチ類

こうした方法であるため、ターゲットは、長い作期の間に不定期に複数回侵入するような害虫とし、用いる天敵としては害虫が低密度でも働くものが適切である。そして、長期待ち伏せをすることになるので、天敵は少ない餌で維持できるほうが管理しやすい。

こうした条件にちょうど合致するのが、アブラムシ類防除のために天敵アブラバチ類を用いるバンカー法である。施設野菜ではアブラムシ類が共通して問題となる。いつの間にか施設に侵入してきて、その発生を確認するのは、甘露が出るなど、すでに大きなコロニーとなった後となる場合が多い。一方、寄生蜂である天敵アブラバチ類は探索能力が高く、アブラムシが低密度でもよく働く。また、単寄生蜂であるため、1匹の餌アブラムシで1匹の天敵アブラバチを育てることができる。

ⅲ）バンカー（天敵銀行）で天敵の維持・増殖

アブラムシ対策としてのバンカー法は、ヨーロッパで研究され、実用化されてきた。日本にも1998年には紹介されており、すぐに実践した生産者もあった。具体的には、天敵コレマンアブラバチを維持するために、オオムギなどムギ類にムギクビレアブラムシを着生させ、このアブラムシを代替寄主（害虫の代わりの寄主昆虫）とする。バンカー植物とするムギ類は、野菜類とは共通の病害虫が少ない。また、種子が安価で、草丈も大きくなりすぎず、管理がしやすい。天敵の代替寄主としたムギクビレアブラムシも、野菜の害虫とはならないので、安心して用いることができる（ただし、トウモロコシには害虫）。そして、天敵コレマンアブラバチはムギクビレアブラムシにも、施設園芸での主要害虫であるワタアブラムシやモモアカアブラムシにも寄生する。こうして、ふだんはムギ上で天敵を養っておき、作物上で害虫が発生したときにはただちに防除に働いてもらうというわけである（写真2-4-1）。

施設内でバンカー法を実施するときに注意しなくてはいけないのは、植物を植えておくだけでは、だめだということである。露地であれば、ただの虫や土着の天敵が植物上に自然に定着することが期待できる。しかし、施設ではこれらが自然に定着するのを待っていると害虫防除に間に合わない。施設のバンカー法では、植物上に天敵とその餌昆虫の両者を計画的に放飼する。

❷ バンカー法の実施手順
ⅰ）用意するもの
・ムギ類の種子……コムギ、オオムギ、エンバクなどのムギ類がバンカー植物として利用できる。マルチ用や緑肥用の市販種子でよい。
・ムギクビレアブラムシ……市販品で「ア

写真2-4-1　バンカー（天敵銀行）での天敵の維持・増殖と害虫防除の仕組み

フィバンク」がある。なお、トウモロコシアブラムシをムギクビレアブラムシの代わりに使うこともできる。このアブラムシは、ソルゴーやトウモロコシでも増殖するので、夏季にバンカー法を実施するときに利用しやすい。

- コレマンアブラバチ……「アフィパール」「アブラバチAC」「コレトップ」といったコレマンアブラバチ製剤が市販されている。
- そのほかの資材……ムギを植えるためのプランター（直播きの場合には必要ない）、ムギクビレアブラムシを天敵から保護するためのネット（0.6mm目合い以下）とそれを支える支柱や針金、農薬散布時にバンカーを覆うためのビニールシート

ⅱ）実施手順

① ナス・ピーマンなどでは、10a当たり4～6ヵ所にムギ類のタネを播く。1ヵ所当たり直播き1mまたはプランター1個、タネは3～5g、天窓の下などに分散して配置する。イチゴなどでは2a当たり2～4ヵ所、小規模のバンカーを多めに配置する。ムギを播種したらムギクビレアブラムシを発注しておく。

② 1～2週間後（草丈10～15cm程度）、ムギクビレアブラムシを接種する。このとき、コレマンアブラバチを発注する。

③ ムギクビレアブラムシが十分増殖（1株当たり平均10匹以上）したら、コレマンアブラバチを放飼する。基本的に圃場でアブラムシ類が発生する前なので、アブラバチは10a当たり1～2ボトルを1回、バンカーの設置数に小分けして放飼する。

④ コレマンアブラバチが増殖し、マミーが増えてくるとムギクビレアブラムシが減るので、1～2ヵ月に1回程度ムギクビレアブラムシを追加する。この追加用のアブラムシは、天敵を使わない場所で網掛け保護し

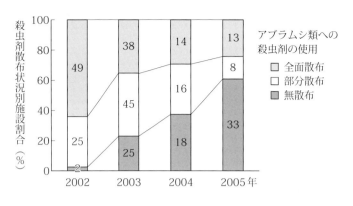

図2-4-4　アブラムシ類を対象としたバンカー法防除試験
（図中の数字は施設数）　　　　　　（長坂ら、2010）
初年度は農薬の部分散布、無散布の施設が36％にとどまったが、2年目以降は60％以上の施設でバンカー法による防除に成功した

たムギで確保しておくとよい。
⑤2〜3ヵ月に1回程度、ムギ類のタネを播き、バンカーを更新する。

❸ バンカー法実証試験による手順改善例

バンカー法は、バンカー上で天敵の増える様子が確認できるので、安心して取り組める。しかし、広い圃場で機能させるためには、試行錯誤が必要である。この試行錯誤も地域ぐるみで行なうと、問題点の抽出と解決策が効率的に行なえる。その一例を以下に紹介する。

ⅰ）初年度は天敵定着の遅れなどで失敗

2001年当時、高知県安芸地域では、アザミウマ対策として天敵タイリクヒメハナカメムシの利用を中心とするIPM技術の確立に取り組んでいた。ここでアブラムシ類に対して殺虫剤を散布すると、タイリクヒメハナカメムシに悪影響を及ぼすため、アブラムシ類に対しても天敵を用いた防除技術が必要となった（当時は殺虫剤ウララ販売前）。そこで、収穫盛期となる2〜5月にアブラムシ類を安定的に防除することを目的として、高知県農業技術センター、安芸農業振興センターなどとともに、2002年から2005年の4年間にわたりバンカー法の実証試験を行なった。

目標は、部分的（ハウス面積の1/10以下）に殺虫剤を散布する程度でアブラムシ類を抑えることである。これならば、天敵タイリクヒメハナカメムシに影響せず、許容範囲とみなした。

初年度（2002年）のアブラムシ類への殺虫剤散布状況を見ると、無散布あるいは部分散布でとどまった事例、すなわち成功事例は36％にすぎず、成功より失敗のほうが多い状況だった（図2-4-4）。失敗の原因は、第一にバンカーへの天敵の定着の遅れや失敗だった。また、二次寄生蜂の発生やコレマンアブラバチが寄生できないヒゲナガアブラムシ類の発生、バンカー設置箇所数の不足、バンカー管理を途中でやめてしまうことなども失敗の原因となっていた。

ⅱ）次年度以降の6つの改善点

次年度以降の取り組みで試みた改善は以下の6つである。

・バンカー設置時期を早めてスケジュールに余裕をもたせる（図2-4-5）。これによって、天敵定着の失敗や多少の遅れが許容されるようにした。しかし、
・設置時期が早すぎると、二次寄生蜂が増加する場合があるので、少なくとも天敵の放飼は11月以降（側窓を閉める時期）とする。
・バンカー設置箇所数を10a当たり4〜6ヵ所に増やし、配置場所も分散させる。
・ムギは2〜3ヵ月を目途に更新し、ムギクビレアブラムシを適宜追加することや、
・バンカーを作の最後まで維持する。
・ジャガイモヒゲナガアブラムシやチュー

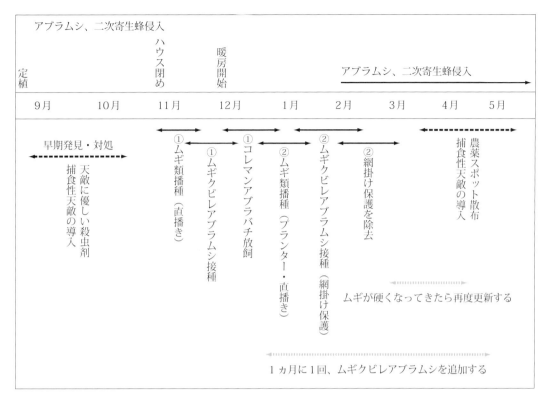

図2-4-5 バンカー法実証試験、2年目以降のスケジュール
バンカー設置を早め、作の最後まで維持するとともにムギクビレアブラムシの追加放飼をすることで成功率は安定化した

リップヒゲナガアブラムシが発生した場合、コレマンアブラバチが寄生できない。これらのアブラムシに対しては、早期発見に努め、種類を見分けて、殺虫剤の部分散布や捕食性天敵（当時はショクガタマバエを使用：2012年9月で販売終了）の放飼を行なうこととした。

その結果、2年目（2003年）では、アブラムシ防除薬剤の使用が部分散布までにとどまった施設の割合は、1年目のおよそ2倍の65％に上昇した（図2-4-4）。そして、その後も成功率が70％程度以上に安定した。

また、同地域での収穫盛期（2～5月）のアブラムシ類への殺虫剤散布回数を比較したところ、天敵不使用の場合平均約2回だったところ、通常の接種的放飼では1回、そしてバンカー法では0.5回と、散布回数を4分の1に削減できた。

なお、上記はナス・ピーマンの場合だが、管理温度が低いイチゴの場合には、これよりも1ヵ月早い10月から準備を始め、11月にはコレマンアブラバチを定着させるスケジュールがよいことが、福岡県の実証試験で明らかにされている。

❹ バンカー法の普及状況

実証試験で得られた知見は、アブラムシ対策用「バンカー法」技術マニュアルとして農研機構のホームページ上で公開している。「バンカー法マニュアル」で検索すれば容易に探し出せる。最新の2014年版では、2005年版のナス・ピーマン用マニュアルに加えて、イチゴでのマニュアルを追加している。また、アブラバチに寄生する二次寄生蜂の情報や注意

点、土着アブラバチ類利用技術の開発状況も解説している。

i) 全国で191ヵ所、約37haで実施

バンカー法の普及状況は、この技術が日本に紹介された1998年以降、先進的な生産者が独自に実施していたものに加えて、高知県での実証試験中、2002年の76ヵ所から2005年には226ヵ所に増加した。しかし、この頃から問題となり始めたタバココナジラミに対して殺虫剤を散布せざるを得なくなり、農薬を中心とした防除に後戻りした結果、2007年の高知県での実施箇所数は55ヵ所に減少した。天敵利用を基幹技術としたIPMでは、主要害虫をセットにして総合的に防除技術を組み立てる必要があるという教訓を示している。

その後の普及状況を知るために、2012年にアンケート調査を行なったところ、全国で191ヵ所、約37haでバンカー法が実施されていた。作目内訳はイチゴが半分以上を占め、ほかにも、ピーマン、ナス、キュウリなど10品目以上で活用されている。アブラムシ類は施設園芸のほとんどの品目で問題となるものなので、天敵を基幹技術としたIPM構築に際して、個別技術としてバンカー法を活用できる場面は多い。

ii) 生産者が安心して取り組める技術

バンカー法は生産者が安心して取り組める技術である。予防的防除としてスケジュール的に実施できること、バンカー植物上で天敵を実際に観察できること、たとえ作物上で害虫が発生したとしてもその増殖が緩やかになること、農薬散布回数を削減でき、労力軽減できることなどの利点がある。

その一方で、対応できる害虫を増やすことやノウハウの簡便化が課題であり、これらに対応した天敵素材や資材が開発されているところである。　　　　　　　　　（長坂幸吉）

3 微生物製剤を活用した生物的防除

❶ 昆虫病原糸状菌とは
──知らないうちに防除効果を発揮

微生物を主成分とした殺菌剤や殺虫剤が市販されるようになり、防除体系のなかで重要な位置を占めるまでになってきている。害虫防除に有効な昆虫に寄生するカビ（昆虫病原糸状菌）は数多く知られているが、実際に製剤化されて市販されているのは一部である。いわゆる冬虫夏草と呼ばれ、漢方薬としても使われる菌があるため、むしろ一般には薬として知られている面がある。

秋にはバッタが草にしがみついて死んでいるのを目にすることができるが、そのほかにもダイズやサツマイモ畑ではハスモンヨトウなどが菌糸に包まれて死亡しているなど、田畑や雑草でさまざまな虫が昆虫病原糸状菌に感染しているのを確認できる。実際には、相当な数の昆虫が自然に昆虫病原糸状菌に感染して死亡しているものと思われる。大型の害虫だけでなく、露地作の果菜類ではコナジラミ類やアザミウマ類、ハモグリバエ類なども相当な数が感染して死亡している（写真2-4-2）。害虫が小さい場合には、感染死していても虫体表面に菌糸が見えない「死にごもり」状態の個体が相当数あるため気付きにくいが、昆虫病原糸状菌は身近にあって知らないうちに防除効果を発揮している微生物である。

この昆虫病原糸状菌を主成分とした複数の製剤が市販されており、施設栽培ではコナジラミ類やアブラムシ類、アザミウマ類を対象として使用されている（表2-4-2）。

このうちバーティシリウム レカニ菌は、学名がレカニシウム ムスカリウムに変更されたが、農薬登録上の有効成分はバーティシリウム レカニのままであることから、ここではバーティシリウム レカニとして表記する。

写真2-4-2　昆虫病原糸状菌で死亡したピーマンのコナジラミ（左）と抵抗性アブラムシ（右）

表2-4-2　施設野菜作で使用できる昆虫病原糸状菌製剤（2014年10月1日現在）

成分とする菌	製剤名	おもな防除対象
バーティシリウム レカニ（レカニシウム ムスカリウム）	マイコタール	野菜類のコナジラミ類、キクのミカンキイロアザミウマなど
ペキロマイセス テヌイペス	ゴッツA	野菜類のアブラムシ類、コナジラミ類、うどんこ病
ペキロマイセス フモソロセウス	プリファード水和剤	野菜類のコナジラミ類、ワタアブラムシ
ボーベリア バシアーナ	ボタニガードES　ボタニガード水和剤	野菜類のアザミウマ類、アブラムシ類、コナジラミ類、コナガなど
メタリジウム アニソプリエ	パイレーツ粒剤	ナス・キュウリ・ピーマンのアザミウマ類

❷ 上手な使い方と失敗しないポイント

ｉ）昆虫病原糸状菌製剤が強い影響を受けない環境で使用

製剤化され市販されている昆虫病原糸状菌は、不完全菌類に分類される糸状菌であることから、殺菌剤はもちろん、殺虫剤からも強い影響を受けることがある。そのため、宮崎県では物理的・耕種的防除法と適正な栽培による病害虫発生リスクを低下させ、バチルス ズブチリス製剤（商品名：ボトキラー水和剤やインプレッション水和剤など）を中心とした微生物殺菌剤の定期的な使用により、昆虫病原糸状菌に影響が強い剤をできるだけ使用しない環境をつくり、その条件下で昆虫病原糸状菌製剤を使用することを推奨している（図2-4-6）。

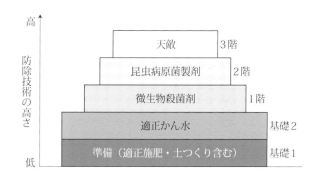

図2-4-6　微生物製剤の段階的使用（宮崎方式ICM）の概念図

ⅱ）高濃度少量の繰り返し散布や低濃度多量散布も

国内で市販されている昆虫病原糸状菌製剤のうち、いくつかの製剤は海外でも市販されている。日本では農薬取締法に基づいた農薬の使用方法が定められているが、海外のそれぞれの国でも使用方法があり、日本とは異

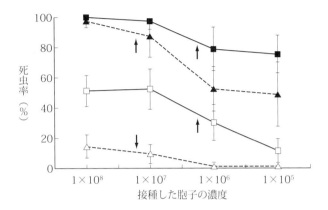

図2-4-7　タバココナジラミに昆虫病原糸状菌の胞子を接種したときの死虫率
縦のバーは標準誤差を示し、矢印は市販製剤の1,000倍希釈時の胞子量を示す

なった方法で使用されていることがある。

　例えば化学合成農薬(以下、薬剤とする)は、定められた希釈倍数で使用しないと効果がないが、昆虫病原糸状菌製剤の場合は、製剤の使用量だけが示されていることがある。つまり、使用する製剤を何倍に希釈しても、使用された菌の量が同じならば防除効果は同じということである。1,000倍液を10a当たり100ℓ散布するのと、2,000倍液を10a当たり200ℓ散布するのでは、使用した製剤の量が変わらないため基本的には防除効果が変わらず、むしろ200ℓを散布するほうが、かけムラが少なく害虫に散布液がかかりやすいことから防除効果が高くなることがある。このため、高濃度少量散布の繰り返しや、低濃度多量散布といった方法が目的に応じて実施されている。

ⅲ) 早く防除したいなら濃く、遅効的でよければ薄くてもよい

　国内では、製剤容器のラベルに書かれた農薬使用基準に定められた使用方法に従う必要があるが、例えばボタニガードES(ボーベリア バシアーナ)は、トマトのコナジラミ類に対しては500～2,000倍に希釈し、100～300ℓを散布する。希釈濃度にも散布量にも幅があるので、この範囲内で目的に合わせた使用方法を選ぶことができる。

　図2-4-7はバーティシリウム レカニとボーベリア バシアーナの胞子濃度を変えてタバココナジラミの幼虫に散布し、散布5日後と10日後の死虫率を調査したものである。また、それぞれのグラフに示した矢印は、製剤を1,000倍で散布したときの胞子濃度である。

　散布5日後ではバーティシリウム レカニ(商品名：マイコタール、写真2-4-3)はボーベリア バシアーナよりも早く死虫率が高くなり、両菌は殺虫効果が異なるものの、いずれの菌も高濃度であるほど速効的である。しかし、散布10日後では菌が違っても製剤の希釈倍数が同じなら、ほぼ同じ死虫率である。つまり、昆虫病原糸状菌の病原性の発現にかかる時間は菌によって差があり、接種した胞子濃度が高いほど早く死虫率は高なる。しかし一方で、時間が経てば、菌種が異なり胞子濃度が低くても死虫率は高くなってくる。こ

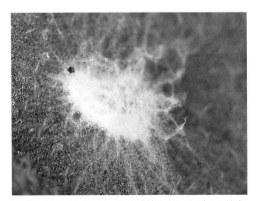

写真2-4-3　マイコタールに感染したコナジラミ幼虫

のことは、もし目前の害虫を早く防除したいなら使用基準のうちの濃い濃度、遅効的な効果でかまわない場合には薄い濃度で使用することが適していることを示している。

ⅳ）定植したらすぐ散布し、害虫を待ち伏せするのがベスト

前述したように、昆虫病原糸状菌製剤を散布して防除効果が発揮されるまで、数日が必要である。近年は、害虫類が媒介するウイルスの被害が大きいことから、昆虫病原糸状菌製剤は害虫が見えてから散布するのではなく、作物を定植したらすぐ薄い濃度の液の散布を開始して、圃場内に菌を定着させ、害虫を待ち伏せするのがベストである。

薬剤は、残留しないように散布後すぐに分解が始まるが、昆虫病原糸状菌は条件がよければ土壌や作物の表面で長期間生存するため、残効は長い。

ⅴ）あえて高湿度・高温環境にする必要はない

昆虫病原糸状菌製剤は高湿度を好んで生育する。このため、昆虫病原糸状菌製剤の散布後に、施設を高湿度に維持することを奨める記述を見ることがあるが、施設栽培ではふつうの栽培管理をしていてもいろいろな作物病害が発生するのであるから、植物の表面はつねに高湿度であることが理解できる。ふつうに作物が栽培できる環境であれば、問題なく使用できるので、製剤を散布した後に、意図的に高湿度に保つ必要はなく、むしろ作物病害の発生を助長し殺菌剤を多用することにならないよう、とくに濡れが強いとかえって水滴中の胞子の発芽は悪くなるため、ふつうに栽培管理することが必要である。

確かに、湿度が高いと感染死した害虫の表面に菌糸が旺盛に発生するため、2次感染するための胞子量が増える。湿度が低いと虫体外に菌糸の叢生が確認しにくい「死にごもり」の個体が多くなり、菌が増えて次々感染していく劇的な効果を体験しにくくなる。しかし、作物病害を考慮し、湿度を上げるのではなく、昆虫病原糸状菌による2次感染が起きにくいぶん、繰り返し散布していくことが重要である。

温度は高すぎるとかえって生育しにくい菌が多く、培地上では一般に25℃程度で旺盛に生育する。カブリダニなどの天敵は、一般に害虫より発育零点が高いので、高温時に防除効果を発揮する。このため、昆虫病原糸状菌も同様に考えがちであるが、昆虫病原糸状菌で害虫を防除する適温は、実験的な生育適温よりもやや低いところにある。この理由の1つには、低温になると害虫の脱皮の間隔が延びることにある。昆虫病原糸状菌は昆虫が脱皮するまでの間に昆虫体に侵入しなければ感染できないため、脱皮の間隔が短いと感染しにくい。温度が低く害虫の脱皮の間隔が延びると、その間に菌が感染する時間ができる。また、害虫の脱皮の間隔が半日延びれば、湿度が比較的高くなる夜が1回増えるため、これで防除効果が高まる。

ⅵ）ただちに防除したいときは散布前に吸水

種もみを吸水させて一気に芽を出させるように、昆虫病原糸状菌の場合も散布前に2時間程度の吸水をさせておくと、胞子が一斉に発芽してくるため防除効果が高く、安定してくる。作業上どうしても時間がない場合には、吸水させなくても効果がなくなるわけではない。吸湿した胞子から順番に発芽するので、速効的な防除効果がやや低下するだけである。このため、目前の害虫をただちに防除したいときには、吸水させる。このとき、水道水を使うと水道水中の塩素で菌が減ることがあるので、くみおき水を使うなど、塩素を抜く必要がある。とくに菌糸製剤であるプリファード水和剤は、この吸水が重要である。

ⅶ）化学農薬との混用が効果的

昆虫病原糸状菌は生物農薬なので、農薬を

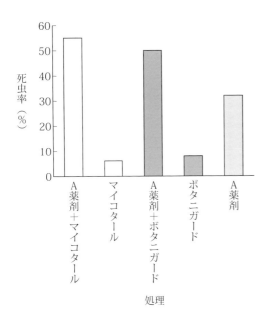

図2-4-8 ミナミキイロアザミウマに対する薬剤と
昆虫病原糸状菌製剤の混用効果
(溝邊、2007を改編)

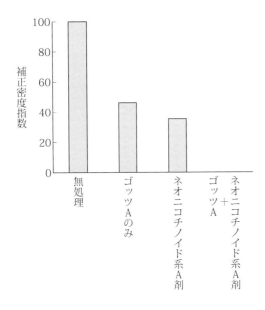

図2-4-9 ネオニコチノイド系薬剤に抵抗性を示す
ワタアブラムシに対するネオニコチノイド
系剤と昆虫病原糸状菌製剤の混用効果
(出光興産㈱アグリ事業部提供)

削減するために使用する場合もある。しかし、昆虫病原糸状菌の効果を発揮させるもっとも簡単な方法は、薬剤との混用である。図2-4-8は、昆虫病原糸状菌の生育には好適ではない環境で、ミナミキイロアザミウマに対して防除効果が低下した薬剤に昆虫病原糸状菌製剤のマイコタールまたはボタニガードESを混用したときの殺虫率である。薬剤と昆虫病原糸状菌の混用により、明らかな相乗的な防除効果が認められている。

また、図2-4-9はネオニコチノイド系薬剤の感受性が低下したワタアブラムシに、ネオニコチノイド剤と昆虫病原糸状菌製剤ゴッツAを混用して散布したときのものである。ミナミキイロアザミウマと同様に、効果が低下した薬剤と昆虫病原糸状菌製剤の混用で、防除効果が高くなる。

近年は、薬剤の防除効果が低下した害虫が数多く報告されているが、防除効果がまったく失われた薬剤ばかりではない。このため、薬剤と昆虫病原糸状菌の混用は、効果が低下してきた薬剤による防除効果を安定化し、対象害虫を問わず有効である。また、新規に販売される農薬の感受性が低下することを避ける手法としても有効と思われる。天敵と違って、昆虫病原糸状菌はすでに死亡した昆虫体でも繁殖するので、昆虫の死体は2次感染を起こす菌を増殖する培地になり、薬剤と昆虫病原糸状菌製剤の混用はメリットが大きい。

❸ 特性を理解してじっくり長く使う

昆虫病原糸状菌製剤は天敵類よりも、ある程度「雑」に扱うことができる。

・薄い濃度を繰り返し散布する。
・作物を定植(発芽)したらすぐ散布を開始する。
・温湿度はふつうに管理する。
・化学農薬と混用する。

という4つのポイントを理解して使用することで防除効果を得ることができる。

昆虫病原糸状菌は、幅広い害虫に防除効果があり、害虫がいないときには、葉上や土中の栄養分を活用しながら、生き残る残効の長

いものである。総合防除を行なううえで下地になる重要な資材ではあるけれども、防除効果が目に付きにくいものなので、特性を理解しじっくりと長く使用すべき剤である。

（黒木修一）

4 天敵類の普及方法
——イチゴを例に

❶ 天敵利用を体得したうえで指導

天敵農薬を普及、指導する場合は化学農薬を普及、指導する場合と考え方を180度変えなければならない。

天敵類はすべて生き物なので放飼をしても効果の発現は1ヵ月～1ヵ月半以上要する。化学農薬の場合は散布直後から効果を発現する。このように効果の発現には大きな違いがあることを認識し、生産者に十分理解、納得してもらうことが大切である。

指導者が天敵類を指導するうえでもっとも大切なのは自らが天敵類を取り扱い、天敵類の特性を熟知し、天敵をいかに早く大量に増殖させるかを体得し、自信をもって指導することである。そのことが生産者に対して安心と信頼を得て天敵類を普及させることになる。

❷ 化学農薬と組み合わせた防除体系で考える

天敵類の使用を指導する場合、化学農薬といかに組み合わせた防除体系を組み立てるかが重要である。そのことが天敵による防除を生産者に受け入れさせ、普及につなげるポイントとなる。

近年は天敵類に影響の少ない殺虫剤、ダニ剤、気門封鎖剤をはじめ、微生物殺虫剤、フェロモン剤などが上市されており、天敵類を普及するうえでの大きな障害が軽減されている。また、ボトキラー水和剤のダクト散布との組み合わせはさらに天敵類を使用するうえで有効な防除技術である（巻末付録3参照）。

展着剤の使用についてはあまり注意されていないが、機能性展着剤のなかには天敵類に影響のある剤があるので注意を要する。

❸ 天敵類の試験と調査

ⅰ）イチゴのハダニ防除試験の例

天敵類による防除を確実に普及させるためには指導者が生産者の圃場を使用して、実際にやってみることである。ここでは、カブリダニによるイチゴのハダニ防除試験を実施した例を紹介する。

まず調査株は、使用するハウスの大小を問わず1棟当たり60～100株程度とし、畝と支柱やパイプの交点の株をあらかじめ下見してそれらが均一になるように設定し、棒や旗を

写真2-4-4　調査株には目印をつけ、毎回同じ株をチェックする

第2章　天敵利用の基本

立てマークする。調査は毎回同じ株とし（写真2-4-4）、そうすることでハダニやカブリダニの発生消長を把握することができる。また株を固定することで調査者が替わったり、調査人数が増えても正確な調査ができ、結果的にきれいなデータとなる。

調査用紙には、調査基準やほかの病害虫の発生動向も簡単にチェックできる要領を記載しておく（図2-4-10）。ハダニだけでなく、コナジラミ類、アブラムシ類、アザミウマ類やうどんこ病などの発生消長を把握することで天敵類に影響の少ない薬剤で防除するような指導が可能となり、天敵の効果をより発揮させられるようになるからである。

ii）調査基準

ハダニの調査基準は、日本植物防疫協会（www.jppa.or.jp）のそれを参考に行なう。

調査は目印をつけた株の中位葉を中心に4～5複葉をチェックし、そのなかの1小葉のハダニの密度指数で一番高い指数を調査用紙に記入する。カブリダニもハダニと同様に4～5複葉をチェックし、そのなかの1複葉の3小葉で確認されるカブリダニの実数を記入する。この調査方法はあくまでも天敵類の指導、普及のためで、農薬登録のための委託試験などの調査とは異なる。誰もが調査に参加できるようにできるだけ簡素化し、しかも長続きするように工夫したものである。

iii）農家へのデータのフィードバック

ルーペ観察の習慣化を促す……生産者の多くは、クモの巣状態になっている葉や株を見つけて初めてハダニの発生に気付く。しかしこのような状態で天敵類を使用しても効果はまったく期待できない。そうなる前にルーペで葉裏を観察し、ハダニやその他害虫の発生状況を観察する習慣を身に付けるよう指導することが、まず大切である。

調査用紙の可視化……調査結果は、グラフ化するとともに、調査した野帳の枡を指数ごとに着色し、ハウス内のどこに・どの程度ハダニが発生しているのか、またカブリダニがどのように定着しているかが一目瞭然でわかるようにしておく。さらに調査用紙の枡の中に記号でほかの病害虫の発生状況もチェックしておくと、生産者に対して適切な防除指導が可能となる（図2-4-11、表2-4-3）。

葉裏の写真を見せる……イチゴの葉裏をマクロレンズなどで撮影し、ハダニやカブリダニが増殖している状況を見せることで天敵類やハダニ類をより深く認識できる。

❹ 天敵類の放飼の　タイミングと増殖技術

天敵類の放飼にあたっては当然ながら管理作業や生育状況を考慮する必要がある。

天敵による防除効果を高めるには、放飼した天敵をいかに早く・たくさん増殖させるかがポイントである。そのためには天敵類を、ペットを飼うような感覚で扱うことが大切である。

カブリダニ類の放飼時期としては基本的には餌であるハダニなどが若干発生しているときが望ましいが、うっかりすると多発して手遅れになりがちである。ミヤコカブリダニはハダニなど対象害虫以外に花粉や微小生物なども捕食できるのでいつでも放飼が可能である。しかし作物の生育状況からいえば株と株の葉が重なり合った時期や、花が咲き始めた時期以降が放飼適期となる。

ミヤコカブリダニは12℃以上の温度条件があれば一度定着すると順調に増殖する。チリカブリダニはハダニがいると増殖するが、いなくなると確認されなくなる。さらにより効果を高めるためにはミヤコカブリダニとチリカブリダニを同時放飼するとよい。

❺ 重要な効果の確認
——最初の1ヵ月は7～10日おきに

天敵類（カブリダニ）を放飼した後、効果の確認は天敵を普及させるうえでもっとも大切

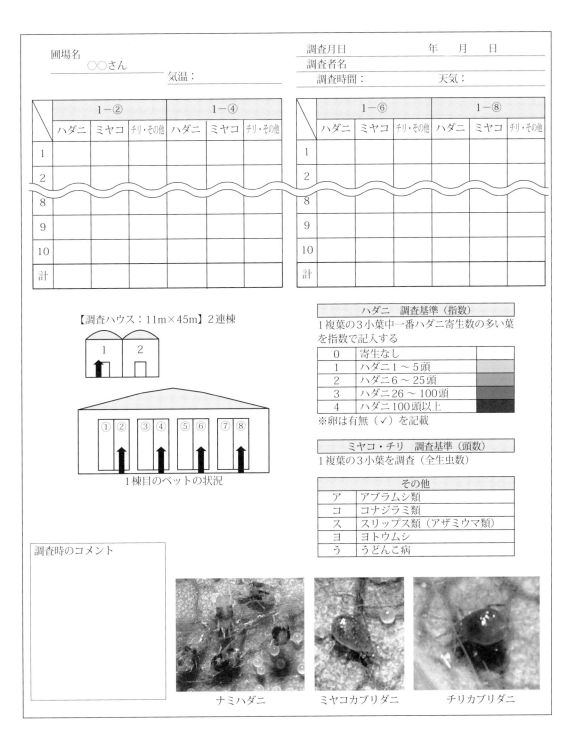

図2-4-10　イチゴIPM試験調査用紙（例）

調査：2012年11月2日

	1-② ハダニ	ミヤコ	チリ・その他	1-④ ハダニ	ミヤコ	チリ・その他	1-⑥ ハダニ	ミヤコ	チリ・その他	1-⑧ ハダニ	ミヤコ	チリ・その他
1	1			1			1			1		
2	0			1			0			0		
3	1			1			2			2		
4	0			0			0			1		
5	1			0			0			0		
6	0			0			0			0		
7	1			0			0			0		
8	1			0			0			0		
9	2			0			0			0		
10	2			0			1			1		
計	9	0	0	3	0	0	6	0	0	6	0	0

調査：2013年2月6日

	1-② ハダニ	ミヤコ	チリ・その他	1-④ ハダニ	ミヤコ	チリ・その他	1-⑥ ハダニ	ミヤコ	チリ・その他	1-⑧ ハダニ	ミヤコ	チリ・その他
1	0				1	3	2			1		
2	0			0			2	2	6	2	2	2
3	0			2			2	2		3	3	2
4	1		5	2		4	2		5	1	1	
5	1	21		1		1	2	3	8	2	2	1
6	2	28	1	2	5	9	1	5	7	1		1
7	3	2	7	2	2	3	0		2	0		
8	2	4	3	1	1	1	0			2	1	5
9	4			1				1	3	0		
10	2	14	3				0	1	3	0		
計	15	69	19	12	8	23	12	11	37	12	8	9

12月5日追加放飼（チリ・ミヤコ・各4,000頭）

調査：2012年12月12日

	1-② ハダニ	ミヤコ	チリ・その他	1-④ ハダニ	ミヤコ	チリ・その他	1-⑥ ハダニ	ミヤコ	チリ・その他	1-⑧ ハダニ	ミヤコ	チリ・その他
1	0			0			0			0		
2	0			0			1		2	0		1
3	0			0			0			0		
4	2			1		1	1		1	0		
5	0			0			0			0		
6	1		1	1			0			0		
7	2			0			0			0		
8	2			0			0			0		1
9	1			0			0			0		
10	1			1		1	1			0		
計	9	0	1	3	0	2	2	0	3	0	0	2

調査：2013年3月6日

	1-② ハダニ	ミヤコ	チリ・その他	1-④ ハダニ	ミヤコ	チリ・その他	1-⑥ ハダニ	ミヤコ	チリ・その他	1-⑧ ハダニ	ミヤコ	チリ・その他
1	0			0			0	2		2	16	2
2	0			0			0			2	6	8
3	0			1		1	0			1	1	2
4	0			0			0			0		
5	0			0			0			0	1	1
6	2	9		1			0	2		0	2	4
7	2	15	5	0			0			0		
8	2	22	2	0			0	2		0		
9	2	4		0								
10	1	5	2	1			0			0		
計	9	55	9	4	0	2	0	5	3	5	26	17

調査：2013年1月9日

	1-② ハダニ	ミヤコ	チリ・その他	1-④ ハダニ	ミヤコ	チリ・その他	1-⑥ ハダニ	ミヤコ	チリ・その他	1-⑧ ハダニ	ミヤコ	チリ・その他
1	0			0			1		4	0		
2	0			1			2			2	1	
3	0			0		1	2		2	3		1
4	0	卵		2		5	1	4		2		1
5	2✓	3		1		2	1			3		4
6	2✓					1	2	2		2		
7	3✓			2	3	1	0			2		1
8	3✓	4		1	1		1			1	1	1
9	3✓			1			1			1		1
10	2✓	3		1			1	2	0	2		
計	15	7	3	8	4	10	12	7	13	15	2	9

調査：2013年4月3日（すべて0となった）

	1-② ハダニ	ミヤコ	チリ・その他	1-④ ハダニ	ミヤコ	チリ・その他	1-⑥ ハダニ	ミヤコ	チリ・その他	1-⑧ ハダニ	ミヤコ	チリ・その他
1	0			0			0			0		
2	0			0			0			0		
3	0			0			0			0		
4	0			0			0			0		
5	0			0			0			0		
6	0			0			0			0		
7	0			0			0			0		
8	0			0			0			0		
9	0			0			0			0		
10	0			0			0			0		
計	0	0	0	0	0	0	0	0	0	0	0	0

〈調査株番号1がハウスの入り口側　10が奥〉

図2-4-11　カブリダニによるイチゴのハダニ調査野帳の可視化

注　試験実施期間：2012年11月～2013年4月、実施場所：津市、高設栽培、イチゴ品種：とちおとめ
　　天敵放飼時期：11/2　ミヤコカブリダニ　6,000頭/10a
　　　　　　　　　12/5　ミヤコカブリダニ・チリカブリダニ　各4,000頭/10a
　調査した野帳を指数ごとに着色し可視化することで、ハウス内のどの部分にどのような発生状況かがわかり、また、調査した結果を経時ごとに並べると、作期を通してハダニとカブリダニの発生消長が一目瞭然となる

表2-4-3 カブリダニによるイチゴのハダニ防除試験調査結果

(厚井・今泉ら、2013)

〈実調査値〉

月/日	11/2	11/8	11/16	11/23	11/30	12/12	1/9	2/6	3/6	4/3
ハダニ	24	70	80	94	38	14	50	51	18	0
ミヤコ	0	9	0	9	0	0	20	96	86	0
チリ	0	1	6	3	2	8	35	88	31	0

〈換算値〉

月/日	11/2	11/8	11/16	11/23	11/30	12/12	1/9	2/6	3/6	4/3
ハダニ密度指数	15	44	50	59	24	9	31	32	11	0
100株当たりミヤコ頭数	0	22.5	0	23	0	0	50	240	215	0
100株当たりチリ頭数	0	3	15	8	5	20	88	220	78	0

注　試験実施期間：2012年11月～2013年4月
　　実施場所：津市　高設栽培
　　イチゴ品種：とちおとめ
　　天敵放飼時期：11/2　ミヤコカブリダニ　6,000頭/10a
　　　　　　　　　12/5　チリとミヤコ　各4,000頭
　　薬剤散布：11/28　マイトコーネフロアブル
　　　　　　　12/29　エコピタ液剤

なことである。天敵は放飼してもすぐに効果がわからない。したがって、生産者は効果がないと不安に思い化学農薬を散布する可能性が高いので、天敵放飼後の1ヵ月間は7～10日ごとに調査をする。

なお、最初の10日間は2～3日おきに圃場を観察し、害虫の様子をチェックし、天敵が見られなくても生産者に化学農薬の散布を見合わせるように指導する。調査間隔は、2ヵ月目以降は10日～2週間隔でよい。

各種天敵の生態や効果の確認方法については(巻末付録3②)を参考にされたい。

(厚井隆志)

第3章

天敵利用の実際

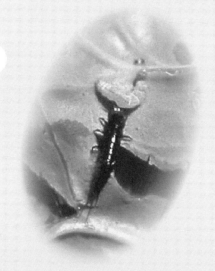

コナガを捕食中のゴミムシ(原図:根本 久)

施設栽培

1) ピーマン

茨城県ではピーマン、イチゴ、キュウリで天敵の利用が進んでいる。とくにピーマンでは、スワルスキーカブリダニが市場に出回った2009年以降から急速に利用が広がり、普及率はほぼ飽和状態に達している。

1 天敵導入と普及の経緯

平成25年農林統計によると茨城県の作付け面積は、冬春ピーマンが246ha、夏秋ピーマンが312haである。その約9割がJAしおさい管内の神栖市、鹿嶋市で栽培されている。

作型は半促成と抑制が中心で促成は近年の燃油（暖房費）の高騰で減少している。促成、半促成（加温）栽培の最低温度は17℃を目標にしている。

産地の一部では、おもにミカンキイロアザミウマ、ヒラズハナアザミウマが媒介する黄化えそ病の発生が常態化しており、年により大きな被害を受けてきた経緯がある。

2002年頃にアザミウマ類の防除のため、タイリクヒメハナカメムシが導入されて、コレマンアブラバチとともに徐々に普及しつつあった。

しかし、2005年に薬剤抵抗性が高度に発達したタバココナジラミバイオタイプQが新たに発生した。天敵のサバクツヤコバチも導入されたが、効果が不安定であった。そのため、天敵による防除を断念して従来の化学合成農薬による防除に戻る生産者が多く、タイリクヒメハナカメムシの利用も激減した。そのような閉塞状態にあったなかでスワルスキーカブリダニのピーマンでの定着・増殖のよさ、問題になっているタバココナジラミ、ミナミキイロアザミウマなど複数の害虫を捕食することから高い評価を受け、天敵を主体とした害虫の防除体系の確立と普及が進んだ。

2 各作型での天敵を利用した害虫防除

産地でおもに利用されている天敵と活動可能温度は表3-1-1のとおりであるが、スワルスキーカブリダニとタイリクヒメハナカメムシの併用放飼が天敵を利用した害虫防除の核になっている。

2009年以降、現地圃場においてスワルスキーカブリダニの効果を確認するための実証圃設置や圃場モニタリングが積極的に行なわれ、その効果と産地に合致した利用法を示す。

❶ 半促成ピーマン

①スワルスキーカブリダニ（10a当たり5万頭放飼）は全圃場（14圃場）で定着。放飼後1ヵ

表3-1-1 おもな天敵の活動可能温度と使用

天敵名	活動可能温度（℃）	使用目的
スワルスキーカブリダニ	15〜35	コナジラミ類、アザミウマ類（おもにミナミキイロアザミウマ、ミカンキイロアザミウマ）、チャノホコリダニの防除
タイリクヒメハナカメムシ	11〜35	アザミウマ類などの防除
コレマンアブラバチ	5〜30	ワタアブラムシ、モモアカアブラムシの防除
ミヤコカブリダニ	12〜35	ハダニ類の防除（発生前放飼）
チリカブリダニ	12〜30	ハダニ類の防除（初発生時放飼）

月で1葉当たり1頭に達したが、無加温栽培では夜温が低下するため、2ヵ月を要した。葉におけるコナジラミ、ミナミキイロアザミウマの発生はほとんど見られず両害虫、とくにコナジラミに対する高い防除効果が確認された（図3-1-1）。

② タイリクヒメハナカメムシ（10a当たり1,000頭放飼）は、12圃場で定着したが、2圃場では定着しなかった。定着しなかった圃場はUVカットフィルムを被覆していた。育苗時や天敵放飼前に、影響のある農薬の散布歴があり、被覆フィルムの影響とは断定できなかった。タイリクヒメハナカメムシが定着しなかった圃場では、花でのヒラズハナアザミウマが多発したので、スワルスキーカブリダニのみではヒラズハナアザミウマを抑えきれないと考えられた。

③ その他の天敵としては、スワルスキーカブリダニの一定の密度を保つため、ハダニ防除にダニ剤の連用を避け、チリカブリダニとミヤコカブリダニの放飼によりハダニを抑える。同様にタイリクヒメハナカメムシの定着と増殖を助長するため、殺虫剤の散布を極力控え、コレマンアブラバチなどを少量・複数回放飼する。

④ 化学合成農薬の散布は14圃場のうち、アブラムシの殺虫剤を5圃場で、うどんこ病の殺菌剤は全圃場で使用されていた。

❷ 抑制ピーマン

9圃場において、スワルスキーカブリダニを7月28日、タイリクヒメハナカメムシを7月28日、8月4日に放飼したところ両天敵と害虫の発生消長は以下のようであった。

① スワルスキーカブリダニ、タイリクヒメハナカメムシの発生消長は図3-1-2、図3-1-3のとおりで、高温期定植の抑制栽培

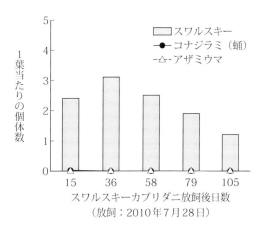

図3-1-2　葉における発生頭数推移：9圃場平均

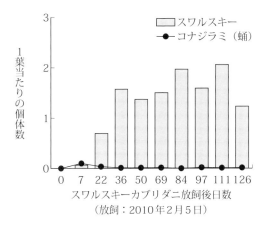

図3-1-1　半促成ピーマンでの発生頭数の推移：8圃場平均

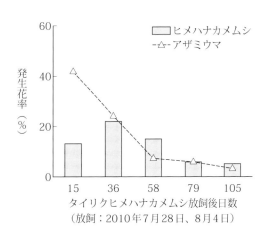

図3-1-3　花でのタイリクヒメハナカメムシ・アザミウマ発生率の推移：9圃場平均

では両天敵の増殖スピードが速かった。また、害虫のアザミウマ、アブラムシ、ハダニも早い時期から発生していた。
② 作の終わりに近づくにつれて気温が低下するため、2種の天敵と花でのヒラズハナアザミウマも漸減した。

表3-1-2 タイリクヒメハナカメムシの定着状況と紫外線カット率
(7圃場調査)

定着状況	紫外線カット率(%)
定着してよく増えた	41、50(いずれも普通フィルム)
定着したがあまり増えなかった	98、94、99
定着しなかった	91、98

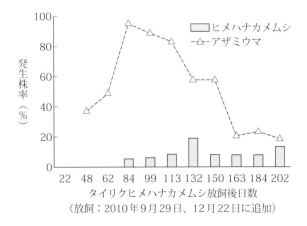

図3-1-4 UVカットフィルムにおける花での発生率推移例

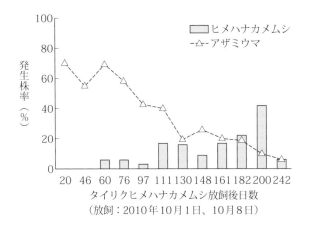

図3-1-5 普通フィルムにおける花での発生率推移例

③ 葉でのコナジラミ類、アザミウマ類はほとんど見られなかった。ハダニは栽培期間を通して発生していたが、8月19日にミヤコカブリダニの放飼もあり、ダニ剤を散布したのは1圃場のみであった。
アブラムシは栽培期間を通して発生していたが、チェス果粒水和剤の散布で対応して天敵の利用は少なかった。

❸ 促成ピーマン

この作型は冬季に暖房はあるものの、低温、低日照、短日、悪天候によるハウスの数日間の密閉といった栽培環境を経過する。とくにタイリクヒメハナカメムシの定着、増殖に関してはきびしい環境条件といえる。

当産地ではUVカット（近紫外線除去）フィルムの被覆が多いため、その影響が懸念されたのでタイリクヒメハナカメムシの導入ハウスで紫外線カット率と定着状況を確認した。その結果、UVカットフィルムを被覆したハウスでは「定着したがあまり増えなかった」か、「定着しなかった」が多かった（表3-1-2）。すでに高知県農業技術センターの試験報告によっても普通農業用ビニール区に比較して近紫外線除去フィルム区はタイリクヒメハナカメムシの分散と増殖が悪いという結果が出ている。そこでこの対策として、近紫外線除去フィルムのハウスではタイリクヒメハナカメムシを圃場全体に放飼し、ハウス外への逃避に注意しつつ、増殖も劣るので放飼量を増やす必要がある（図3-1-4、図3-1-5）。

またタイリクヒメハナカメムシが圃場で定着して確認できるまで時間を要することから、青の粘着板を設置してアザミウマ類の密度抑制に努める。

スワルスキーカブリダニの定着と増殖はUVカットフィルムの影響を受けないが、2～3月にスワルスキーカブリダニの密度が低下して、タイリクヒメハナカメムシがいない場合はスワルスキーカブリダニの追加放飼もひとつの方法である。

3 熟練農家の天敵利用例

神栖市のTさんは、2003年から天敵を利用している。天敵を利用した動機は、農薬散布の作業負担の軽減と省力化、農薬残留を極力減らしたいことである。天敵メーカー、現地指導機関の助言を受けながら天敵利用技術の習得を図ってきたが、試行錯誤を繰り返してきた。

天敵の利用で失敗しないコツは、「化学農薬は極力使用しない。十分な量を放飼することだ」という。天敵利用の際には以下の点に留意している。

写真3-1-1 収穫されたピーマン

❶ つねに観察し、農薬使用を徹底制限

①定植日を起点に天敵の放飼計画を立てる。
②ピーマン圃場の害虫や天敵の発生消長をつねに観察する。
③天敵が定着するまで、うどんこ病防除の殺菌剤以外は散布を控える。
④とくにタイリクヒメハナカメムシは農薬に弱いので、アブラムシの防除には殺虫剤の散布を控えて、各種天敵（コレマンアブラバチやナミテントウなど）を利用している。やむを得ず殺虫剤を散布する場合は、タイリクヒメハナカメムシが増えてから農薬の選択や散布倍率を慎重に検討したうえで行なっている（半促成では発生初期に農薬のスポット散布での対応も可能）。
⑤苗から本圃への病害虫の持ち込みに注意。とくに高温期育苗の抑制栽培では、コナジラミ、アザミウマ、ハダニが育苗時から発生しやすいので防除を徹底する。
⑥抑制栽培では、いろいろな害虫が問題になっている。そのなかでもとくにアブラムシを警戒している。増殖スピードが速く、手遅れにならないようにしている。

写真3-1-1はTさんの圃場の半促成ピーマンの収穫物である。果実に光沢があり、ヘタ（ガク）の部分がきれいで、アザミウマの被害を受けていない証である。

❷ Tさんの天敵利用の特徴

Tさんは約50aのパイプハウスで半促成と抑制ピーマンを栽培している。被覆資材は、UVカットフィルムの農ビ「クリーンエース」を使用している。ハウス開口部（肩換気部、出入り口）には目合い1mmの防虫ネットを展張している。

スワルスキーカブリダニとタイリクヒメハナカメムシのほか、各種天敵を放飼しているが（表3-1-3、表3-1-4）、その特徴は以下のとおり。

①タイリクヒメハナカメムシとスワルスキーカブリダニの放飼時期
定植時の殺虫剤（粒剤）の土壌処理は行なわない。定植後期間を置かずに花が1～2開花したらタイリクヒメハナカメムシを早期放飼、1週間後に2回目の放飼を行なう。2回合わせた放飼量は定植株数と同じ1,400頭である。

表3-1-3　半促成ピーマンでの天敵放飼スケジュール（天敵の放飼量は10a当たり）

おもな作業	時期	内容
育苗床の準備	12月上旬	育苗床の清掃と消毒
苗の鉢上げ	12月中旬	購入した本葉1～2枚の苗を4号ポットに移植する 育苗苗の病害虫防除を徹底する
ムギクビレアブラムシのバンクづくり	1月中旬～下旬	野鼠の食害防止のため小さなポリポットにムギを播種した後、発泡スチロール箱に入れて発芽までは蓋をしておく。発芽したムギにアブラムシを接種した後は不織布を掛ける アブラムシが定着したムギを本圃に移植する（新聞紙で遮光） 同時に近くにムギを直播きして増やす（野鼠対策のため粘着板でガードする）
定植	1月下旬	定植め～終わりまでは約4日を要す
天敵の放飼	活着後	ククメリスの放飼　0.4本を米ぬかに混ぜて株元に放飼
	定植後10日	タイリクヒメハナカメムシの放飼（400頭） 花が1～2開花したら予備的に放飼して様子を見る
	定植後17日	タイリクヒメハナカメムシの放飼（1,000頭）
	定植後21日	スワルスキーの放飼2本 スパイカルEXの放飼1本
	定植後40日	バンカー植物にアブラムシが増えたらコレマンアブラバチを放飼（750頭） その後は様子を見て追加放飼をする
収穫開始	3月5日	（彼岸までには天敵が増えている状態にする。ヒゲナガアブラムシが発生したら、ウララDFを散布する）
収穫終了	7月中旬	

表3-1-4　抑制ピーマンでの天敵放飼スケジュール（天敵の放飼量は10a当たり）

おもな作業	時期	内容
ムギクビレアブラムシのバンカー植物づくり	7月下旬	半促成に同じ 発芽後3日目にアブラムシを接種
定植	8月初旬	
天敵の放飼 （放飼して1～2週間で天敵の定着が確認できる）	定植後10日	タイリクヒメハナカメムシの放飼（400頭）
	定植後17日	タイリクヒメハナカメムシの放飼（1,000頭） スワルスキーの放飼 スパイカルEXの放飼
収穫開始	8月下旬	バンカーにアブラムシが増えたら、コレマンアブラバチの放飼（750頭）またはナミテントウの併用放飼 （暑さの峠を超すとアブラムシが増えてくる。アブラムシが殖えすぎた場合は、ウララDFを全体に散布する。その後にコレマンアブラバチの追加放飼を行なう。彼岸までには天敵が増えている状態にする）
	10月中旬	気温が下がるとタイリクヒメハナカメムシの活動は鈍くなる
収穫終了	11月下旬	

スワルスキーカブリダニは定着がよく増殖スピードも速いので、株の生長を待ってから、定植後3週間頃に放飼する。抑制栽培ではタバココナジラミの発生もあるので2回目のタイリクヒメハナカメム放飼時にスワルスキーカブリダニを早めに放飼する。

②ククメリスカブリダニの放飼

半促成栽培では、アザミウマ類の防除を兼ねてタイリクヒメハナカメムシの餌になればと株元に米ぬかに混ぜて放飼している

（ポリマルチ上に置くと乾いてしまうので注意）。

③アブラムシ対策のバンカー植物の設置

ハウス1棟約50mの長さに3ヵ所、ムギクビレアブラムシを接種したバンカー（アフィバンク）を設置する。

長所はコレマンアブラバチの単独放飼と比較して防除効果が安定することと、放飼量を少なくできることである。問題は、高温期のムギの生育やマミーのふ化が悪いこと、長期に利用するとコレマンアブラバチに寄生する高次寄生蜂が発生してくること、3月頃に発生するヒゲナガアブラムシには寄生しないということである（112ページ参照）。

④アブラムシ防除の農薬散布後、生き残りのアブラムシを防除するためコレマンアブラバチを放飼

（滝本健雄）

天敵を導入した場合の収量・防除費などの試算

現地指導機関ではIPM実証圃において、天敵を導入してその効果を確認している。そのデータをもとに半促成・抑制栽培の各2作において、収量や防除費等について慣行防除との差を比較したところ、表のような結果が得られた。

・両作型においても慣行防除ハウスに比較して天敵導入ハウスの収量が多い。

・収量の増加が天敵導入によるコスト上昇をカバーして、収益を高めることが示唆された。

・天敵を利用すると着果がよくなるという生産者の声がある。農薬を散布すると開花中の花がダメージを受けて、着果が悪くなるといわれている。

■半促成栽培での試算例 (10a当たり)

		A：天敵導入防除	B：慣行防除	差（A−B）
収量（kg）		6,048	5,748	300
粗収入（円）		2,116,800	2,011,800	105,000
防除経費（円）	農薬費	130,286	87,083	43,203
	散布労賃	20,500	26,000	−5,500
	小 計	150,786	113,083	37,703
農薬（液剤）散布		5回8剤	7.5回19.5剤	—
粗収入−防除経費		1,966,014	1,898,717	67,297

■抑制栽培での試算例 (10a当たり)

		A：天敵導入防除	B：慣行防除	差（A−B）
収量（kg）		3,849	3,534	315
粗収入（円）		1,154,700	1,060,200	94,500
防除経費（円）	農薬費	105,657	70,781	34,876
	散布労賃	22,000	27,750	−5,750
	小 計	127,657	98,531	29,126
農薬（液剤）散布		6回9.5剤	9回14剤	—
粗収入−防除経費		1,027,043	961,669	65,374

注 1）導入した天敵はスワルスキーカブリダニ、ミヤコカブリダニで農薬費に含まれる
2）ピーマンのkg単価は促成350円、抑制300円に設定
3）農薬の散布労賃は1,000円/時間に設定

施設栽培

2 ナス

1 対象害虫・主要天敵と防除のポイント

　施設ナスで発生する主要害虫はアザミウマ類、コナジラミ類、アブラムシ類、ハダニ類、チャノホコリダニ、ハスモンヨトウ、ハモグリバエ類などである。このうち、最重要害虫はミナミキイロアザミウマ、次に注意しなければならないのが、タバココナジラミとアブラムシ類である。

　施設ナスで利用できる市販天敵のなかで、ミナミキイロアザミウマ、タバココナジラミに対して効果の高い天敵としてスワルスキーカブリダニが挙げられる。しかし、最低管理温度が12℃程度と低い施設ナスでは本種は厳寒期に密度が低下し、防除効果が不十分となる。そこで、タバココナジラミ、アザミウマ類を捕食し、比較的低温にも強い土着天敵、タバコカスミカメ（写真3-2-1）を併用することで安定した防除効果が期待できる。

　また、天敵を有効に活用するためには、圃場周辺の環境整備や施設の開口部への防虫ネット（目合い1mm以下）の展張、シルバーマルチ、防蛾灯（黄色蛍光灯）などの物理的防除法を積極的に取り入れるとともに、天敵類に対して影響の少ない選択性殺虫剤を組み合わせる。

2 使える農薬と使用上の注意点

　表3-2-1に交配昆虫としてミツバチやマルハナバチを利用し、害虫防除にタバコカスミカメ、スワルスキーカブリダニを利用した防除体系下で使用できるおもな殺虫剤を示す。

　このほかに注意が必要なのが、育苗期間中の殺虫剤の使用である。有機リン系、合成ピレスロイド系、ネオニコチノイド系殺虫剤には天敵類に対して長期間影響するものが多いことから、育苗時には使用回数や天敵に対する影響期間を考慮して薬剤を選択する。また、種苗会社から苗を購入する場合には散布履歴を確認し、天敵類の導入時期を決める。

3 天敵を利用した防除の実際

　ここでは、施設開口部に防虫ネットを展張し、シルバーマルチの設置、定植時粒剤の処理を行なわず、前述2の条件下での防除体系について紹介する。なお、栽培期間は8月下旬～翌年6月の加温栽培とする。

❶ アザミウマ類の防除

　ネオニコチノイド系粒剤はミナミキイロアザミウマ以外にアブラムシ類、コナジラミ類にも有効であるが、天敵カメムシ類に対する影響期間が長いことから、定植時の処理は行なわず、定植後できるだけ早く天敵類を導入するのがポイントである。まず、定植2～3週間後までにスワルスキーカブリダニを

写真3-2-1　タバコカスミカメ（成虫）

表3-2-1 天敵を利用した施設栽培ナスで使用できるおもな殺虫剤と使用上の注意点

薬剤名	防除対象害虫	使用上の注意点
アファーム乳剤	アザミウマ類 マメハモグリバエ チャノホコリダニ ハダニ類 ハスモンヨトウ、オオタバコガ	影響期間はスワルスキーカブリダニでは7日、タバコカスミカメでは21日
ラノー乳剤	ミナミキイロアザミウマ コナジラミ類	効果が低下している地域がある
プレオフロアブル	ミナミキイロアザミウマ ハスモンヨトウ、オオタバコガ ハモグリバエ類	ミナミキイロアザミウマに対する効果が低下している地域がある
チェス顆粒水和剤 ウララDF	アブラムシ類 コナジラミ類	タバココナジラミに対する効果は低い
カネマイトフロアブル* スターマイトフロアブル* ダニサラバフロアブル ニッソラン水和剤 マイトコーネフロアブル アカリタッチ乳剤 サンクリスタル乳剤* サフオイル乳剤*	ハダニ類（うち、*はチャノホコリダニに登録のある薬剤）	チャノホコリダニに登録のある薬剤はハダニ類への使用は避けチャノホコリダニ専用の剤として確保する。アカリタッチ乳剤、サンクリスタル乳剤はタバコカスミカメに対して影響が若干ある
コンフューザーV フェニックス顆粒水和剤 BT剤	ハスモンヨトウ、オオタバコガ	BT剤は若齢期に使用する
プレバソンフロアブル5		散布剤はハモグリバエ類にも登録あり
	ハスモンヨトウ、ハモグリバエ類	育苗期後半〜定植当日かん注処理

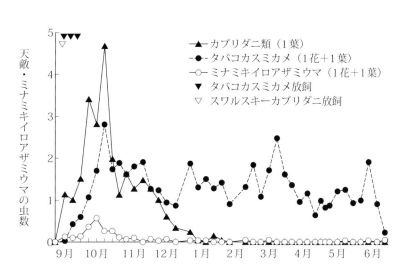

図3-2-1 促成ナスにおける天敵類とミナミキイロアザミウマの発生推移
（高知県安芸農振センター、2010）

写真3-2-2　ゴマ（左）やクレオメ（右）でタバコカスミカメを定着させる

写真3-2-3　遊休ハウスを利用した天敵温存ハウス
ハウス間口部には1～2mm目合いの防虫ネットが張ってある

i) タバコカスミカメの定着を促す方法

　タバコカスミカメはゴマやクレオメ（写真3-2-2）で個体数を維持できることから、施設ナス圃場内の空いたスペースにこれらを植栽することでタバコカスミカメの定着を促進することができる。ただし、ゴマはタバコカスミカメの増殖に優れるが、高温性の長日植物なので低温、短日となる秋季以降は枯死してしまう。一方、クレオメでの増殖はゴマに比べ劣るようであるが、低温や日長の影響を受けにくいことから、作期を通しての利用に適している。

ii) タバコカスミカメの温存方法

　前述のように、タバコカスミカメはゴマやクレオメで個体数を維持でき、6月の施設ナス栽培終了後に遊休ハウスなどを利用した温存ハウス（ハウス開口部に1～2mm目合いの防虫ネット展張、写真3-2-3）へこれらの温存植物を植栽し、タバコカスミカメを放飼することで次作まで維持することが可能である。ただし、ゴマの生育ステージのなかで、タバコカスミカメの維持・採集に適した期間は1～2ヵ月間であるため、植付け時期の異なるゴマをハウス内に保持する必要がある。具体的には、温存ハウス内において、ゴマを6月中旬に定植し、タバコカスミカメを6月下旬に放飼した後、7月上旬、8月下旬および10月

10a当たり5万頭放飼する。次に、定植1ヵ月後までにタバコカスミカメを複数回に分けて、成虫主体に10a当たり合計約1,000頭放飼する。放飼は、後述する温存ハウスなどで維持したタバコカスミカメを吸虫管で採集するか、ゴマを植物体ごと刈り取り圃場に持ち込む。

　スワルスキーカブリダニは放飼後の定着性が優れるもののミナミキイロアザミウマの成虫を捕食できないことから、タバコカスミカメが定着するまでの放飼後1ヵ月間は被害果が発生する場合がある。しかし、収穫数が増加する10月下旬以降はタバコカスミカメの働きにより、ミナミキイロアザミウマの密度および被害果はきわめて低く抑えられる（図3-2-1）。

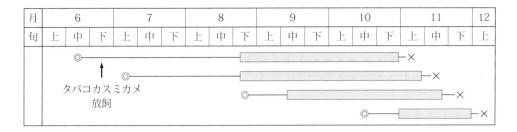

図3-2-2　温存ハウスにおけるタバコカスミカメの温存・増殖に適したゴマの栽培体系
（高知県農業技術センター、2012）

注　1）◎：ゴマの定植、▭：タバコカスミカメの採集可能時期、×：ゴマの栽培終了
　　2）ゴマはセルトレイ（128穴）に播種し、9cmポットに鉢上げ後、15cm程度に生育した苗を定植
　　3）農林水産省委託プロジェクト研究「気候変動に対応した循環型食料生産等の確立のためのプロジェクト（土着天を有効活用した害虫防除システムの開発）」による成果

中旬にゴマを追加定植する体系（図3-2-2）である。促成ナスでの導入時期にあたる8月下旬～11月下旬にタバコカスミカメを確保できる。ゴマの株上では1株当たり100頭程度のタバコカスミカメが生息しており、必要量に応じてゴマの定植本数を調整することで計画的な確保が可能となる。

このほか、露地にゴマを植えることでタバコカスミカメを確保することも可能であるが、悪天候などでタバコカスミカメが激減することもあることから、温存ハウスで維持することが望まれる。なお、ゴマはナスの害虫でもあるミナミアオカメムシが好む植物であることから、タバコカスミカメをハウス内へ導入する場合には持ち込まないように注意する。

ⅲ）タバコカスミカメ利用上の注意点

タバコカスミカメは市販されていないため、特定農薬として野外からの採集や前作で利用したものを維持して利用する以外ない。本種は関東以西に広く分布しているとされるが、生息数の地域間差が大きいようで、確保できない場合には市販天敵のタイリクヒメハナカメムシを利用する。

本種はトマト（ペレス氏とウルバネーハ氏の項23～27ページ参照）やタバコの害虫でもあり、また、ピーマンやシシトウにおいても被害事例があることから、野外や温存ハウスで維持する場合には周辺作物への加害について十分注意する必要がある。さらに、密度が高まった場合には、ナスへの加害も無視できないため、適正に密度をコントロールする必要がある。

本種に対する殺虫剤の影響は表3-2-2のとおりである。これらのなかで大きな影響がないとされる剤についても本種の放飼直後や低密度時には使用を避けるほうが望ましい。

❷ コナジラミ類の防除

タバココナジラミに対しては、スワルスキーカブリダニ、タバコカスミカメの放飼により高い防除効果が期待できる。圃場内で天敵類の定着が悪い場所では、コナジラミ類の排泄物による「すす病」が発生する場合もあるが、圃場全体へ広がるおそれは低く、薬剤による防除はほとんど必要ない。

❸ アブラムシ類の防除

ⅰ）コレマンアブラバチの集中放飼

ワタアブラムシとモモアカアブラムシに対しては、発生初期にコレマンアブラバチを寄生株に集中放飼することで発生を抑えることができる。

放飼時期が遅れ、部分的に寄生密度が高くなった場合には、ウララDFを寄生密度の高

表3-2-2　タバコカスミカメに対するおもな殺虫剤の影響

系統名	薬剤名	影響	備考
有機リン	―	×	
カーバメート	―	×	
ピレスロイド	―	×	影響期間は長い
ネオニコチノイド	―	×	影響期間は長い
IGR	アタブロン乳剤	×	
	カスケード乳剤	×	
	ノーモルト乳剤	△	
	マッチ乳剤	×	
	マトリックフロアブル	○	
	ラノー乳剤	◎	
その他	スピノエース顆粒水和剤	×	影響期間は短い
	アファーム乳剤	×	影響期間は21日
	ディアナSC	×	影響期間は短い
	コテツフロアブル	×	
	プレオフロアブル	◎	
	トルネードフロアブル	△	
	アニキ乳剤	×	
	ウララDF	◎	
	チェス顆粒水和剤	○	
	コルト顆粒水和剤	○	
	カネマイトフロアブル	◎	
	スターマイトフロアブル	◎	
	ダニサラバフロアブル	◎	
	ニッソラン水和剤	◎	
	マイトコーネフロアブル	◎	
	サンマイトフロアブル	×	
	ダニトロンフロアブル	◎	
	ハチハチ乳剤	×	
	コロマイト乳剤	◎	
ジアミド	フェニックス顆粒水和剤	◎	
	プレバソンフロアブル5	◎	
BT	―	◎	
物理的阻害(気門封鎖)	粘着くん液剤	△	
	アカリタッチ乳剤	○	2,000倍での使用
	サンクリスタル乳剤	○	
	オレート液剤	△	100倍での使用
昆虫寄生性糸状菌	マイコタール	○	
	ボタニガードES・水和剤	×	

注　◎：影響なし(死亡率25％未満)、○：やや影響あり(死亡率25〜50％)、
　　△：影響あり(死亡率50〜75％)、×：影響大(死亡率75％以上)

い株周辺を対象に部分散布するか、アブラムシの発生状況によっては全面散布する。

なお、コレマンアブラバチはジャガイモヒゲナガアブラムシには寄生しないので、発生した場合には、ヒメカメノコテントウ、ナミテントウなどジャガイモヒゲナガアブラムシにも有効な天敵を放飼するか、チェス顆粒水和剤やウララDFの部分散布で対処する。

ii) アブラムシ類に対するバンカー法

圃場内にバンカー植物としてムギクビレアブラムシを寄生させたムギ類を置き、そこで

コレマンアブラバチを維持し、ワタアブラムシとモモアカアブラムシを長期間防除することができる。ただし、栽培初期の高温期にバンカーを設置すると、コレマンアブラバチの寄生蜂（高次寄生蜂）を圃場内に定着させ、アブラムシ類に対する防除効果を低下させるおそれがあるため、野外で高次寄生蜂の活動が低下する11月以降の設置が望ましい。なお、バンカー法の詳細については、「バンカー法利用技術」の項（61〜66ページ）を参照されたい。

❹ ハダニ類、チャノホコリダニの防除

ハダニ類に対しては、発生初期にチリカブリダニを放飼するか、カネマイトフロアブル、スターマイトフロアブル、ダニサラバフロアブル、ニッソラン水和剤、マイトコーネフロアブルなど天敵類に影響の小さい殺ダニ剤を散布する。ただし、これらのなかで、カネマイトフロアブル、スターマイトフロアブルは数少ないチャノホコリダニに対する有効薬剤であることからハダニ類を対象とした使用を避ける。

チャノホコリダニに対しては、スワルスキーカブリダニがかなり有効に働く。発生が見られた場合でもチャノホコリダニに有効で天敵類に対して影響の小さいカネマイトフロアブル、スターマイトフロアブルや気門封鎖型殺虫剤であるサンクリスタル乳剤などを散布して対応することが可能である。また、アファーム乳剤は天敵類への影響は大きいものの、影響期間が比較的短い薬剤であることから、天敵導入前にアザミウマ類対策として本剤を散布することもチャノホコリダニ防除に有効である。

❺ 鱗翅目害虫の防除

ハスモンヨトウ、オオタバコガなど鱗翅目害虫の防除には、防虫ネット（ほかの害虫防除のために1mm目合い以下）や防蛾灯（黄色、緑色）の利用など物理的防除が有効である。

また、防虫ネットの展張とコンフューザーVなどの交信撹乱剤を組み合わせることで、長期間、省力的な防除が可能である。なお、ハスモンヨトウ、オオタバコガに有効で天敵類への影響の小さいジアミド系のフェニックス顆粒水和剤、プレバソンフロアブル5などが使用できる。

❻ ハモグリバエ類の防除

マメハモグリバエ、トマトハモグリバエが発生するが、これらの発生初期にヒメコバチ製剤を放飼することで密度を抑制することができる。また、プレバソンフロアブル5の育苗期後半〜定植当日処理やプレオフロアブルを散布することで天敵類への影響なしに防除可能である。なお、ハモグリバエ類には20種近くの土着寄生蜂が確認されており、これら寄生蜂に影響の大きい薬剤が使用されなければ被害が問題となるほど発生することは少ない。

4 防除上、考慮すべき殺菌剤

注意すべき殺虫剤については「2 使える農薬と使用上の注意点」（84ページ）で述べたが、殺菌剤についても一言触れておく。

タバコカスミカメに対して影響の大きい殺菌剤は少ない。ただし、アミスター20フロアブル、サンヨールおよびダイマジン水和剤については、若干の影響が認められ、本種の導入初期など低密度時の散布は控える。

スワルスキーカブリダニに対してはトップジンM水和剤、モレスタン水和剤、ポリオキシンAL水溶剤など影響の大きい殺菌剤もあるので、薬剤選択の際には注意が必要である。

（古味一洋・下元満喜）

3 キュウリ

1 対象害虫・主要天敵と防除のポイント

❶ 病害虫の種類が多いキュウリ

キュウリには、ミナミキイロアザミウマ、ワタアブラムシ、タバココナジラミ、チャノホコリダニ、ワタヘリクロノメイガ、トマトハモグリバエなどの害虫が発生し、問題となる。近年は、ミナミキイロアザミウマが媒介するメロン黄化えそウイルスによるキュウリ黄化えそ病（MYSV）の被害が拡大しており、一方で依然としてワタアブラムシが媒介するズッキーニ黄斑モザイクウイルス（ZYMV）などの被害も発生している。

そのほかにも、べと病、うどんこ病、褐斑病などの病害による被害も大きく、いずれの病害虫も有効な防除薬剤が少ない難防除病害虫である。これらの病害虫を防ぎながら、とくにウイルス媒介虫の寄生密度を限りなく低く抑える必要がある。

❷ 防除に用いる資材

キュウリでは病害虫の発生種が多いため、すべての病害虫を生物農薬のみで防除するのは、かなり高い知識と技術を要する。このため、一般的には生物農薬だけでなく、化学合成農薬（以下、薬剤とする）や各種資材を併用した体系的な防除を行なうことになる。ウイルスは治療できず脅威度が高いため、可能な限り0.4mm目合いの防虫ネット、タイベック®などの光反射資材の設置、圃場周辺の除草など物理的・耕種的防除法を駆使することが必要で、同時にほかの病害虫の発生を、被覆資材の機能性の活用、送風・暖房による除湿、健全な作物栽培によって、最小限にとどめる必要がある。

2 薬剤と使用上の注意点

❶ 使用する生物農薬と薬剤

ボトキラー水和剤などのバチルス ズブチリスを主成分とする微生物殺菌剤、マイコタールなどの昆虫病原糸状菌製剤、ミナミキイロアザミウマをおもな防除対象とした天敵であるスワルスキーカブリダニなどを用いることで、長期作の促成栽培キュウリでも実用的な防除効果を得られる。このとき、影響の少ない薬剤を選んで併用するが、生物農薬に対する薬剤の影響は十分に検討されていない。2014年10月に作成され、インターネット上で公開されている農薬影響表では、スワルスキーカブリダニとマイコタールおよびボタニガードESに同時にもっとも影響が少ないと評価されている剤は、ダニ剤のオサダンとマイトコーネだけである。ところが、キュウリに農薬登録があるオサダン水和剤25とオサダンフロアブル（両剤とも毒物）は、すでに生産が中止されており、マイトコーネフロアブルは別の報告ではスワルスキーカブリダニに長期間の影響があるとされている。使用する生物農薬のすべてに影響が小さい薬剤はないことから、薬剤の影響をある程度は覚悟して併用しなければならない。

❷ 薬剤の影響を軽減する資材

天敵や微生物にできるだけ影響が小さい薬剤を優先して使用しながらも、影響が大きい薬剤の使用を迫られることがある。このため、意図的に使用する天敵の温存を図らなければならない。

宮崎県では、天敵メーカーの協力を得て天敵を放飼する紙コップを開発し、各JA経

写真3-3-1 天敵放飼専用の紙コップ

由で市販している（写真3-3-1）。この紙コップにはザラメ糖とビール酵母を入れ、スワルスキーカブリダニの餌であり製剤に含まれているサトウダニを飼養することで、スワルスキーカブリダニを長期間維持することができる。また、市販のパック製剤よりも設置に手間がかかるものの、安価である。

紙コップを利用してスワルスキーカブリダニを放飼したとき、散布した薬剤の影響を軽減することができる（図3-3-1）。スワルスキーカブリダニを紙コップ内に放飼した区と、通常の放飼法である葉上に放飼した区を設けて、スワルスキーカブリダニに強い影響があるとされるハチハチ乳剤の1,000倍液を散布したところ、紙コップに放飼した区では、葉上に放飼した区よりも薬剤の影響を軽減することができた。このように、天敵に対する薬剤の影響を軽減する手法や資材を使用することが望ましく、とくに長期の作型では必要である。

❸ 生物農薬の使用方法

微生物剤には浸透移行などの機能がないため、一度散布しても新しく展開してくる新葉は無防備になる。このため、定期的な散布が必要になるが、あまり連続した散布では労力と経費の負担が大きい。そこで、バチルスズブチリス剤のうち、送風ダクトを用いた少量散布の農薬登録があるボトキラー水和剤を活用する。専用のダクト内投入機があるので

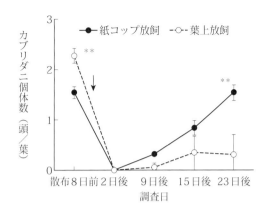

図3-3-1 紙コップ放飼によるスワルスキーカブリダニに対する薬剤の影響軽減の効果

（黒木、2013）

矢印はハチハチ乳剤1,000倍液の散布、縦のバーは標準誤差を示す。＊＊は同日の区間の個体数に有意差があることを示す（t検定（$P<0.05$））

写真3-3-2 ボトキラー水和剤の
ダクト内自動投入機
「きつつき君」

活用することが望ましい（写真3-3-2）。また、昆虫病原糸状菌製剤は、葉面散布肥料や殺虫剤や殺菌剤の散布時に混用することで散布頻度を高める。

スワルスキーカブリダニは、放飼法によってもキュウリ株上の分散が異なる。キュウリ株の生長は早く、防除対象となるミナミキイロアザミウマはMYSVを媒介するため、放飼したスワルスキーカブリダニは株全体に速やかに分散することが望ましい。

第3章 天敵利用の実際／施設・キュウリ

表3-3-1　キュウリの主枝の葉におけるスワルスキーカブリダニの個体数

(黒木ら、2013)

放飼方法	調査時期			
	放飼直前	放飼1週間後	放飼2週間後 ↓	放飼3週間後
葉上放飼	0±0	0.38±0.1c	0.35±0.1c	0.03±0.03b*
(放飼葉)		7.3±0.3		
紙コップ放飼	0±0	0.95±0.1b	1.2±0.13b	0.83±0.14a
心放飼	0±0	1.7±0.2a	2.4±0.17a	0.35±0.11b*

注　数値は平均値±標準誤差（n＝40、ただし、放飼葉はn＝20）。同一アルファベットはTukey-KramerのHSD法（$P<0.05$）により同一調査時期に有意差なし。矢印はボタニガードESの散布
＊はボタニガードESの散布前後の個体数にt検定による有意差あり（$P<0.05$）

　つる下ろし栽培キュウリで、主枝の心（生長点）放飼、紙コップ内放飼、葉上放飼の3とおりの放飼法を比較して、スワルスキーカブリダニの分散を調査した結果を表3-3-1に示した。速やかに株に分散するのは、成長点から株に振りかける方法で、次いで紙コップ放飼であり、葉上放飼はもっとも分散が悪かった。天敵を使用するとき、配送時の事故がしばしば起こる。流通事故対策として、天敵は複数回放飼することが望ましいことから、つる下ろし栽培キュウリでは、心放飼と紙コップ放飼を組み合わせる方法がよいと考えられる。

3　スワルスキーカブリダニを利用した天敵防除の実際

❶ 微生物体系と比較すると……

　促成つる下ろし栽培キュウリにおいて、ミナミキイロアザミウマを天敵と微生物および薬剤を組み合わせて防除したとき（天敵体系）の効果を図3-3-2に、薬剤と微生物を組み合わせて防除したとき（微生物体系）の効果について図3-3-3に示した。どちらの施設も、近紫外線を除去するフィルムで被覆し、施設の側面に0.4mm目合い、谷の開口部に0.8mm目合いの防虫ネットを展張し、施設外周には幅1mの光反射マルチ（タイベック®）を設置した。また、スワルスキーカブリダニは、主枝摘心直前の心放飼と翌週に紙コップ内に放飼した。使用した殺虫剤と殺菌剤および昆虫病原糸状菌製剤は図のとおりである。日本では、天敵は決して安価でないため、少量を放飼して、それが増殖した後に十分な防除効果を発揮するよう使用される。このため、天敵利用体系では天敵が増殖する前、とくに定植前後に薬剤を集中して利用し、栽培中期にもMYSVの脅威があるため6回程度の薬剤散布を行なった。

　微生物体系の殺虫剤の使用回数は、天敵体系とほぼ同数であるが、1月以降、とくに3月以降のミナミキイロアザミウマの数は天敵体系よりも多く、5月には幼虫数が葉当たり8頭となった。施設キュウリでは収穫量の5％減少に対する被害許容密度が葉当たり成虫5.3頭、傷のない果実の5％減少に対する被害許容密度は葉当たり成虫4.4頭とされてきたが、微生物体系でも成虫は葉当たり2頭未満であり、従来の被害許容水準よりもミナミキイロアザミウマを低く抑えることができている。しかし、MYSVの発生株率は6.5％であったことから、この程度の防除効果では十分とはいえない。一方、天敵体系ではミナミキイロアザミウマの密度を最大でも葉当たり0.2頭程度で維持し、MYSVの発生は1.5％であった。このことから、天敵利用体系はMYSVが発生する地域でも実用的な防除効果が得られる。

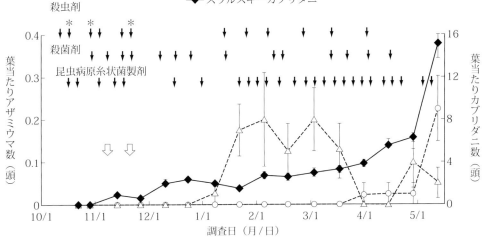

図3-3-2 天敵を用いた総合防除圃場におけるミナミキイロアザミウマとスワルスキーカブリダニの密度推移

（黒木、2013）

縦のバーは標準誤差を示す。⇩はスワルスキーカブリダニの放飼、↓は殺虫剤、殺菌剤、昆虫病原糸状菌製剤の散布。＊はスワルスキーカブリダニに影響が強いとされる剤の散布

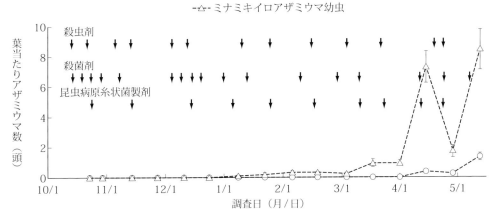

図3-3-3 昆虫病原糸状菌製剤を用いた総合防除圃場におけるミナミキイロアザミウマの密度推移

（黒木、2013）

縦のバーは標準誤差を示す。↓は殺虫剤、殺菌剤、昆虫病原糸状菌製剤の散布

❷ ただし単独でミナミキイロアザミウマの完全防除は難しい

　天敵体系のスワルスキーカブリダニは、放飼翌月以降は葉当たり3頭以上の数が維持され、薬剤散布の影響を明確には受けていない。しかし、ミナミキイロアザミウマ幼虫を食べ尽くすような効果は認められていない。ミナミキイロアザミウマ幼虫は、栽培後期の4月末には葉当たり0.05頭程度存在し、葉当たり6頭程度のスワルスキーカブリダニがいて

表3-3-2 促成つる下ろし栽培キュウリにおける総合防除体系の経営評価

（黒木、2013）

	県指針	実証圃
化学農薬使用回数（成分）	76回	29回（38.2%）
防除経費	166,891円	166,441円（99.7%）
防除に要する労働時間	84時間	66時間（78.6%）
収量（/10a）	15.8t	20.1t（127.2%）

も、翌5月には葉当たり0.2頭まで増加している。このことから、スワルスキーカブリダニが葉当たり6頭程度いたとしても、ミナミキイロアザミウマを完全に防除することはできず、薬剤や微生物による補完防除、さらに成虫の侵入を防ぐ対策が必要である。

❸ 冬季の施設内でも活用できる

キュウリの栽培の管理温度は最低12℃程度であるため、スワルスキーカブリダニは、気温が上昇する春に放飼することが推奨されることがある。スワルスキーカブリダニの発育零点は11.3℃であり、15.5℃から37.0℃の範囲内で個体数が増加し、20℃から32℃の間では個体数の増加は速く、20℃以下では緩やかであるとされるためである。図3-3-2においても、気温が上がってくる4月以降にスワルスキーカブリダニの密度は急激に増加しており、スワルスキーカブリダニを活用するのに適していることを示している。しかし一方で、11月の放飼後から徐々に増加して、12月には葉当たり3頭に増加し、その後維持されている。このことから冬季のキュウリ施設内といえども、スワルスキーカブリダニが増殖する環境であり、冬季でも十分に活用することが可能である。

4 天敵防除導入のポイント

❶ 経営的にも普及性の高い技術

天敵体系の収量と防除に要する労働時間および経費を、宮崎県農業経営管理指針におけるつる下ろし栽培キュウリの目標値と比較した結果を表3-3-2に示した。天敵体系では、天敵、昆虫病原糸状菌製剤、微生物殺菌剤、薬剤のほか、天敵を放飼する紙コップ、防虫ネット、抑草シート、光反射資材、微生物殺菌剤のダクト内自動投入機などの防除に必要な資材の減価償却費を含めた防除経費を評価した。

その結果、防除経費は経営指針と比較して、経費は同等で、防除に要する時間は軽減され、収量は目標を上回った。経営管理指針は当面の達成目標であるから、県指針の値と同等もしくは改善されていることは、天敵体系は十分に普及性がある技術といえる。

❷ 成否は準備で決まる

つる下ろし栽培キュウリのような長期の作型では、天敵は資材と微生物を十分に活用したうえで使用し、薬剤を併用することになる。天敵利用の成否は、準備で決まる。資材の利用や栽培環境管理、草勢の維持による病害発生の低減など、基本的な技術を確実に実施したうえで、天敵を利用することが必要である。

（黒木修一）

4) イチゴ

1 カブリダニ利用体系によるハダニ防除の実証

　イチゴの生産現場では、受粉のためにミツバチが使用される。そのため、ミツバチに影響のある薬剤は使用できない。化学合成薬剤に依存した防除体系では、限られた薬剤で防除せざるを得ないため、アザミウマ類の発生増加と殺ダニ剤の防除効果の低下が問題となっている。そうしたなか、全国のイチゴ産地では、天敵を導入した防除体系への転換が進みつつある。

　ここでは、イチゴ主産県である栃木県のJAはが野いちご部会での普及活動事例を紹介する。JAはが野いちご部会は、栃木県のイチゴ生産量の約30％を占める大産地であり、組織力、栽培技術ともに高い部会であるが、他産地と同様に薬剤感受性の低下したナミハダニの防除が困難となっていた。

　紹介事例は、この問題を打開するためにミヤコカブリダニの導入と、さらにステップアップしたミヤコカブリダニ・チリカブリダニ同時放飼の普及活動についてである。

2 最初はミヤコカブリダニを導入

　2007年8月から、ミヤコカブリダニによるイチゴ本圃のハダニ類防除を普及するため、JA全農とちぎとJAはが野いちご部会、メーカー、芳賀農業振興事務所が一体となった推進体制をつくり、生産者12名の18圃場を全農とちぎIPM展示圃とし、重点的な調査と指導、部会員への情報発信を行なった。

　当初の防除モデルでは、定植から頂花房開花までに、化学薬剤でハダニの密度をゼロに抑え、開花期からミヤコカブリダニを7日間隔で3回放飼することとした。ミヤコカブリダニ放飼後にハダニ類が増殖したときは、ミヤコカブリダニに影響の少ない剤で対応するが、3月以降、ミヤコカブリダニ増殖後は、ある程度影響のある剤でも使用可能とした。

　ハスモンヨトウやアザミウマ類に対する対策については、防除薬剤の資料を作成し、対応方法を指導した。

　ハダニ類専門食のチリカブリダニと比較すると、ミヤコカブリダニはハダニ類以外の生物や花粉を餌として生存・増殖することができる。上記防除体系では、定植後防除により低下したハダニ類密度が年末に向けて回復してくるが、放飼後に増殖したミヤコカブリダニによって捕食され、収穫終了まで長期間防除効果を発揮することを期待した。

　また、ハダニ類低密度時のミヤコカブリダニの代替餌を確保するために、直径5cm程度に束ねた稲ワラをベッド上の条間に設置することとした。束ねたワラにはコナダニなどが繁殖してミヤコカブリダニの餌になるとともに、内部に湿度を保つことで、乾燥を嫌うミヤコカブリダニの定着を助けると考えた。

3 成功とともに失敗事例も

　2007年から2ヵ年、展示圃の調査を10日から14日間隔で実施し、さまざまな失敗事例や、想定外の状況に遭遇し対応することとなった。これらの事例は、以後の天敵利用体系を推進するうえで、有益な情報となった。

　展示圃18圃場中、7圃場は、定植後のハダニ類防除に成功し、ミヤコカブリダニ放飼後は、ハダニ類の小規模なツボが発生しても拡

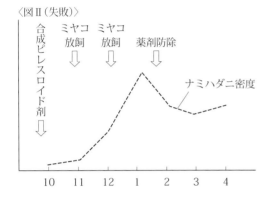

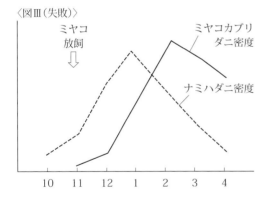

図3-4-1 カブリダニ導入イチゴ圃場におけるナミハダニとミヤコカブリダニの発生模式図

大することなく、安心してハダニ類の推移を見ることができた（図3-4-1のⅠ）。

一方、失敗事例として、以下のパターンが確認された。

① 定植後の防除あるいはアザミウマ類防除にミヤコカブリダニへの影響の強い剤を使用したために、長期間ミヤコカブリダニ密度が低下し、ハダニ類が増加する。とくに定植後の合成ピレスロイド剤（アクリナトリン水和剤など）の使用により、当該作でのミヤコカブリダニ導入が不可能となる（図3-4-1のⅡ）。

② 定植後の防除でハダニ類密度を十分に落とすことができず、収穫に忙しい12月にハダニ類が多発する事例が多い（通称「12月問題」、図3-4-1のⅢ）。

③ 生産者がミヤコカブリダニの定着・増殖を観察できずに化学剤を散布し、ミヤコカブリダニを死滅させてしまう。

①の問題に対しては、化学剤の使用方法について情報を整理し、生産者に周知徹底することの重要性が再確認された。しかし、②と③については、化学薬剤の防除の難しさと、生産者によるミヤコカブリダニ定着の確認に限界があることを認識することとなった。60歳以上の生産者は部会の約40％を占め、低密度のハダニ類やミヤコカブリダニを確認することは困難である。目に見えないミヤコカブリダニを頼りにするには、成功体験の積み重ねが必要である。

天敵資材は道具ではあるが、生き物でもあり、捕食能力を発揮するための環境管理は生産者に委ねられている。生産者がミヤコカブリダニの活動を認識し愛着をもたないと、この防除体系は定着しないと考えていたが、その懸念が現実となった。

解決の糸口は次の2点と考えた。
- 定植後防除を補完する方法
- 放飼直後でも生産者に天敵の活動を実感させる方法

推進チーム内で検討した結果、頂花房期のチリカブリダニとミヤコカブリダニの同時放飼を試みることとした。

4 ミヤコカブリダニ、チリカブリダニの同時放飼

❶ 大きいチリカブリダニの可視化効果

同時放飼では、初期の資材費が高額になることから生産者の心理的抵抗は増すが、次のような利点を一石二鳥で狙えるため、ハダニ類防除剤の削減がさらに進むことを期待した。

・速効性の高いチリカブリダニで残存ハダニ類を防除し、ミヤコカブリダニが十分に増殖するまでハダニ類増加を防ぐ。
・チリカブリダニは赤色で確認しやすいので、生産者がカブリダニの活動を実感しやすく、カブリダニの活動を可視化できる。

県とJAの実証試験で頂花房開花期同時放飼の調査を行ない、ミヤコカブリダニ単体放飼よりも安定した防除効果が得られた。この方法では、定植後防除での残存ハダニ類を、即効的なチリカブリダニで抑えることで、「12月問題」を減らすことができた。

放飼直後からカブリダニ活動の観察が容易になり、生産者のカブリダニへの期待が高まることで、早計な薬剤の使用が減少した。また、天敵を導入したハダニ類防除体系の展示普及を通して、生産者の天敵利用に対する意識や行動の変化も見受けられた。

❷ 天敵生態への観察眼も磨かれるように

まず、気門封鎖剤の利用が拡大したことである。以前は、防除効果や有効な使用方法が認知されず、一部の生産者のみが利用するにすぎなかったが、展示圃により多くの生産者がその防除効果を実感し、普及が進んだ。

天敵導入展示圃を担当した多くの生産者が、その防除効果を実感し、地域に普及拡大する際の情報発信者となった。その多くは自らルーペを持ち、管理作業の合間に葉裏のカブリダニの様子を、愛情もって観察するようになった。

殺ダニ剤の散布回数を減らしたハウスでは、クモの巣がたくさん張られ、これまであたりまえに実施してきた化学剤による防除が、いかに土着天敵にダメージを与えてきたかを実感することとなった。

薬剤防除の技術も向上し、葉裏への付着量を増すことで、防除効果が著しく向上することも、展示圃での調査を通じて生産者に体験させることができた。

また、調査中の観察から、カブリダニの生態についてもいくつかの発見があった。放飼直後の低密度時のミヤコカブリダニは、晴天の日中には葉裏を調査してもほとんど発見することができない。しかし、曇天時や薄暮時には、葉表を活発に移動することをたびたび観察した。このことから、ミヤコカブリダニもハダニ類と同様に紫外線を嫌い、曇天時にハダニ類を探索していることが示唆された。

❸ 部会の6割超がチリ・ミヤコ同時放飼を導入

2007年にミヤコカブリダニ導入を検討した際に、関係者間で共有した目的は、「一作が1年6ヵ月にも及ぶイチゴ栽培全体を通して、殺虫剤の散布回数を削減・効率化し、抵抗性害虫を発生させることなく、持続的安定的な防除モデルをつくる」であった。当時のJAはが野いちご部会員は724名。さまざまな考え、技術、年齢の部会員がいるなかで、防除体系の転換は急速に進み、2009年産(2008年定植)では50戸だった天敵導入者が、2013年産(2012年定植)では部会員の63%である400戸がミヤコカブリダニ・チリカブリダニ同時放飼を中心とした天敵導入体系を実施している。

(伊村　務)

施設栽培

5) ガーベラ

写真3-5-1 アザミウマ幼虫を捕食する
スワルスキーカブリダニ

ガーベラでは薬剤抵抗性が発達した複数の害虫が発生するため、頻繁な薬剤防除が必要となっている。ガーベラは花のみを収穫し、葉に多少の被害を受けても問題が少ないため、天敵利用による防除を取り組みやすい。

1 対象害虫・主要天敵と防除体系

ガーベラで問題となる各害虫に対して、天敵カブリダニ製剤とカブリダニ類に影響しない選択性殺虫剤を主体として、表3-5-1のように防除方法を体系化した。

ハダニ類、コナジラミ類およびアザミウマ類に対してスワルスキーカブリダニ、ミヤコカブリダニ、チリカブリダニの3種類の天敵カブリダニ製剤を用い、カブリダニ放飼後に害虫が増加した場合はカブリダニ類に影響の小さい選択性殺虫剤や殺ダニ剤により臨機防除を行なう。スワルスキーカブリダニ(写真3-5-1)はおもにコナジラミ類の卵やアザミウマ類の幼虫を攻撃するが、成虫を攻撃できない。そこで、微小害虫の成虫を捕殺する粘着トラップと害虫の飛来侵入を抑制する防虫ネットを組み合わせる。コナジラミ類やアザミウマ類成虫の侵入防止には0.4mm目合いのネットが必要だが、施設内の換気を考慮するなら0.8〜1mm目合いでもよい。この目合いでもある程度の侵入抑制効果が期待できる。なお、1mm目合いでもオオタバコガやハスモンヨトウなどのチョウ目害虫やマメハモグリバエに対しては侵入防止効果が高い。

マメハモグリバエに対しては天敵の寄生蜂が市販されているが、静岡県内のガーベラ温室における実証試験では放飼しなかった。しかし、いずれの試験でもマメハモグリバエの被害は慣行の薬剤防除温室に比べて減少した。マメハモグリバエには多種類の土着寄生蜂が存在するため、選択性殺虫剤の使用により土着寄生蜂の活動性が高まったためと推測している。

表3-5-1 ガーベラにおける総合的防除(IPM)の体系

対象害虫	生物的防除法	物理的防除法	化学的防除法
ハダニ類	ミヤコカブリダニ[スパイカルEX、スパイカルプラス][1)] チリカブリダニ[スパイデックス]	—	選択性殺ダニ剤[2)]
コナジラミ類 (アザミウマ類)	スワルスキーカブリダニ[スワルスキープラス]	防虫ネット 粘着板	選択性殺虫剤
チョウ目害虫	BT剤	防虫ネット	選択性殺虫剤
マメハモグリバエ	土着寄生蜂	防虫ネット 粘着板	選択性殺虫剤

注 1) [ ]内は商品名を示す(2014年8月時点で花き類に適用のある製剤)
　　2)表3-5-2の選択性殺ダニ剤、選択性殺虫剤:カブリダニ類に影響の小さい殺ダニ、殺虫剤

2　天敵防除体系のポイント

　天敵カブリダニ製剤は保管して化学農薬のように害虫の発生に合わせて放飼することはできない。また、害虫が増えた後で天敵を放飼しても害虫抑制に失敗する可能性が高いため、害虫密度が低いときから放飼する必要がある。そこで、図3-5-1のように天敵の放飼時期をあらかじめ決め、防除体系をスケジュール化した。

❶ 全株植え替え時が天敵利用のスタート

　ガーベラでは株を定植した後、2～3年間連続して栽培する。そのため、植え替えのときが温室内の害虫密度を低下させるチャンスである。植え替え前は土壌消毒のため、温室を締め切る期間があるので、害虫密度をゼロにすることができる。部分改植では残った株が害虫の発生源となるため、害虫密度をゼロにすることはできない。

❷ 健全苗の準備が前提

　ガーベラでは購入苗を利用すると思われるが、小さな苗を購入してある程度の期間、育苗する場合もある。その際には、栽培温室とは隔離された温室で、害虫の侵入を防ぎ、薬剤防除を行なって病害虫のいない苗を育てる。

❸ 定植直後は影響の短い薬剤で防除

　定植時にネオニコチノイド系粒剤の植え穴処理を行なう。定植後1～2週間は天敵への影響期間の短い薬剤（表3-5-2参照）を散布し、天敵放飼前の害虫密度を極力抑える。

❹ 定植4～6週間後に放飼

　定植後、隣株と葉が触れ合う頃に2種の天敵カブリダニを放飼する。スワルスキーカブリダニとミヤコカブリダニは紙パック内に餌とともにカブリダニが封入されている製剤（パック製剤）（59ページ参照）を利用する。パック製剤に開けられた穴から数週間にわたってカブリダニが外に出てくる。10a当たりの設置数量はミヤコカブリダニ・パック製剤（商品名：スパイカルプラス）で100～120個、スワルスキーカブリダニ・パック製剤（商品名：スワルスキープラス）で200個。パック製剤は葉をかき分けて葉の間に挟み込むように設置するとよい（写真3-5-2）。パックの紙には撥水性があるが、かん水には注意する。また、ネズミがパック内の有機物を食べてしまうことがあるので、ときどきパックに破れなどがないか点検する。

　天敵放飼後1～2週間は植物体が濡れないようにかん水に注意する。また、できれば2週間は薬剤散布も控える。カブリダニ類は生育期間が短く増殖力が高いため、定着に成功すれば、2週間で数倍に増加する（ミヤコカブリダニは20℃で1週間後に2倍、30℃で1週間後に6倍）。

栽培1年目	5月	6月	7月	8月	9月	10月	11月	12月	1月	2月
	定植		収穫							→
	粒剤	残効短い薬剤	天敵放飼①	選択性殺虫剤	天敵放飼②	臨機防除（選択性殺虫剤）		チリカブリダニ放飼	チリカブリダニ放飼	

栽培2年目	3月	4月	5月	6月	7月	8月	9月	10月	11月	12月
	収穫									→
	天敵放飼③	臨機防除		天敵放飼④	臨機防除		天敵放飼⑤	臨機防除		チリカブリダニ放飼

図3-5-1　ガーベラのIPM防除スケジュール

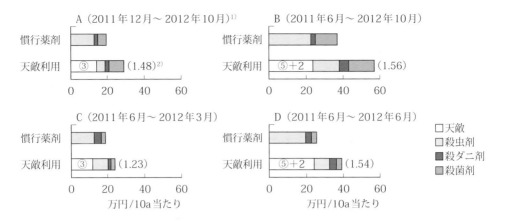

図3-5-2 天敵利用区および慣行薬剤区における防除資材費

注 1）集計期間は圃場によって異なり（ ）内に示すとおり
　2）（ ）内の数値は慣行薬剤区に対する天敵利用区の比率を示す。
　　帯グラフ内の○数値はスワルスキーカブリダニおよびミヤコカブリダニの放飼回数、＋数値はチリカブリダニの放飼回数を示す（10a当たり1回の放飼量：スワルスキーカブリダニはパック製剤150～200個、ミヤコカブリダニはパック製剤80～100個、チリカブリダニは100mℓボトル2本）

❺ 放飼後の薬剤選択

　放飼後は管理作業などで害虫の発生に注意し、発生に気付いたらその場所に印をつけるなど、細かく管理する。

　発生が見られる場合は表3-5-2の「影響が小さい剤」から選択して、薬剤を散布する。害虫の発生が一部であれば、「影響期間が短い剤」から選択して、発生部分とその周辺のみに薬剤散布を行なえば影響は小さい。また、天敵の追加放飼の2週間前に「影響期間が短い剤」を散布して害虫密度を下げることも考えられる。

写真3-5-2　パック製剤（スワルスキープラス）をガーベラの株元に設置

　なお、この表の「影響が小さい剤」とはカブリダニ類に対しては影響が小さいが、寄生蜂に影響する剤を含んでいる（「影響が小さい剤」のうち下線のある薬剤。「影響期間が短い剤」「影響期間が長い剤」についても同じ）。

❻ 定期的な追加放飼が必要

　追加放飼は害虫が増加し始める初秋の9月、春先の3月および初夏の6月に行なう。天敵は定着できれば増殖して数が増えるが、餌となる害虫密度を比較的低く維持する必要がある花き類では天敵の増殖率はあまり高くない。また、収穫時に花とともにカブリダニ類を圃場外に持ち出すため、定期的な追加放飼が必要となる。前述のパック製剤ではカブリダニが数週間徐々に放出されるが、この場合でも追加放飼が必要である。

❼ 冬春のハダニ対策はチリカブリダニの追加放飼で

　イチゴにおけるカブリダニ利用でも、1月から3月のハダニ増加が問題となることがある（96ページの「12月問題」）。ガーベラの現地実証試験でも同様であった。低温時にはカ

表3-5-2　各種害虫に対する適用農薬とカブリダニ類への影響
（2014年8月6日時点で花き類・観葉植物はたまガーベラに適用がある薬剤[1]）

対象害虫	影響が小さい剤	影響期間が短い剤[2]	影響期間が長い剤
ハダニ類	カネマイトフロアブル ダニサラバフロアブル ニッソラン水和剤		<u>ダニトロンフロアブル</u> <u>コテツフロアブル</u> バロックフロアブル ピラニカEW
コナジラミ類	コルト顆粒水和剤 チェス顆粒水和剤 <u>スタークル/アルバリン顆粒水溶剤</u> <u>スタークル/アルバリン粒剤</u> <u>ベストガード水溶剤</u> アプロード水和剤		
アザミウマ類	<u>アクタラ顆粒水溶剤</u> カスケード乳剤	<u>アファーム乳剤</u> <u>モスピラン水溶剤</u>	オルトラン水和剤 コテツフロアブル ハチハチフロアブル
マメハモグリバエ	トリガード液剤 カスケード乳剤	<u>アファーム乳剤</u>	
オオタバコガ、ヨトウムシ類	フェニックス顆粒水和剤 プレオフロアブル マッチ乳剤 ノーモルト乳剤	<u>アファーム乳剤</u>	アディオン乳剤 コテツフロアブル
アブラムシ類	<u>スタークル/アルバリン顆粒水溶剤</u> <u>スタークル/アルバリン粒剤</u> <u>アクタラ粒剤5</u> <u>アドマイヤー1粒剤</u> <u>ダントツ水溶剤</u> ベストガード粒剤		

注　1）他にも花き類・観葉植物はたまガーベラに適用のある薬剤はあるが、カブリダニに対する影響が不明な剤は除いた
　　2）「影響期間が短い剤」の影響期間は10日程度
　　3）下線の剤は寄生蜂に影響がある剤を示す

ブリダニ類の増殖や捕食能力がハダニの増殖に追いつかないためと考えられる。そこで、12月～1月にチリカブリダニ10a当たり2,000頭（商品名：スパイデックス100mℓ）を1～3回放飼する。チリカブリダニは12℃以上で活動するため、カブリダニ類の攻撃力を補い、ハダニの増加を抑制できる。

❽ ハモグリバエの発生が多い場合

マメハモグリバエの発生が多い地域では、定植直後にマメハモグリバエの被害が増加し、速やかに抑制されない場合がある。これは、温室周囲に存在する土着寄生蜂の侵入数がマメハモグリバエの増加量に追いつかないためと考えられる。そこで、ハモグリバエ寄生蜂の発生を補完するため、家庭菜園のエンドウを活用する。エンドウの葉にはナモグリバエが生息し、これに寄生蜂の幼虫が寄生していることが多い。静岡県農林技術研究所の試験結果から、5月にはエンドウの主茎50cmから30～60頭の寄生蜂が羽化することが期待できる。10a当たり1回の投入は50cm茎を20～30本（寄生蜂600～1,800頭の放飼）、7～10日間隔で4回程度エンドウを投入する。

ただし、エンドウのナモグリバエはガーベラも加害するので、エンドウの茎をバケツに入れて目合い0.4mmのネットで蓋をする。こうすると寄生蜂のみが外に出る。

表3-5-3 慣行防除区に対する天敵利用区における薬剤防除の増減

試験場所	集計期間	増減率（％）				（備考）慣行区散布回数
		散布回数	殺虫剤	殺ダニ剤	殺菌剤	
A	2011年12月〜2012年10月	−11	−45	+33	+57	27
B	2011年6月〜2012年10月	−19	−25	+90	−33	37
C	2011年6月〜2012年3月	−23	−35	−57	−31	22
D	2011年6月〜2012年10月	−39	−46	+31	−16	41

また、6月以降に利用する場合はエンドウのツルを冷蔵して保存することができる。ただし、冷蔵1ヵ月後には寄生蜂は50％に、2ヵ月後には25％に減少するので、2倍（1ヵ月冷蔵）〜4倍（2ヵ月冷蔵）の茎を冷蔵する必要がある。

3 経営評価は……
――農薬使用回数は1/4〜1/2減、コストは2〜6割増し

2009〜2012年に静岡県内の4軒のガーベラ温室で、害虫の発生や防除回数およびコストについて天敵利用体系と慣行薬剤体系を比較した。なお、天敵放飼体系は図3-5-1に従い、臨機防除の判断および薬剤の選択は生産者自身が行なった。

天敵利用区におけるハダニ発生量は慣行薬剤区と同等または減少したが、チャノホコリダニの被害が多くなる場合があり、4軒中3軒で天敵利用区の殺ダニ剤の使用回数が慣行防除区より増加した（表3-5-3）。天敵利用区におけるコナジラミ類の発生は慣行薬剤区と同等またはやや減少し、さらにハモグリバエ類の被害が天敵利用区で大きく減少したため、4軒すべてで天敵利用区の殺虫剤使用回数は慣行薬剤区より減少し、減少率は25〜46％に及んだ。

一方、天敵利用区と慣行薬剤区の防除関係資材費を比較した（図3-5-2）。天敵利用区では殺虫剤費が慣行薬剤区よりも減少したが、天敵資材費が高額となるため、総額は慣行防除の1.2〜1.6倍に増加した。

なお、天敵利用区の薬剤散布回数は11〜39％減少したため（表3-5-3）、薬剤散布の作業時間を圃場管理にあてるメリットは大きいと考えられる。

4 より省力的な防除の可能性

今のところ、天敵資材費が高いことがネックであるが、薬剤抵抗性を発達させやすい微小害虫が問題となるガーベラでは天敵利用は有効な手段の1つと考えられる。薬剤散布回数を減少させることができ、省力にも役立つ。

ガーベラ栽培では灰色かび病やうどんこ病に対する殺菌剤散布も定期的に実施されている。灰色かび病に対してはバチルス ズブチリス剤（ボトキラー）のダクト内投入が実用化されており、自動投入装置（91ページ、写真3-3-2）も市販されている。この技術を併用すれば、ガーベラ栽培において、より省力的な防除が可能になると期待される。

（片山晴喜）

施設栽培

6 有機栽培での天敵利用

1 葉菜類で広がる可能性と防除戦略

　有機栽培では、化学合成農薬を利用できないことから、即効的な防除手段がほとんどない。加えて、施設内においては、降雨や土着天敵など自然界の害虫抑制作用が弱まる。このため、いったん害虫が発生すると手に負えなくなってしまう場合がある。放置すると、年々被害がひどくなっていく害虫もある。

　施設栽培には、防虫ネットの利用により、外部からの害虫の侵入を制限できるというメリットがある。とくにヨトウムシやオオタバコガなどチョウ目害虫の侵入を防ぎ、これらの食害を軽減できるのは大きな利点である。一方、施設栽培のデメリットとして、微小害虫が防虫ネットをすり抜けて侵入し増加しやすい。これに対しては、近年、施設野菜類で活用できる天敵製剤が充実してきている。これを利用することにより、有機栽培でも市場出荷並みの品位をもった野菜の商業生産が可能となり、経営的に成り立つ事例が見られるようになってきた。

　こうした作目の例として、葉菜類が挙げられる。葉菜類はわずかな食害や害虫の付着でも商品価値を損なうため、一般に害虫許容密度が低い。一方で、単価の低い葉菜類では価格の高い天敵製剤の利用は採算が合わないといわれてきた。ところが、有機栽培の場合、害虫が発生し始めるとこれを止める手段が限られるため、最悪の場合、施設全面に害虫が拡大し、その作すべてを廃棄せざるを得ない。

そればかりでなく、隣接するハウスへ害虫が移ってしまい、農場全体が壊滅状態に陥ることもあり得る。作付けの段階で契約栽培を締結している場合には、信用と経営に影響を及ぼしかねない。こうした状況においては、害虫の発生を局所的に封じ込めることが第一に要求される。天敵利用技術はこの重要な場面で役立つわけである。

　施設有機栽培においても、天敵利用技術を活かすべく、IPMの考え方に基づき、ほかの防除手段とうまく組み合わせて体系化していく必要がある。施設周囲への防草シート敷設による雑草の排除、開口部への防虫ネットの設置（作業用の出入り口を含めて）、そして計画的な天敵放飼や天敵を安定して働かせるための植生管理などである。対処策としても、有機JAS規格別表2に掲載されている製剤や天然物由来の防除剤を用いる（使用の可否については有機JAS認証団体ごとに扱いが異なるので、あらかじめ認証団体の確認を得ておく）。害虫の生活環を断ち切るために、太陽熱処理と輪作体系も計画的に組み込んでおく。ほかに、食害株や収穫残渣の適切な処理も重要である。害虫が増殖してからの対応策よりも、害虫が発生しない予防策のほうがずっと効果的である。

　有機栽培では、害虫が増えたとしてもすぐには対応できない。施設に投資をしているからといって、余裕のない作付けをすると、かえって害虫による被害を拡大させる。圃場内での害虫の生活環を断ち切るための時間的余裕、害虫による被害分を想定した作付け・販売計画による空間的余裕が必要である。天敵を利用しているときには、天敵の餌としての害虫を少し確保しておくというぐらいの心の余裕ももっておきたい。これが施設有機栽培での天敵を利用した防除戦略の基本である。

　以下では、有機栽培で市場出荷レベルの品位をもった野菜を生産する農場の実例を紹介する。

　この農場では、圃場作業のしやすさや出荷

写真3-6-1　開口部に防虫ネット、周囲に防草シートを施したハウス群

の単位を意識して、おもに面積3aのビニールハウスを用いている。ハウスの側窓、出入り口に1mm目合いの防虫ネットを設置し、ハウス周囲に防草シートを敷設している（写真3-6-1）。年間の作付け計画を作成し、太陽熱処理や緑肥エンバクを組み込み、輪作を実施している。現場の作業者が害虫の知識を共有して、早期発見に努めていることも付記しておく。

2　シュンギク

シュンギクは9月頃に定植して、新しく伸びた茎葉部分を切り取りつつ収穫を続け、翌年3～4月に終了する。この間に観察した害虫や食害について、発生の見られた茎葉の割合で示したのが図3-6-1である。作期を通して複数のハウスを5年間観察した結果である。実際には、年や季節、ハウスによって変動があるものの、害虫防除の努力をして、経営が成り立っている状態での平均値である。おもな害虫は、ハモグリバエ類、モモアカアブラムシやワタアブラムシといったアブラムシ類、ハスモンヨトウである。

❶ ハモグリバエ類

ハモグリバエ類（おもにナモグリバエ）は秋と春に多くなる。産卵痕が多いと感じられる場合には、イサエアヒメコバチ製剤（低温期以外）を放飼する。シュンギクでは収穫による持ち出しがあることや、多くの場合、やがて土着の寄生蜂がハウスに入ってくることから、それほど問題とはならなくなる。しかし、条件が悪い場合には、ハウス全面で潜葉痕が見

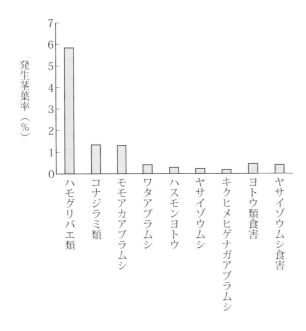

図3-6-1　適切な防除努力を実施している状態でのシュンギク上の害虫相と食害　　　（2008～2012年）

られ、収穫できなくなる場合もある。収穫の見込みのないシュートは早めに刈り取り、土に埋めるなどの処分をする。そして、新たなシュートを育てる。

❷ アブラムシ類

モモアカアブラムシとワタアブラムシが主要種である。秋と春に注意が必要である。これらのアブラムシは、長い作期中に侵入してくることがわかっているので、61ページのバンカー法が有効である。定植と同時にハウス内にオオムギを播種し、1～2週間後にムギクビレアブラムシをつけ、さらに1～2週間後にコレマンアブラバチを放飼する。3a程度のハウスの場合、ハウスの裾部分などに長さ50cm程度のバンカーを6～10ヵ所くらい設けておくとよい（写真3-6-2）。10月にはコレマンアブラバチのマミーが観察できるようにしておく。シュンギク上でアブラムシが発生した場合、いち早く寄生してくれる。

シュンギクでは低い管理温度となるため、冬季にはコレマンアブラバチの増殖が遅い。天敵アブラバチがあまり見えなくても、生き続けているので、バンカー植物の管理を怠らないようにする。春先はハウス内で日中の気温が上がり始める2月中旬頃からアブラムシの発生に注意が必要である。バンカーの管理がおろそかになっていると、この時期からアブラムシ類が発生し始める。

❸ ハスモンヨトウ、ヤサイゾウムシ

シュンギクはハスモンヨトウが増加する秋に定植時期となるので、ハウスの開口部への防虫ネットは必須である。防虫ネットをしていても、ビニールやネット面にハスモンヨトウが産卵し、ふ化直後の幼虫がネットやドアのすき間などから侵入してくる。こうしたハスモンヨトウ幼虫を見つけた場合には、できる限り捕殺した後に、BT剤を散布する。3齢以降の幼虫にはBT剤が効きにくく、また食害量も増加するので、早期発見が重要である

写真3-6-2 バンカー（ハウス裾部分のオオムギ）を設置したシュンギクハウス

る。マルチの下にいる幼虫にも注意して捕殺する。11月頃まで幼虫が残っていることがある。

ヤサイゾウムシが発生する圃場では、見つけ次第、爪楊枝やピンセットを使って、丹念に捕殺する。表皮が丈夫なので爪に力を入れて切るようにつぶすか、水を入れた容器で溺死させる。対策をおろそかにすると、年々被害が増加する。

3　エンサイ

エンサイは5月定植で、9～10月末まで栽培する。新しく伸びた茎葉部分を切り取って収穫する。このエンサイについて複数のハウスで作期を通して5年間調査し、各害虫の発生が見られた茎葉（収穫部分）の割合を示したのが、図3-6-2である。アブラムシ類とハダニ類、ハスモンヨトウなどが問題となる。アブラムシ類やハダニ類の発生茎葉率が10％程度と高いが、平均的にこの程度の害虫は存在するものとして出荷を計画する。エンサイの害虫防除で大切なのは、害虫の発生域を拡大させないことである。

❶ 最重要害虫はアブラムシ類

モモアカアブラムシ、チューリップヒゲナ

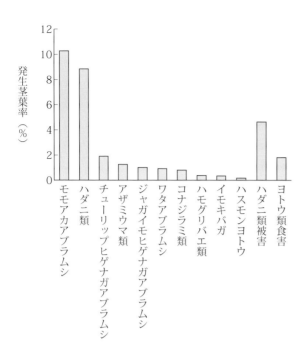

図3-6-2　適切な防除努力を実施している状態での
　　　　エンサイ上の害虫相と食害　　（2009～2013年）

ガアブラムシ、ジャガイモヒゲナガアブラムシが問題になる。モモアカアブラムシとチューリップヒゲナガアブラムシは新梢部分で旺盛に増殖する。ジャガイモヒゲナガアブラムシは、まばらにしか分布していなくても、葉に黄色い斑点や縮れ症状を引き起こす。これらに対しては、作期を通した対策が必要である。

❷ バンカー法による
　　モモアカアブラムシ対策

　アブラムシ類に対しては、第一にモモアカアブラムシをターゲットとしてバンカー法を実施する。前作でシュンギクを栽培した場合には、そこで用いたバンカーをうまく更新しながら利用する（写真3-6-3左）。作の始めに、コレマンアブラバチを追加放飼しておくだけでなく、別のバンカーから植物ごと刈り取って持ち込むなど、大量の天敵を投入する。エンサイでのモモアカアブラムシの増殖は、それほど急激である。

　こうして天敵アブラバチを増やしても、チューリップヒゲナガアブラムシやジャガイモヒゲナガアブラムシには、コレマンアブラバチは寄生できない。かといって、テントウムシ類を放飼してもすぐにはこれらを防除できるほどに増殖しない。さらに別の工夫が必要である。

❸ 緑肥エンバク圃場で事前に
　　アブラムシの天敵を増やす

　エンサイの栽培初期に大量の天敵を用意するために、春にエンバク緑肥を施すハウスを

写真3-6-3　前作のバンカーをそのまま活用したエンサイハウス（左）と、夏季にはソルゴーをバンカー植物として活用したハウス（右）

利用して天敵を増やしておく。冬季にバンカー法を実施したハウスのムギを刈り取って投入することで、エンバクにムギクビレアブラムシやアブラバチ類を放飼する。加えて、周辺でテントウムシ類を捕まえてきて、放しておく。そして、増えた天敵を捕虫網で捕まえたり、天敵のついているエンバクを植物ごと刈り取ったりして、エンサイのハウスに持ち込む。

❹ アブラムシが手に負えないとき：対処策として微生物製剤

こうした予防策を講じても、アブラムシ類がハウスの大部分に広がってしてしまったときには、対処策として微生物製剤であるゴッツAを使用できる（有機JAS規格準拠：あらかじめ認証団体の確認を得ておく）。散布は翌日雨になりそうな日の夕方に行なう。エンサイは元々多くのかん水を行なうので、湿気やすく、微生物製剤を効かせやすい。散布後2〜3週間でカビの生えたアブラムシの集団が観察できるようになる（写真3-6-4左）。微生物製剤に感染せず生き残ったものは、ちょうどその頃増え始めてくるアブラバチ類やテントウムシ類が防除してくれる。アブラムシが退治された後には、きれいな新葉が出てくる。

しかし、微生物製剤が必要となるようなアブラムシの発生量だと、アブラムシ自体やマミー（写真3-6-4右）、アブラムシの死体の付着により、そのハウスでは1ヵ月程度は出荷できない。このような状態になる前の対策が重要ということである。

❺ 夏季のバンカー植物で捕食性天敵を養う

アブラムシの侵入と発生は夏季にも続く。これに対して、夏季でも強いバンカー植物としてソルゴーを用いる（写真3-6-3右）。ハウス内なので矮性の品種を選ぶ。ヒエノアブラムシやトウモロコシアブラムシを餌として接種する。夏季の暑いハウス内であっても、アブラコバチ類やショクガタマバエ（写真3-6-5上左）、クロヘリヒメテントウやヒメカメノコテントウ（写真3-6-5上右）などが定着できる。テントウムシ類は周辺で捕獲してハウス内に持ち込む。実際にエンサイ上で見られた天敵（図3-6-3）は、放飼したアブラバチ類のマミーに加え、クロヘリヒメテントウ（写真3-6-5下左）やヒメカメノコテントウ（写真3-6-5下右）であった。毎年、季節を通してバンカー法を実施していると、やがてこれらのテントウムシ類も圃場に定着するようになる。

ジャガイモヒゲナガアブラムシやモモアカアブラムシには土着天敵であるギフアブラバチが寄生する。これらのアブラムシが真夏に少発生で推移している場合には、ギフアブラバチがしばしば働いている。

写真3-6-4　微生物製剤によるアブラムシの死骸が付着したエンサイ（左）と、アブラバチがアブラムシに寄生してできたマミー（右）

写真3-6-5　夏季のバンカー植物（ソルゴー）で捕食性天敵を養う
上左：ソルゴー葉上のショクガタマバエ幼虫（a）とアブラコバチ類（b）のマミー、上右：ヒエノアブラムシを捕食するヒメカメノコテントウ（c）とクロヘリヒメテントウ（d）の幼虫、下左：チューリップヒゲナガアブラムシを捕食するクロヘリヒメテントウの幼虫とショクガタマバエ幼虫、下右：ヒメカメノコテントウの成虫

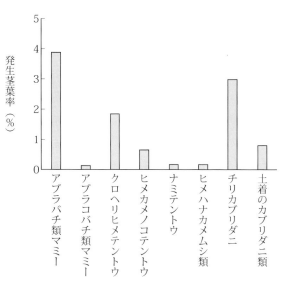

図3-6-3　エンサイ上で見られた天敵相
（2009〜2013年、5年間の季節を通した平均）

❻ ハダニ類はチリカブリダニで

　ハダニ類は葉裏で加害し、葉を黄変させ、ひどい場合には植物の生長を妨げる。5月から発生し始め、真夏でも暑さに関わりなく発生を拡大していく。

　ハダニ類に対しては、チリカブリダニを活用する。夏季のハウスでは温度条件が高すぎてカブリダニは活動しにくいといわれているが、温度が高くても湿度が高ければ大丈夫である。エンサイの場合には十分な湿度が保たれており、非常によく働く。ハダニが発生し始めると、葉に黄色い斑点が出てくる。こうした葉を見つけたらチリカブリダニ製剤をその株と周辺株を中心に、圃場全体に放飼する。作期中はつねにハダニとカブリダニが

共存する場所を確保するように管理する。広い畑のなかでは、ハダニだけが増えているところと、ハダニを食い尽くしてカブリダニが飢えているところができる。これに対して、多すぎるハダニを茎葉ごと除去したり、カブリダニだけしかいない茎葉を集めてハダニの多い場所に移したり、逆にハダニを餌としてカブリダニのいる場所に補給したりと、害虫と天敵の分布が重なるように調整する。このようにして作の最後まで、天敵を温存しつつ、ハダニの発生区域が拡大しないようにする。これが実現できれば、収穫のときにも被害のない茎葉の選別が楽である。

こうした管理では、もちろん被害は生じる（図3-6-2）。しかし、ハダニを皆無にすると、天敵カブリダニが死に絶え、その後、ハダニが急激に増加し始める。そのほうが経験的には大きな被害となる。

❼ ハスモンヨトウは予察とBT剤で

ハスモンヨトウは8月頃（茨城県の場合）から発生し始める。成虫が侵入すると複数の卵塊を産み付け、大きな被害となる。また、ハウスのビニール上や防虫ネット上に産卵することがあり、ふ化した幼虫は防虫ネットの目をくぐって侵入し、食害する。4齢以降には食害量が格段に多くなるので、若齢期での防除が重要である。

このハスモンヨトウに対しては、ハウス外にフェロモントラップを設置し（写真3-6-6）、まず発生開始時期を把握する。ハウス内では、とくに小さい幼虫が葉裏で集まっているところに注意して、初発以降、10日ごとにBT剤を散布する。エンサイは葉が密集するため、群落内部には薬剤がかかりにくい。そのため、収穫するなど茎葉を減らしてから散布する。

写真3-6-6 ハスモンヨトウ予察用のフェロモントラップ

4 レタス

秋季から春季にかけての施設のレタスでは、アブラムシ類とハモグリバエ類が発生する。秋の作では、加えてハスモンヨトウやヨトウガにも注意が必要である。露地ではオオタバコガが問題となるが、施設では防虫ネッ

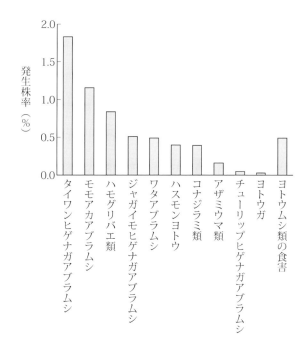

図3-6-4　適切な防除努力を実施している状態での
　　　　　レタス上の害虫相と食害　　　　（2009〜2013年）

トにより、これを防ぐ。

図3-6-4は、各種防除手段を用いて経営が可能となっている状態での害虫の発生状況を5年間の平均発生株率で示している。害虫の発生株率は低い状況であり、つくりやすい作目であることがわかる。ただし、アブラムシ類については、作によっては大きな被害を受ける。

❶ アブラムシ類

アブラムシ類ではタイワンヒゲナガアブラムシ、モモアカアブラムシ、ジャガイモヒゲナガアブラムシなどが発生する。気温の低い時期には、生育期間も長くなるので、わずかに侵入したアブラムシが収穫時にはハウスのかなりの部分に広がっている場合がある。施設有機栽培では冬季でも害虫に対する注意を怠ってはいけない。

モモアカアブラムシに対しては、シュンギクと同様にコレマンアブラバチを用いたバンカー法で予防的措置をしておく（写真3-6-7）。タイワンヒゲナガアブラムシやジャガイモヒゲナガアブラムシ、チューリップヒゲナガアブラムシには、この時期に利用できる天敵はない。土着の天敵もこの時期にはあまり期待できない。したがって、早めに発見して発生株を取り除く。タイワンヒゲナガアブラムシは落下しやすいので、廃棄の際にはビニール袋などに入れて持ち出す。そして、有機JAS規格別表2に掲載されているもののなかから気門封鎖剤を選び、周辺株を中心に散布する（要有機認証団体確認）。気門封鎖剤は虫体に直接薬液がかかることが必要である。レタスが小さい時期には使いやすいが、レタスが生長した場合、とくにリーフレタスでは効かせにくい。レタスが生長した後には、発生株を早めに廃棄処分して、被害の拡大を防ぐ。

こうしたヒゲナガアブラムシ類は、多くの場合、出入り口付近や、ビニール被覆の破れた場所付近から発生する。とくに、雑草管理がおろそかになっている場合に多い。圃場周辺をきれいに管理することも大切である。

❷ ハモグリバエ類、ハスモンヨトウ

ハモグリバエ類は潜葉痕を残すが、おもに外葉での被害であるのでそれほど大きな問題とはならない。土着の天敵で抑えられていく。

ハスモンヨトウは、防虫ネット上に産卵している場合や、前作からの発生が引き続き被害を及ぼす場合がある。見つけたら捕殺する。発生が多い場合には、若齢期のうちにBT剤を散布する。

5 ミニトマト

ミニトマトではコナジラミ類、アブラムシ類、ハモグリバエ類、トマトサビダニが問題となる。図3-6-5は各種防除手段を講じて4月から10月にかけてミニトマトを栽培している有機栽培施設における5年間の主要害虫の平均的な発生株率を示している。ほかの作目と共通のハウスで、防虫ネットは1.0mm目合いである。0.4mm目合いではないため、コナジラミ類の侵入を許している。オオタバコガなど大型のヤガ類は防虫ネットで防いでいる。

写真3-6-7　アブラムシに対しバンカー法を実施したレタス圃場

❶ コナジラミ類

　コナジラミ類は、オンシツコナジラミとタバココナジラミの両方が発生する。圃場で成虫が少しでも見え始めたら、天敵オンシツツヤコバチ製剤あるいはサバクツヤコバチ製剤を放飼する。コナジラミの区別ができない場合には、温度適性から生育初期にはオンシツツヤコバチ剤を用い、その後サバクツヤコバチ剤を用いる。1週間間隔で4回程度放飼する。その後、様子を見ながら追加放飼する。コナジラミ類がいなくなる状態にはできないが、収穫と収量に影響がない程度に密度を抑えることができる（写真3-6-8）。

　コナジラミ類の甘露で実や葉が汚れてくるなど、天敵による防除に失敗したと判断した場合には、マイコタール、ゴッツAといった微生物製剤を散布する。この微生物製剤散布の要否は、梅雨時期までには判断し、雨天が予想される前日の夕方散布し、夜間は施設を閉める。

❷ ハモグリバエ類、アザミウマ類

　ハモグリバエ類の発生が生育初期から目立つ場合には、イサエアヒメコバチ製剤を散布する。アザミウマ類が多い場合には果実に金粉を振りまいたような黄色い傷がつく。これらハモグリバエ類やアザミウマ類による被害が予想される場合の対処剤としては、スピノエースを2回まで利用できる（有機JAS規格準拠：要有機認証団体確認）。

❸ アブラムシ類

　アブラムシ類に対しては、トマト上ではテントウムシ類がうまく働かないため、寄生蜂類に頼ることとなる。ワタアブラムシは小さく、また低い位置の葉の裏側で発生しやすいため、見つけにくい。これに対してはコレマ

写真3-6-8　天敵に寄生されたコナジラミ類の黒色のマミー

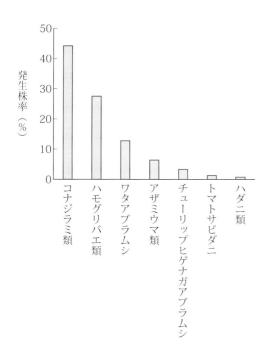

図3-6-5　適切な防除努力を実施している状態でのミニトマト上の害虫相　（2009～2013年）

写真3-6-9　トマト圃場で用いられたバンカー法
トマト葉上ではテントウムシ類はうまく働かないのでコレマンアブラバチなど寄生蜂類に頼る

写真3-6-10　チャバラアブラコバチによるチューリップヒゲナガアブラムシの防除
チューリップヒゲナガアブラムシに産卵する成虫（上）と、寄生されてできた黒色のマミー（下）

ンアブラバチを用いたバンカー法を実施する（写真3-6-9）。ただし、コレマンアブラバチは追加放飼しない限り、7月には消滅してしまう。その後、バンカー上の天敵はアブラコバチ類やショクガタマバエなどに置き換わっていく。生育初期のワタアブラムシを防除できれば、その後のワタアブラムシは大きな問題とはならない。

一方、チューリップヒゲナガアブラムシは新梢など柔らかい部分に多い。トマト上のこのアブラムシに対して利用できる天敵は今のところチャバラアブラコバチ製剤である（写真3-6-10上）。発生部位にチャバラアブラコバチを集中的に放飼する。毎週、このアブラムシの分布の広がりに応じて、この天敵の集中放飼を繰り返す。放飼後1週間程度で黒いマミーが見られる（写真3-6-10下）。アブラムシの甘露ですす病が出ているような場合、捕殺あるいは持ち出しをした後にチャバラアブラコバチの放飼を行なう。梅雨時期であれば、コナジラミ対策（あるいはエンサイでのアブラムシ対策）と同様に、ゴッツＡの散布も対処策の1つである。

❹ トマトサビダニ

トマトサビダニは簡易なルーペでは見えないほど、小さな害虫である。発生株は茎の部分が茶色に変色し、その近くの葉が枯れ始め、やがて植物全体が枯死する。この症状は畝沿いに隣の株、その隣の株と移っていき、放置するとハウス全体に広がる。こうした症状のある株を見つけたらすぐに除去する。さらに症状の出る株が広がっているのならば、その時点ですでに作業者などによって周辺株へと移されている可能性が高い。それ以上の被害拡大を防止するために、コロマイト乳剤を2回まで使用できる（有機JAS規格準拠：要有機認証団体確認）。

❺ 病害対策

病害では、葉かび病とうどんこ病が発生する。とくに、葉かび病は雨や曇天が続き湿度が高い条件で発生が拡大する。こうした気象条件では、収穫前の早い時期からインプレッションを7～10日ごとに散布する。後期には、カリグリーン（有機JAS規格準拠：要有機認証団体確認）を7～10日ごとに散布すると、被害を緩和できる。換気および24時間循環扇起動により、施設内の湿度をできる限り下げることや、10a当たり1,500～1,750株の疎植も、病害の発生を抑えるうえで重要である。

（長坂幸吉・杜　建明）

露地栽培

7) ナス

土着天敵を活用するナスの防除法は、トンネル早熟栽培や露地普通栽培に適用できる。天敵を維持するため、400〜1,000㎡程度以上の面積は必要である。

1　対象害虫と主要天敵

露地栽培のナスには、ミナミキイロアザミウマなどのアザミウマ類、ワタアブラムシ、モモアカアブラムシ、チューリップヒゲナガアブラムシなどのアブラムシ類、ナミハダニやカンザワハダニなどのハダニ類、オンシツコナジラミやタバココナジラミなどのコナジラミ類、チャノホコリダニ、ハスモンヨトウ、オオタバコガ、アズキノメイガ、カスミカメムシ類が発生する。これらの害虫はナスの生育期間を通してつねに発生しているわけではなく、天敵などの働きや天候の具合によってはいなくなってしまう場合もある。ハスモンヨトウは、関東では通常7月以降に発生するが、関東以西のハウス地帯ではより早い時期から発生し、8〜9月に熱帯夜が続くような年に多発する傾向がある。チャノホコリダニは夏に入ると徐々に増加し、夏日が続く頃になると被害が顕著になる。

主要天敵としては、ヒメハナカメムシ類がアザミウマやアブラムシ、コナジラミ、ハダニ、ハモグリバエの、ヒメテントウ類がアブラムシやハダニの、クモ類がハスモンヨトウやオオタバコガの、ショクガタマバエやクサカゲロウ、アブラバチなどはアブラムシの抑制要因として挙げられる。このほか、カブリダニ類がハダニやチャノホコリダニの抑制要因となることもある。

2　この防除法のポイント

❶ 一対一の関係で考えない

天敵と害虫は一対一の関係ではなく、その天敵を多栄養段階のより上位の天敵が攻撃することもたびたびあり、より安定したシステムが求められる。露地栽培では天敵の活動を盛んにできる植物などを取り入れると、ヒメハナカメムシ類、テントウムシ類、クモ類、クサカゲロウ類、ヒラタアブ類、ショクガタマバエ類などが観察されることが多い。このような、天敵が豊富な環境で、天敵に悪影響のある農薬を使用しない場合は、ナスの害虫が増えることはまれである。

❷ インセクタリー植物などで環境整備

夏季以降の成り疲れなど、ナスの生長が悪くなると、病害虫や天敵の発生具合にも影響を及ぼす可能性がある。そこで栽植密度や施肥管理にも注意を払う必要がある。畝幅1.35m、株間1mはほしい。また木が暴れないよう、収穫ごとにせん定し、枝を整えることも大事だ。

天敵のバンカー植物として、畑の周囲にソルゴーまたはデントコーン（飼料用トウモロコシ）を境界部に栽培し、あるいは防風ネットで栽培圃場を囲うように境界部に設置することが望ましい（48ページ、写真2-3-2）。

さらに、天然マルチやリビングマルチ、インセクタリー植物（天敵温存植物、116ページ参照）などを配置し、天敵が増殖しやすい環境を整える。施設でしか使用できなかったスワルスキーカブリダニも露地に適用が拡大されたので、これらの天敵が増殖しやすい環境を整えることも重要だ。

❸ ヒメハナカメムシ類やヒメテントウ、クモ類を大事にする

　天敵に影響の大きい防除剤は絶対に使用しない。天敵を温存する防除法では農薬の使用を最小限とするとともに、使用する場合も標的生物以外の生物への影響の小さい選択性殺虫剤を使用する。

　ナス栽培では、ヒメハナカメムシ類やヒメテントウ、クモ類などの天敵がよく働いていて、これらの天敵を保護温存すると、殺虫剤の散布回数を大幅に減らすことが可能である。逆に、これらの天敵の多くは、合成ピレスロイドや有機リン、カーバメート、ネオニコチノイド系殺虫剤によって悪影響を受けるので、有力な天敵が減るとその天敵が餌としていた害虫が増えてしまう（図3-7-1）。122ページで紹介するアブラナ科葉菜類では、ウズキコモリグモに悪影響のない薬剤を選んで使用するが、そちらで使う選択性殺虫剤はナスには適用できない場合が多々ある。例えば、脱皮阻害剤はテントウムシ類やヒメハナカメムシの幼虫に悪影響があり、これらを使用すると果菜類ではアブラムシ類が多発することがある。

　オオタバコガやハスモンヨトウに対してはバンカー植物にもなる障壁作物、あるいは防風ネットなども利用して障壁をつくり、横からの侵入を防止する。そのうえで、天敵に悪影響のない選択性殺虫剤の散布、あるいは農薬の使用を控えるとこれらの害虫の発生を抑制することが可能だ。バンカー植物としてのソルゴーやデントコーンでは、天敵の代替餌であるアブラムシがつねに発生しているわけではなく、発生のないときは天敵のヒメハナカメムシやヒメテントウを維持できない。これを補うため、夏季にマリーゴールド、ソバ、ブルーサルビアやジニアなどインセクタリー植物の畝を、畑の境界に設けておくとよい。

　チャノホコリダニ対策では、梅雨前に、ポリマルチを稲ワラなどの有機マルチに変えることによってミチノクカブリダニなどの捕食者が発生し、チャノホコリダニの発生が抑制できることも知られている。

　テントウムシダマシ、ナスノミハムシ、タバコノミハムシ、マメコガネ、ナメクジ類などは、登録薬剤がなく、あっても天敵類に影響のない薬剤が少なく、耕種的防除法もないなど対応に苦慮する場合がある。ただ、発生

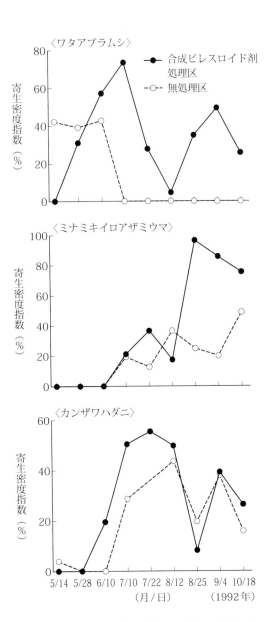

図3-7-1　殺虫剤で天敵を排除した場合の各害虫の密度変化　　（Nemoto, 1995を改変）

は恒常的でないので、臨機応変に対応することが望ましい。ここで、長期間天敵を殺してしまう薬剤を使用すると、その害虫の増加を抑えていた天敵を除去してしまい、かえって害虫を増やしてしまう可能性がある。

3 防除の実際

❶ 定植前

育苗ハウス内にアブラムシ類などが飛び込まないよう、出入り口や換気窓に防虫ネットを展張するか、有色粘着テープを設置する。ミナミキイロアザミウマが毎年発生する生産者の場合、育苗中のハウス内ですでにアザミウマが発生している可能性がある。育苗ハウス内外に防草シートを敷くなど、育苗ハウス内外に害虫の発生源となる雑草やほかの作物が存在しないよう心がける。

テントウムシダマシ類の越冬世代成虫の発生を抑制するため、ナスの作付け予定地の近くにジャガイモをつくっていない畑を選ぶ。また、畑周辺のイヌホウズキやワルビナスなどのナス科雑草は除草をしておく。

トンネル早熟栽培など、定植時に苗をトンネル掛けする場合は、定植後にトンネル内で多発するアブラムシ類の対策が必要である。

薬剤によらない場合は、次のようにする。

育苗ハウスで、プランターやポットあるいはハウス内周などに播種したムギをバンカー植物として育て、ムギが3～4cm程度の草丈になったらムギクビレアブラムシを接種する。ムギクビレアブラムシの入手が難しい場合は、「アフィバンク」（コムギ＋ムギクビレアブラムシ、アリスタライフサイエンス㈱）を購入して放飼してもよい。1～2週間後にムギクビレアブラムシが増殖してくるので、それに合わせコレマンアブラバチを購入して放飼する。また、20℃以上の気温が確保できるようであれば、コレマンアブラバチに代えて市販のナミテントウ剤などを購入し、放飼

してもよい。野原や公園の草木に集まるナミテントウやナナホシテントウも使用可能だ。カラスノエンドウなどではナナホシテントウの、ムクゲやウメなどではナミテントウのそれぞれの成・幼虫が採集可能である。幼虫の場合は1株当たり1頭放飼するが、成虫を放飼する場合は開口部に防虫ネットを展張して逃亡を防止する。

薬剤による場合は、育苗期後半に株当たり1gのピメトロジン（チェス）粒剤を株元散布する。

❷ 定植時以降

ⅰ）稲ワラ、もみ殻など有機物マルチの活用

盛夏時のチャノホコリダニ対策としてポリマルチから稲ワラなどの有機マルチに代える場合を紹介したが、稲ワラが手に入らないときは、エンバクなどのムギ類を通路に2条播種してリビングマルチとし、30cmくらいに育ったら地上5cmくらいで刈り、その刈り草をベッド面にマルチする。多量のもみ殻が手に入るなら、もみ殻をマルチ材料にしてもよい。

ⅱ）ソルゴー、トウモロコシでナス畑外周に障壁を

ナス畑外周にソルゴーあるいはデントコーン（カネコ種苗など）で障壁作物を育てておくと、園外からのチョウ目害虫の侵入阻止や台風など強風時の天敵類の吹き飛ばしの防止効果が期待できるだけでなく、天敵類のバンカー植物としての効果も期待できる。

ソルゴーは、畝幅60cm、株間20cm、2条千鳥、1穴3粒播種し覆土する。デントコーンの場合は、畝幅60cm、株間20～30cm、1条、1穴1～2粒播種し、1cm程覆土する。関東では5月上旬から6月上旬に播種すると、ナスの収穫終わりまで維持が可能だ。

ソルゴーやデントコーンの播種時の鳥による食害は、地上10cm程度の高さに、黄色の

写真3-7-1　デントコーンを畑の障壁にしたナス畑
果樹用誘引ヒモで結束すると、風にも強い

写真3-7-2　観賞用トウガラシ「ブラックパール」
ヒメハナカメムシのバンカー植物として利用できる

防鳥糸を展張することで回避できる。

いずれも、耐倒伏性の品種を用いたり、デントコーンでは、果樹用の誘引ヒモで横に結び（写真3-7-1）、さらにこれをナスの支柱を利用して補強すると（48ページ、写真2-3-2）、強風による倒伏の回避が可能になる。

日照との関係から、稈長が長く丈の高いソルゴーやデントコーンを嫌う場合は、稈長が100～150cmと短稈な三尺ソルゴー、ミニソルゴー、マイロソルゴーなどの品種を選ぶこともできる。

鳥害防止のため、ソルゴーおよびデントコーンとも開花直後に茎頂部の花を高バサミなどで切り落とす。

ソルゴーおよびデントコーンにはアワノメイガが産卵し、これをターゲットにタマゴコバチ類が集まってくるので、アズキノメイガ対策にもなる。

ソルゴーの問題点としては、ハクビシンやアライグマなど害獣の隠れ場所となる危険性や、スズメバチが巣をつくる可能性があるので注意する。

iii）インセクタリー植物を組み合わせる

このほか、ナス畑では風によるすれ果防止を目的に境界部に5mm目合い程度の防風ネットを高さ1.8m程度に張りめぐらせるが、この防風ネットも園外からのチョウ目害虫の侵入阻止効果が期待できる。しかし、防風ネットの設置には多大な労力を要し、労力的には障壁作物のほうが優れるようだ（愛知県、2010）。

ソルゴーやデントコーンだけでは、ヒメハナカメムシなどの天敵類を栽培期間中継続的に維持できない。そこで、園内にフレンチ・マリーゴールド、ソバ、ジニア、ブルーサルビア、三尺バーベナなどのインセクタリー植物の畝を圃場内の端または内部に設置すると、ヒメハナカメムシ、クサカゲロウ、クモ類、ヒラタアブ類などの個体数を増やすことができる。観賞用トウガラシ（ブラックパール、写真3-7-2）はヒメハナカメムシのバンカー植物として使用でき、インセクタリー植物のなかに5～7m間隔で混植してもよい。

4　使える農薬と使用上の注意点

農薬を使用してかえって害虫が増えてしまうリサージェンスを防止するうえからも、天敵を温存しながらターゲットの害虫を防除する。使用する薬剤は、有用な天敵類に悪影響

表3-7-1 露地ナスでのおもな選択性殺虫剤の例

対象害虫	商品名(屋号抜き)	農薬の種類
アブラムシ類	コルト顆粒水和剤 ウララDF	ピリフルキナゾン水和剤 フロニカミド水和剤
アザミウマ類	プレオフロアブル	ピリダリル水和剤
ハダニ類	スターマイトフロアブル ダニサラバフロアブル マイトコーネフロアブル	シエノピラフェン水和剤 シフルメトフェン水和剤 ビフェナゼート水和剤
チャノホコリダニ	スターマイトフロアブル アプロード水和剤	シエノピラフェン水和剤 ブプロフェジン水和剤
コナジラミ類	アプロード水和剤 コルト顆粒水和剤	ブプロフェジン水和剤 ピリフルキナゾン水和剤
カスミカメムシ類	コルト顆粒水和剤	ピリフルキナゾン水和剤
オオタバコガ	プレオフロアブル マトリックフロアブル トルネードフロアブル フェニックス顆粒水和剤 プレバソンフロアブル5 ゼンターリ顆粒水和剤	ピリダリル水和剤 クロマフェノジド水和剤 インドキサカルブMP水和剤 フルベンジアミド水和剤 クロラントラニリプロール水和剤 BT水和剤
ハスモンヨトウ	プレオフロアブル マトリックフロアブル トルネードフロアブル フェニックス顆粒水和剤 プレバソンフロアブル5 ゼンターリ顆粒水和剤	ピリダリル水和剤 クロマフェノジド水和剤 インドキサカルブMP水和剤 フルベンジアミド水和剤 クロラントラニリプロール水和剤 BT水和剤

のない剤を使用する（表3-7-1）のは当然のことだ。天敵が有効に働く環境での、選択性殺虫剤の使用回数は栽培期間中に延べ2～5回程度まで減らすことが可能である。

アブラムシ対策としては、上記の表の中から薬剤を選ぶとよい。チャノホコリダニ発生時には、シエノピラフェン水和剤（スターマイトフロアブル）やアセキノシル水和剤（カネマイトフロアブル）を、アブラムシ類発生時には、ピメトロジン水和剤（チェス顆粒水和剤）が使用可能だ。テントウムシダマシ発生時には、ピレトリン乳剤（パイベニカVスプレー）を成虫および集団でいる若齢期の幼虫に使用できる。同剤はタイリクヒメハナカメムシへの悪影響は小さいものの（月舘ら、2002）、複数回散布すると悪影響を示すので注意が必要だ。

（根本　久）

露地栽培

8 ピーマン

土着天敵を活用するピーマンの防除法は、ナスと同様にトンネル早熟栽培や露地夏秋どり栽培に適用できる。天敵を維持するため、400～1,000㎡程度以上の面積は必要である。水はけが悪く水がたまりやすい畑では、青枯病や疫病が発生しやすいので栽培を行なわない。

1 対象害虫と主要天敵

露地栽培のピーマンには、ミナミキイロアザミウマなどのアザミウマ類、ワタアブラムシ、モモアカアブラムシ、ジャガイモヒゲナガアブラムシなどのアブラムシ類、ナミハダニ（黄緑色型）やカンザワハダニなどのハダニ類、オンシツコナジラミやタバココナジラミ、チャノホコリダニ、ハスモンヨトウ、オオタバコガ（写真3-8-1）、タバコガ、アズキノメイガ、アワノメイガが発生する。オオタバコガは比較的薬剤散布の多い地域や圃場で多い傾向があり、有機栽培圃場ではほとんど問題になっていない。

ハスモンヨトウは、7月以降、8～9月に熱帯夜が続くような年に多発する傾向がある。モモアカアブラムシやチャノホコリダニは夏に入ると徐々に増加し、盛夏の頃になると被害が顕在化する。

主要天敵は、ヒメハナカメムシ類がアザミウマ類やアブラムシ類、コナジラミ類、ハダニ類、ハモグリバエ類の、ヒメテントウ類がアブラムシ類やハダニ類の、クモ類がハスモンヨトウやオオタバコガの、ショクガタマバエやクサカゲロウ類、アブラバチ類などはアブラムシ類の抑制要因として挙げられる。このほか、カブリダニ類がハダニやチャノホコリダニの抑制要因となる。

2 この防除法のポイント

露地栽培では稲ワラマルチ（写真3-8-2）やもみ殻マルチ、ムギ類のリビングマルチなどを取り入れると、盛夏季のモモアカアブラムシやチャノホコリダニの被害を軽減できる。ヒメハナカメムシ類、テントウムシ類、クモ類、クサカゲロウ類、ヒラタアブ類、ショクガタマバエなどが観察されることが多い。このような、天敵が豊富な環境で、天敵に悪影響のある農薬を使用しない場合には、ピーマンの害虫が増えることはまれである。

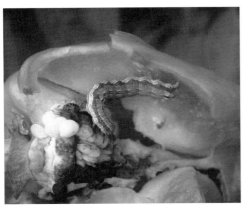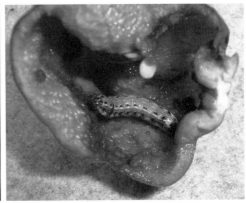

写真3-8-1　ピーマンを食害するオオタバコガ（左）とハスモンヨトウ（右）

天敵のバンカー植物として、畑の周囲にソルゴーまたはデントコーン（飼料用トウモロコシ）を境界部に設置することが望ましい。

　天敵に影響の大きい防除剤は絶対に使用しない。農薬のみに頼る防除法は、アザミウマ類、オオタバコガ、ハスモンヨトウなどの抵抗性害虫の発生によって、より農薬漬けの防除を強いられてしまう点はナスと同様である。天敵を温存する防除法では農薬の使用を最小限とするとともに、標的生物以外の生物への影響が少ない選択性殺虫剤を使用する。ピーマン栽培では、ヒメハナカメムシ類やヒメテントウ、クモ類などの天敵がよく働いていて、これらの天敵を保護温存すると、殺虫剤の散布回数を大幅に減らすことが可能である。逆に、これらの天敵の多くは、合成ピレスロイド、有機リン、カーバメート、ネオニコチノイド系殺虫剤によって悪影響を受け、その天敵が餌としていた害虫が増えてしまう。薬剤の使用にあたっては、こうしたリサージェンスを起こさないよう注意を要する。

　オオタバコガやハスモンヨトウにはバンカー植物にもなる障壁作物あるいは防風ネットなども利用して障壁をつくって横面からの

写真3-8-2　盛夏時のチャノホコリダニ対策になる稲ワラマルチ

侵入を防止する。そのうえで、天敵に悪影響のない選択性殺虫剤の散布または農薬の使用を控えることで、これらの害虫の発生を抑制することが可能だ。バンカー植物としてのソルゴーやデントコーン上では、天敵の代替餌であるアブラムシがつねに発生しているわけではなく、発生のないときにはヒメハナカメムシやヒメテントウを維持できない。これを補うため、夏季にマリーゴールド、ソバやジニアなどインセクタリー植物の畝を畑に設けるとよい。

表3-8-1　露地ピーマンでのおもな選択性殺虫剤の例

対象害虫	商品名	農薬の種類
アブラムシ類	コルト顆粒水和剤 ウララDF	ピリフルキナゾン水和剤 フロニカミド水和剤
アザミウマ類	プレオフロアブル	ピリダリル水和剤
ハダニ類	スターマイトフロアブル ダニサラバフロアブル マイトコーネフロアブル	シエノピラフェン水和剤 シフルメトフェン水和剤 ビフェナゼート水和剤
チャノホコリダニ	スターマイトフロアブル アプロード水和剤	シエノピラフェン水和剤 ブプロフェジン水和剤
コナジラミ類	コルト顆粒水和剤	ピリフルキナゾン水和剤
オオタバコガ	プレオフロアブル マトリックフロアブル トルネードフロアブル フェニックス顆粒水和剤 プレバソンフロアブル5 ゼンターリ顆粒水和剤	ピリダリル水和剤 クロマフェノジド水和剤 インドキサカルブMP水和剤 フルベンジアミド水和剤 クロラントラニリプロール水和剤 BT水和剤
ハスモンヨトウ	プレバソンフロアブル5 ゼンターリ顆粒水和剤	クロラントラニリプロール水和剤 BT水和剤

3　防除の実際

❶ 定植前

育苗ハウス内にアブラムシ類などが飛び込まないよう、出入り口や換気窓に防虫ネットを展張するか、有色粘着テープなどを設置する。ミナミキイロアザミウマが毎年発生する圃場は、育苗中のハウス内ですでにアザミウマが発生している可能性がある。育苗ハウス内外に防草シートを敷くなど、育苗ハウス内外に害虫の発生源となる雑草やほかの作物が存在しないよう心がける。

トンネル早熟栽培など、定植時に苗をトンネル掛けする場合は、定植後にトンネル内で多発するアブラムシ類の対策が必要である。

以下、薬剤によらない場合の防除は、「第3章7　露地栽培　ナス」（113ページ）を参照のこと。

薬剤による場合は、育苗期後半に株当たり1gのピメトロジン（チェス）粒剤を株元散布したり、育苗末期にピメトロジン水和剤（チェス顆粒水和剤）の水溶液を散布する。

❷ 定植時以降

稲ワラマルチや、ムギのリビングマルチ、障壁作物、インセクタリー植物も活用など、「7　露地栽培　ナス」と同様。

4　使える農薬と使用上の注意点

リサージェンスを防止するうえからも、天敵を温存しながらターゲットの害虫を防除する。使用する薬剤は、有用な天敵類に悪影響のない剤を使用する（表3-8-1）。悪影響のないことが明らかでない剤は絶対に使用しないことが肝心で、とくに混合剤は天敵に対する影響データがないことが多く、注意が必要だ。天敵が有効に働く環境での、選択性殺虫剤を中心にした防除体系では薬剤の使用回数を大幅に削減することが可能である。　（根本　久）

露地栽培

9 アブラナ科葉菜類

ここで取り上げるアブラナ科野菜は、キャベツ、ブロッコリー、ハナヤサイ、ハクサイといった葉菜類である。

コマツナ、ミズナ、チンゲンサイといった非結球アブラナ科野菜では、施設での防草シートや防虫ネットを使用した物理的防除を中心としたシステムによって有機JAS栽培も可能で、ここでは「第3章6 施設栽培 有機栽培での天敵利用」（103ページ）を参照されたい。

1 対象害虫・主要天敵と防除のポイント

❶ 問題になる害虫

発生する害虫には、アオムシ（モンシロチョウ）、ハイマダラノメイガ、タマナギンウワバ、ハスモンヨトウ、シロイチモジヨトウ、ヨトウガ、オオタバコガ、ネキリムシ類（カブラヤガ、タマナヤガ）、コナガ、アブラムシ類（ダイコンアブラムシ、ニセダイコンアブラムシ、モモアカアブラムシ）などがある。

キャベツの春から夏にかけて収穫する作型では、モンシロチョウ、ヨトウガ、ダイコンアブラムシやモモアカアブラムシが問題になるが、関東では、5月以前に収穫する作型での害虫の問題は小さい。

秋冬どりの作型ではハスモンヨトウやシロイチモジヨトウ、オオタバコガ、ハイマダラノメイガ（ダイコンシンクイムシ）、ニセダイコンアブラムシ、モモアカアブラムシが問題になる。

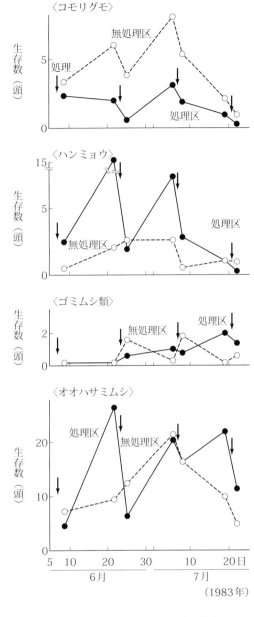

図3-9-1 地上徘徊性捕食者各個体群に対するカーバメート剤Mの影響　　（Nemoto, 1986）

ハクサイでは、ハイマダラノメイガやハスモンヨトウ、オオタバコガ、コナガ、ニセダイコンアブラムシ、モモアカアブラムシが問題になる。オオタバコガやコナガは他のアブラナ科野菜と同様で、天敵に悪影響のある殺虫剤を使用したときに多発する傾向がある。

高冷地など、春まき夏どり栽培や夏まき秋どり栽培では、モンシロチョウ、タマナギンウワバ、ダイコンアブラムシ、ニセダイコンアブラムシやモモアカアブラムシが問題になる。

いずれの野菜でも、ハイマダラノメイガは夏から秋にかけての雨が少ない年の幼苗期に被害が大きい。小雨でなくても、ハウスで育苗した苗を定植すると被害が目立つこともある。コナガやオオタバコガは、天敵が十分な環境では発生が少ないが、クモ類などの捕食者に悪影響のある殺虫剤を使用すると多発することがある。

ダイコンアブラムシ、ニセダイコンアブラムシ、モモアカアブラムシなどは結球内部に侵入すると販売不能になる。これらを含め、ハイマダラノメイガ、モンシロチョウ、ヨトウ、ハスモンヨトウなどは防除しなければ減収になり、皆殺しタイプの殺虫剤で防除すると天敵が死んでしまい（図3-9-1）、コナガ、オオタバコガやハスモンヨトウが多発してしまう危険性も高い。

ブロッコリーやハナヤサイの夏まき栽培では、キャベツの秋冬どりと同様な害虫が問題となる。

❷ おもな天敵と防除のポイント
—— とくに大事なウズキコモリグモ

無防除の畑ではクモなどの天敵が働いて、コナガ、オオタバコガ、ハスモンヨトウの被害は少ないことが多い。

コナガの死亡要因は地表面を徘徊する捕食性天敵が主で、なかでもウズキコモリグモはコナガの卵から成熟幼虫までの各態（写真3-9-1右）やハスモンヨトウの若齢幼虫などチョウ目害虫を捕食する。このクモは、草原や林縁に生息しており、トビムシなどの分解者を含む多くの節足動物を捕食している。生息する畑やその周辺から遠く移動することはまれで、亜成体が雑草地などで越冬し、越冬個体が成虫となって4月以降に産卵する。春4～6月と秋9～11月の2回産卵期がある。乾燥を嫌うので、畑の境界部にクローバーや一部に落ち葉などが維持されるように管理すると個体群を維持しやすい。

このほか、ゴミムシの幼虫も地表面を徘徊して、アブラナ科野菜葉上のコナガやモンシロチョウ幼虫、アブラムシなどを捕食する。ヒラタアブやヤマトクサカゲロウの成虫は花に集まる昆虫であるが、幼虫はコナガなどチョウ目害虫やアブラムシなどを捕食する重要な天敵である（写真3-9-1左）。

基本的な戦略として、殺虫剤抵抗性が問題になるコナガやハスモンヨトウなどは、クモ類など地上徘徊性捕食者を中心とした天敵類で発生を抑制し、アブラムシやハイマダラノメイガ対策には、これらの害虫に悪影響がない殺虫剤を中心に選択する。

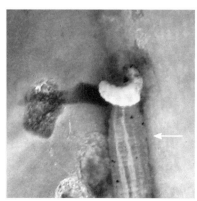 

写真3-9-1　コナガを捕食するウズキコモリグモ（右）とヒラタアブの幼虫（左矢印）

ウズキコモリグモは薬剤と地上徘徊性天敵類の関係ではもっとも殺虫剤の影響を受けやすく（図3-9-1）、コナガなどの有力な天敵であるので薬剤影響の指標生物として選択するとよい。ウズキコモリグモは、有機リン、カーバメート、合成ピレスロイド系殺虫剤の影響をとくに受けやすい。単剤ではもちろん、混合剤でこれらの剤が含まれていないことをよく確認する。

写真3-9-2　コナガを捕食中のゴミムシ

表3-9-1　アブラナ科野菜でウズキコモリグモに悪影響の小さい薬剤と対象害虫の例

想定される対象害虫	農薬名	商品名(屋号抜き)	キャベツ	ブロッコリー	茎ブロッコリー	カリフラワー	ハクサイ	ダイコン	カブ	備考
アブラムシ類	チオシクラム水和剤	エビセクト水和剤					○	○		
アブラムシ類	チアメトキサム水溶剤	アクタラ顆粒水溶剤	○	○		○	○	○	○	
アブラムシ類	クロチアニジン水溶剤	ダントツ水溶剤	○	○			○	○		
アブラムシ類	フロニカミド水和剤	ウララDF	○	○			○	○		
アブラムシ類	アセタミプリド水溶剤	モスピラン水溶剤	○	○			○	○		
ハイマダラノメイガ	クロマフェノジド水和剤	マトリックフロアブル	○					○		
ハイマダラノメイガ	ピリダリル水和剤	プレオフロアブル	○							
ハイマダラノメイガ	インドキサカルブMP水和剤	トルネードフロアブル	○							
カブラハバチ、キスジノミハムシ	アセタミプリド水溶剤	モスピラン水溶剤						○	○	
アオムシ、ヨトウムシ	テフルベンズロン乳剤	ノーモルト乳剤	○				○	○		IGR剤
ハスモンヨトウ				○						
タマナギンウワバ				○		○				
アオムシ	ルフェヌロン乳剤	マッチ乳剤	○							IGR剤
ヨトウムシ、ハスモンヨトウ、ハイマダラノメイガ			○							
アオムシ、コナガ、ヨトウムシ、ハスモンヨトウ、シロイチモジヨトウ、オオタバコガ	BT水和剤	ゼンターリ顆粒水和剤	○	○	○	○	○	○	○	野菜類で登録、若齢以外には効果が劣る
アオムシ、コナガ、ヨトウムシ、オオタバコガ、ハイマダラノメイガ	BT水和剤	エスマルクDF	○	○	○	○	○	○	○	
アオムシ、コナガ、ヨトウムシ、ハスモンヨトウ、シロイチモジヨトウ、オオタバコガ	BT水和剤	デルフィン顆粒水和剤	○	○	○	○	○	○	○	

注　非結球アブラナ科野菜などは除く（この表ではハモグリバエなどの寄生蜂に影響が大きい薬剤を多く含み、ハモグリバエが多発生する危険性がある）。登録内容は2015年10月現在

❸ 畑で天敵を増やす方法

　畑の外周にクリムソンクローバーや白クローバー、ムギ類といったリビングマルチを境界植生として配置すると、コモリグモやゴミムシなどの地上徘徊性捕食者や寄生蜂などが増える（写真3-9-2）。また、高冷地など、春まき夏どり栽培や夏まき秋どり栽培では、ヒマワリ、ソバ、キンセンカ、マリーゴールド、ジニア、クレオメなどのインセクタリー植物（天敵温存植物）を配置すると、春以降にコモリグモ類、アシナガバチ類、ヒラタアブ類、クサカゲロウ類、ショクガタマバエ、テントウムシ類、ヒメバチ類、アブラバチ類などの天敵を増殖することができる。

2　防除の実際

　表3-9-1にウズキコモリグモなどに悪影響の少ない薬剤を示した。これらの薬剤で防除すれば、ウズキコモリグモなどの天敵が働いてくれるので、天敵の役割を考慮していない殺虫範囲の広い剤が含まれる防除法と比較して、殺虫剤の散布回数を半分以下にすることが可能である。

　春から初夏に収穫する作型では、モンシロチョウやアブラムシ類は殺虫剤をかけないと被害が出てしまう可能性があるが、コナガは殺虫剤を使用しないほうが発生は少ない。チョウ目害虫には、IGR剤やBT剤などウズキコモリグモに悪影響がない上記のなかから選択する。アブラムシ類に対しても同様な選択を行なう。また、コナガなどに対する殺虫剤抵抗性が問題になっているジアミド系剤については、コナガ対策の剤としてはとらえずに、ハイマダラノメイガ対策にのみ使用し（適用がある場合）、同じ畑での使用は年1回程度とすることが望ましい。インセクタリー植物を境界植生として配置する場合は、これらの植物に薬剤がドリフトし、ハチ目の天敵などに影響する心配があるので、ネライストキシン系剤の使用は控える。

　このほか、高冷地では夏季～秋季に、低地では秋季を中心にチョウ目害虫に対する緑きょう病菌（*Nomuraea rileyi*）や昆虫疫病菌（*Zoophthora* spp.）、黄きょう病菌（*Beauveria bassiana*）などのカビによる病気が発生することがあるが、気温や雨などに影響されるので、雨の少ない年には期待できない。　（根本　久）

露地栽培

10 ネギ

1 おもな害虫とその対策、有望な土着天敵

❶ 地上部の害虫

地上部では、ハスモンヨトウ、シロイチモジヨトウ、ヨトウガ、ネギコガなどのチョウ目害虫に加え、ネギアザミウマ、ネギハモグリバエ、ネギアブラムシなどの微小な害虫が発生する。このうちネギアザミウマおよびネギハモグリバエは薬剤抵抗性の発達が顕著であり、防除効果の高い薬剤が少ないため、しばしば大きな被害をもたらす。

収穫までの期間が短く、被害許容水準が低い葉ネギでは、土着天敵の保護利用による害虫防除は非常に困難である。IPM（総合的有害生物管理）に取り組む場合、アザミウマ類の侵入防止効果が高い赤色防虫ネットの利用など、物理的防除法を主体とした体系を構築し対応する必要がある。秋冬どりの根深ネギでも、生育初期～中期に激しく加害された場合は減収につながるが、これを回避できた場合、生育期後半に展開する新葉での被害が軽微であれば、古い葉が多少食害されていても大きな問題とならない。このため、工夫次第で土着天敵の保護利用を主体としたIPMが実践可能である。

❷ 地下部（軟白部および根部）の害虫

タネバエおよびタマネギバエに加え、ネダニ類、センチュウ類が地下部を食害する。これらに寄生されたネギでは、加害部位から病原菌が侵入し、病害の発生が助長される場合もある。タネバエおよびタマネギバエには未熟有機物に誘引される性質があるため、被害を防ぐには十分に腐熟化させた堆肥を用いる

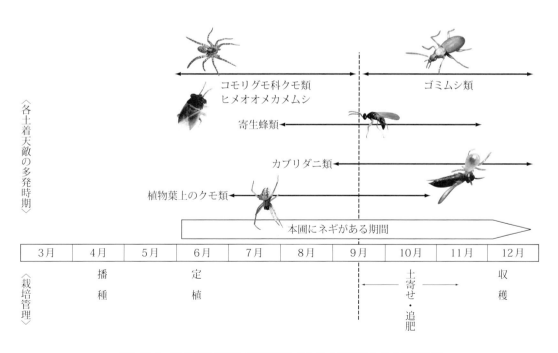

図3-10-1　秋冬どり根深ネギ圃場でみられる土着天敵とその多発時期

ことが重要である。また、ネダニ類およびセンチュウ類の被害回避には、輪作が有効である。

❸ 有望な土着天敵

近年、地上部の害虫については土着天敵相が明らかになりつつある。とくに注目すべきものとして、地表面をおもな生息場所とするゴミムシ類、コモリグモ科のクモ類およびヒメオオメカメムシ、植物体地上部をおもな生息場所とするドヨウオニグモ、アシナガグモ類、ササグモなどのクモ類、キイカブリダニなどのカブリダニ類、ネギハモグリバエを寄主とするコガネコバチ科およびヒメコバチ科の寄生蜂などが知られている。

このうち、クモ類、ヒメオオメカメムシおよびカブリダニ類はおもにネギアザミウマを、ゴミムシ類はおもにチョウ目害虫を捕食していると考えられるが、ネギ圃場で見られるクモ類やゴミムシ類には詳しい生態が不明な種も含まれるため、今後の解明を要する。5～6月定植の根深ネギ圃場におけるこれら天敵の増加時期は、図3-10-1のとおりである。

2 土着天敵の保護利用を主体としたIPMで使える化学合成農薬

前述のように、根深ネギでは土着天敵の保護利用を主体とするIPMが実践可能である。本IPMでは、土着天敵の生存に大きな影響を及ぼす有機リン系、合成ピレスロイド系、およびカーバメート系殺虫剤を用いないことが前提となる。また、そのほかの化学合成農薬の使用に際しては、以下の点に留意する。

❶ 定植時の殺虫剤処理

定植直後は圃場内の土着天敵の密度が低く、その捕食や寄生による十分な害虫防除効果を得るのは困難である。このため、定植時には殺虫剤を使用し、生育初期のネギアザミウマやネギハモグリバエによる被害を防ぐ。

粒剤を用いる場合、対象害虫への防除効果と土着天敵に対する影響の両面を考慮し、ダントツやスタークル／アルバリンなどのネオニコチノイド系の薬剤を選択する。なお、スタークル／アルバリンについては顆粒水溶剤のかん注処理も可能である。セルトレイ育苗の場合は、定植前のセルトレイで実施できるかん注処理が、簡便性や効果の安定性の観点から粒剤施用よりも推奨される。

ただし、ネオニコチノイド系薬剤はハモグリバエ類の寄生蜂に対しては長期にわたり大きく影響する。これら寄生蜂の保護利用を重視したい場合には、ジアミド系のプレバソンフロアブル5をかん注処理する。

❷ チョウ目害虫の発生時に利用できる殺虫剤

チョウ目害虫については、土着天敵がある程度密度を抑制していると考えられるが、1個体当たりの食害量が多く、多発すると収量に大きく影響するため、食害を見つけたら薬剤防除を行なう。ネギではシロイチモジヨトウとネギコガを対象に、多くの殺虫剤が登録されている。土着天敵の保護利用を主体としたIPMにおいては、表3-10-1に示したもののなかから土着天敵と併用可能な薬剤を選ぶ。

❸ 使用を控えるべき殺菌剤

ネギ圃場でよく用いられる殺菌剤のほとんどは土着天敵に悪影響を及ぼさないが、ジマンダイセン水和剤については各種カブリダニ類の生存や活動に影響を与えることが知られている。カブリダニ類はネギアザミウマの密度抑制に大きく貢献する土着天敵であるため、本剤の使用を控えることが強く求められる。

表3-10-1　チョウ目害虫の各種防除薬剤と土着天敵保護利用を主体とするIPMへの利用の可否

利用できる薬剤[2]			利用が困難な薬剤[2]		
薬剤名	適用害虫		薬剤名	適用害虫	
	シロイチ[1]	ネギコガ		シロイチ[1]	ネギコガ
トルネードフロアブル	○		ハチハチ乳剤	○	○
フェニックス顆粒水和剤	○	○	アファーム乳剤	○	
プレバソンフロアブル5	○	○	スピノエース顆粒水和剤	○	
プレオフロアブル	○		ディアナSC	○	
BT剤	○				

注　1）シロイチモジヨトウ
　　2）カブリダニ類、コモリグモ類、ハモグリバエ類の寄生蜂類、ヒメオオメカメムシへの影響を基準に選定した

3　土着天敵を増やすための植生管理

　土着天敵の生存や活動に影響の少ない化学合成農薬を選んで用いることは、保護利用の前提である。しかし、農薬の使用法の工夫のみによって土着天敵を十分に発生させることは多くの場合困難であるため、植生の管理などによってその定着や活動に適した生息環境を圃場の内外に整える必要がある。試験研究段階のものを含め、ネギで取り組まれつつある植生管理技術を紹介する。

❶ リビングマルチ用オオムギ「百万石」の間作

　ネギにおけるリビングマルチ用オオムギ「百万石」の間作（写真3-10-1）は、雑草抑制や夏季の地温低下などを目的として現地で導入が始まった技術であるが、土着天敵の生息・増殖場所としての機能も期待できる。
　繁茂したオオムギの株元には、地表をおもな生息場所とする土着天敵が多く発生するほか、ネギを加害しないイネ科害虫の発生に伴いカブリダニ類が発生する。秋冬どり栽培の根深ネギでは、6月上旬までの間に定植直前か定植と同時に10a当たり2～3kgを播種すると、標準的な気候であれば本格的な土寄せが開始される9月上～中旬には枯死するため、ネギの栽培管理上の問題もない。

❷ 緑肥用ハゼリソウの温存とリレー播種

　ネギの緑肥として使われるハゼリソウ（51～52ページ参照）は、天敵の活動や増殖に役立つ蜜や花粉を供給するインセクタリー植物（天敵温存植物）としても有名である。温暖地では10月頃と3月頃が播種時期であり、10月播種では翌年5～6月頃に開花する。また、ハゼリソウの葉にはネギに実害がないナモグリバエが発生し、多種類の寄生蜂がこれに寄

写真3-10-1　ネギの畝間でオオムギがもっとも繁茂している時期の様子

写真3-10-2 ネギ圃場の周縁部に残したハゼリソウ

生する。そのうち数種類はネギのネギハモグリバエにも寄生する種であるため、ネギの近傍にハゼリソウが存在することで、ネギへの寄生蜂の供給が期待できる。秋冬どり栽培のネギの緑肥としては、前年の10月頃に播種され、翌年4月頃開花を待たずにすき込まれるが、これを一部温存することで、ネギ定植後に寄生蜂の供給源や餌資源としての活用も可能である（写真3-10-2）。

ただし、ハゼリソウは開花すると短期間で枯死するため、ネギの定植後まで寄生蜂の供給や開花を継続させるためには、3月にリレー的な追加播種を行なう必要がある。こうすることで7月まで開花期間を延長させることができる。本技術は開発途上であるが、すでに栽培にハゼリソウを取り入れているネギ生産者には、比較的負担なく取り組める土着天敵の保護利用技術として、工夫しながら試行することをお奨めしたい。

（大井田　寛）

露地栽培

11 リンゴ

1 主要害虫とその対策

リンゴ果実に被害を与える害虫で主要なものは、ハマキムシ類、モモシンクイガ、ナシヒメシンクイである。これらに対してこれまではおもに化学合成殺虫剤を多用した防除が行なわれてきた。その副産物として近年はハダニ類の多発に伴う被害が顕在化し、その防除に苦慮してきた。

福島県では複合交信攪乱剤を防除の基幹剤とすることで、これらを対象とした化学合成殺虫剤の削減を進めてきた。また、カミキリムシ類やヒメボクトウなどの枝幹害虫も多発しており、その対策として天敵微生物資材で防除する試みが行なわれている。

2 複合交信攪乱剤の利用と殺虫剤削減

複合交信攪乱剤を使用するには4ha以上のまとまった園地が必要である。小規模園地や傾斜地などで導入している事例はあるが、フェロモンが園内に安定せず防除効果が劣る傾向にある。

複合交信攪乱剤の導入当初は殺虫剤を慣行どおり散布し、対象とする害虫の密度と対象としない害虫の密度を定期的に調査、把握しながら徐々に殺虫剤を削減していくと問題なく削減できる。数年間使用することで、発芽前から9月まで通常11回殺虫剤を散布するのに対して、最大6回削減することが可能となる。

3 殺虫剤削減による土着天敵の保護

この殺虫剤削減防除体系（表3-11-1）は、土着天敵の保護を目指したものとなっており、使用する殺虫剤も天敵に影響の少ないものを選択している。これによって樹園地内では多くの土着天敵が容易に見つかる環境が整えられる（表3-11-2）。こうして土着天敵を保護し、その密度が高まることで、複合交信攪乱剤が対象としない害虫種に対する密度抑制効果が発揮される。具体的には次のような害虫が抑えられるようになる。

❶ アブラムシ類の天敵
――テントウムシ類、クサカゲロウ類やアブラバチなど

リンゴで防除を要するアブラムシ類は種類が多い。なかでもリンゴクビレアブラムシ、リンゴコブアブラムシ、ユキヤナギアブラムシの3種類の発生が多く、さらにリンゴワタムシの防除には苦慮している。これらの天敵にはテントウムシ類、クサカゲロウ類、タマバエ類、ヒラタアブ類などの捕食性天敵のほかに、アブラバチなどの寄生性天敵がある。リンゴワタムシにはヤドリバチ類が寄生するが、密度抑制効果は明らかではない。

❷ カイガラムシ類の天敵
――ヒメアカホシテントウなどの捕食性天敵や寄生蜂など

殺虫剤を削減することでナシマルカイガラムシやクワコナカイガラムシなどのカイガラムシ類が多発することがある。とくにナシマルカイガラムシは多発すると果実被害をもたらし、発生には注意を要する。

殺虫剤削減圃場で天敵密度を調査すると、このカイガラムシ類の天敵も高い頻度で見つかってくる。ヒメアカホシテントウなどの捕

表3-11-1 複合交信攪乱剤を利用したリンゴ害虫防除体系（福島県）

慣行の防除回数	防除時期	基本になる防除	発生に応じた防除
1	発芽1週間前まで 3月中旬頃	①機械油乳剤	
2	展葉初期 4月中旬	（②）削減可能	ハマキムシ類の発生が多い場合BT剤、ロムダンフロアブル
3	落花直後 5月上旬	③バリアード顆粒水和剤	
4	5月中旬	コンフューザーR	
5	5月下旬	（④）削減可能	モモシンクイガの発生が多い場合バイオセーフ
6	落果30日後 6月上旬	⑤マイトコーネフロアブル、ダニサラバフロアブル、スターマイトフロアブル	リンゴワタムシの発生が多い場合ウララDF
7	6月中旬	⑥バリアード顆粒水和剤、モスピラン顆粒水溶剤	ナシマルカイガラムシが多い場合アプロードフロアブル
8	6月下旬	（⑦）削減可能	モモシンクイガの発生が多い場合バイオセーフ
9	7月上旬	（⑧）削減可能	ヒメボクトウの発生が多い場合バイオセーフ、フェニックスフロアブル
10	7月下旬	（⑨）削減可能	ハダニ類の発生が多い場合マイトコーネフロアブル、ダニサラバフロアブル、スターマイトフロアブル
11	8月上旬	⑩フェニックスフロアブル、サムコルフロアブル10	・
12	8月中旬	（⑪）削減可能	ハダニ類の発生が多い場合ダニゲッターフロアブル、リンゴワタムシの発生が多い場合モスピラン顆粒水溶剤

注　土着天敵に影響の少ない薬剤を取りあげた
　　①〜⑪は殺虫剤の散布回数

食性天敵や寄生蜂などの寄生性天敵がその代表である。

❸ ハダニ類の天敵
──カブリダニ類、ハダニアザミウマ、ハナカメムシ類など

　ハダニ類はリンゴハダニ、ナミハダニがおもに発生する。これらの天敵にはケナガカブリダニ、フツウカブリダニ、ミヤコカブリダニなどのカブリダニ類、ハダニアザミウマ、ハナカメムシ類などの捕食性天敵が見られる。影響の少ない薬剤の選択や草生栽培によってこれらが保護され、密度が増加することが確認されている。とくに福島県では11種類ものカブリダニが園内で見つかっており、それらを保護することを中心に防除体系を組み立てている。

4 天敵環境に樹園地の草生管理も大事

　複合交信攪乱剤のほか、IGR剤など選択的殺虫剤に置き換えていくことで土着のカブリダニが保護されることが明らかになってきている（秋田県果樹試験場）。さらに、樹園地の草生管理の仕方によっても土着天敵を増やすことが報告されており、白クローバーなどの

表3-11-2　リンゴのおもな害虫と天敵、天敵に影響の少ない農薬

おもな害虫	おもな天敵	天敵に影響が少ない農薬
アブラムシ類（ワタアブラムシ、ユキヤナギアブラムシ、リンゴコブアブラムシ、リンゴクビレ）	テントウムシ類、クサカゲロウ類、ショクガタマバエ類、ヒラタアブ類、アブラバチ類	チェス水和剤、ウララDF、コルト顆粒水和剤
ハダニ類（ナミハダニ、カンザワハダニ）	カブリダニ類、ハダニアザミウマ、ハナカメムシ類、ハネカクシ類	マイトコーネフロアブル、ダニサラバフロアブル、スターマイトフロアブル
カイガラムシ類（サンホーゼカイガラムシ）	テントウムシ類、寄生蜂類	アプロード水和剤、マシン油乳剤[1]
リンゴワタムシ	寄生蜂類	モスピラン顆粒水和剤
ハマキムシ類（リンゴモンハマキ、リンゴコカクモンハマキ）	寄生蜂類、顆粒病ウイルス	フェニックスフロアブル、サムコルフロアブル10、カスケード乳剤、コンフューザーR[2]
ナシヒメシンクイ	寄生蜂類	コンフューザーR[2]、バイオセーフ、フェニックスフロアブル、サムコルフロアブル10
モモシンクイガ	寄生蜂類、スタイナーネマ カーポカプサエ	コンフューザーR[2]、バイオセーフ、フェニックスフロアブル、サムコルフロアブル10
キンモンホソガ	寄生蜂類	カスケード乳剤、フェニックスフロアブル、サムコルフロアブル10、コンフューザーAA[3]
ヒメボクトウ	寄生蜂類、スタイナーネマ カーポカプサエ	フェニックスフロアブル、サムコルフロアブル10、バイオセーフ

注　1）マシン油乳剤は発芽前の散布に限る
　　2）コンフューザーRは広域処理が必要
　　3）コンフューザーAAは広域処理が必要

下草としての機能が評価され始めている。

5　天敵資材を利用した害虫防除

土着天敵とは別に、天敵資材を利用した防除方法では古くからBT剤が利用されてきた。近年ではリンゴコカクモンハマキ顆粒病ウイルスを成分に含むウイルス製剤がリンゴのリンゴコカクモンハマキに登録された（「ハマキ天敵」アリスタライフサイエンス㈱）。ほかにも昆虫寄生性センチュウ製剤を利用した防除技術がいくつか実用化されている。以下にその概要を紹介する。

❶ モモシンクイガ

昆虫寄生性センチュウのスタイナーネマ カーポカプサエを製剤化した「バイオセーフ」（㈱エス・ディー・エスバイオテック）をモモシンクイガ防除に使用できる。

防除対象は幼虫で、土壌中に生息する越冬世代幼虫が土壌中で夏繭を形成する5月下旬から、成虫が羽化脱出し始める6月下旬までに使用する。幼虫は比較的浅い土壌中で蛹化するので、散水処理することでセンチュウを感染させることができる。センチュウが体内に侵入後、モモシンクイガの幼虫は敗血症を起こして死亡する。前年にモモシンクイガによる果実被害が多かった圃場で樹冠下に使用すると効果的である。

写真3-11-1　ヒメボクトウによる被害樹（上）と幼虫（下）
（写真提供：福島県農業総合センター果樹研究所）

雑草が繁茂していると散布したセンチュウが土壌に到達できなくなるので、散布後に十分量の水で洗い落とす。またセンチュウは乾燥に弱く、水には強いので、小雨条件での散布が防除効率を高める。

とくに専用の散布器はないが、動力噴霧器のノズルをはずした状態で散布すると短時間で効率よくできる。

❷ ヒメボクトウ

スタイナーネマ カーポカプサエ製剤は枝幹害虫のヒメボクトウ（写真3-11-1）防除にも使用できる。本種は被害樹の食入痕内の奥深くに潜入しているため、蓄圧散布器などを用いて注入し、感染を促す。やはり幼虫へのセンチュウの感染によって防除できる。

防除時期は、幼虫が発生する5月中旬から下旬の蛹化前と、9月中旬から10月上旬の越冬前にある。

製剤の昆虫寄生性センチュウは最低気温が15℃を上回り、最高気温が30℃を下回る時期がもっとも効果が安定している。虫糞が見られる箇所に集中して薬液を散布することでセンチュウが本種幼虫に容易に感染し、密度を下げることができる。

現在、ヒメボクトウには交信攪乱剤の効果試験も行なわれており、今後、選択的殺虫剤とこれらの防除手段を組み合わせた総合防除が実施可能となりそうである。

❸ ハダニ類

ミヤコカブリダニ製剤が露地の果樹類に適用が拡大されており、使用可能となった。果樹ではパック製剤（「スパイカルプラス」アリスタライフサイエンス㈱）を利用するのがよい。

以上、ここで紹介したセンチュウ剤を利用した防除方法は、対象外の虫害が多発した際などの補完防除技術として利用するのが望ましい。害虫密度が高いときにもっとも防除効果を発揮するためである。逆に体系防除のなかに組み入れた使用では、その能力を十分に発揮できない。現在、体系防除のなかで使用できる天敵資材はBT剤などに限られるが、今後、使用が容易で、コストを低く抑えた天敵資材の開発が待たれるところである。

（荒川昭弘）

1 主要害虫と土着天敵を温存する害虫管理体系

ナシの主要害虫として、シンクイムシ類、ハマキムシ類、ハダニ類、コナカイガラムシ類、カメムシ類およびアブラムシ類などが挙げられる。シンクイムシ類、ハマキムシ類、コナカイガラムシ類、カメムシ類はおもに果実を、ハダニ類、アブラムシ類は、おもに葉を加害する。現地では、これらを対象として化学合成殺虫剤(以下、殺虫剤)を利用した年間十数回の防除が行なわれる。

殺虫剤は、効果が安定している半面、同系統薬剤の多回数の使用、天敵類に強い影響を与える殺虫剤の使用時期など使い方を誤ると、薬剤抵抗性の発達による効果の不安定を招くこと、土着天敵に対する悪影響から防除対象でない害虫の増発を招きかねない。

しかし、複合交信攪乱剤の利用によって化学合成殺虫剤の使用を減らし、土着天敵を温存した害虫管理体系を採用すると、年間殺虫剤の回数が半減できることが明らかとなっている。

2 土着天敵を活かす防除体系の考え方

❶ 複合交信攪乱剤コンフューザーNの利用

近年開発されたコンフューザーNは果樹類に登録があり、ハマキムシ類としてチャノコカクモンハマキ、チャハマキ、リンゴコカクモンハマキ、リンゴモンハマキ、シンクイムシ類としてナシヒメシンクイ、モモシンクイガに対して効果がある。ナシでは、チャノコカクモンハマキ、チャハマキ、シンクイムシ類としてナシヒメシンクイ、モモシンクイガが対象である。

現在、慣行のナシ園では、年間十数回の殺虫剤散布が行なわれている。このうちハマキムシ類やシンクイムシ類に対して行なわれているのは、年間7回程度である。これをコンフューザーNを設置することでその防除回数を削減できる。また、殺虫剤の使用回数を削減することによって園内の土着天敵が温存され、その働きを利用することで、さらに年間の殺虫剤の使用回数を減らすことができる。

❷ 複合交信攪乱剤使用上の留意点

コンフューザーNの処理量は10a当たり150～200本、設置は基本的に目通りの高さ(地上約150cm)の棚面に均一に設置する。なお、全体の処理量の8割を全面に均等に設置し、残り2割を園周辺部に取り付けると、より効果が安定する。

防除効果を安定させる園地の条件を整理すると、以下のとおりである。

- 傾斜の強い園地ではフェロモン成分が滞留せず、効果が期待できない。平地または緩傾斜の園地で、防風樹、防風施設が完備されていることが望ましい。
- 処理面積が広ければ広いほど効果が安定することから、3ha以上での処理が望ましい。しかし、50a程度でも平地で周囲が防風樹で囲まれ、周辺からの虫の飛び込みが少ないなどの環境条件が整えば、効果が期待できる。
- また、ナシ園周辺の果樹類や防風樹の管理にも注意が必要である。
  例えばナシ園の周辺に防除が不完全なモモ、ウメなどの果樹類がある場合は、シ

ンクイムシ類の発生源となる可能性が高い。そこで、事前にモモ、ウメなどに対する防除徹底の重要性について、近隣生産者相互の理解を深めておくことが重要である。

・処理園外周の防風樹がハマキムシ類の繁殖源となる樹種の場合は、効果が安定しない。そこで、交信攪乱剤はナシ園周辺の防風樹にも取り付け、広めの設置として、効果の安定を図る。

・さらに、園内の受粉樹などの果実が摘除されないまま樹に残存した状態では、効果の不安定要因にもなりかねない。シンクイムシ、ハマキムシの発生源となりうるものは、こまめに摘除するなど環境整備にも気を配る。

3 殺虫剤削減による土着天敵の保護

複合交信攪乱剤を使用して殺虫剤を減らしていくと園内に土着天敵が増え、結果として主要害虫の密度が低下していく。以下に、自然増加が認められる天敵類について述べる。

❶ アブラムシ類の天敵
──テントウムシ類、アブラバチ類、ヒラタアブ類など

ナシを加害する主要アブラムシとして、ワタアブラムシ、ユキヤナギアブラムシ、モモアカアブラムシなどが挙げられる。殺虫剤を削減していくと天敵類としてテントウムシ類、アブラバチ類、ヒラタアブ類、ショクガタマバエなどが増加する。最初は、新梢上位葉におけるアブラムシの密度がかなり高まっていくが、密度が一定レベルになるとテントウムシ類などの天敵が飛来して捕食を始め、次第にアブラムシの密度が低レベルに維持されるようになる。

農薬による防除では、アルバリン、スタークルなどのネオニコチノイド系殺虫剤（以下、ネオニコチノイド剤）がアブラムシ類に対して卓効を示すが、一方で、天敵類に悪影響を及ぼす。しかし、ウララDFなどのようにアブラムシに対して効果が高くテントウムシや寄生蜂などの天敵に対して悪影響を与えない薬剤もあり、天敵の発生量が少なく、アブラムシの発生量が抑えられない場合は、臨時的に本剤などの使用が可能である。

❷ ハダニ類の天敵
──カブリダニ類、ハダニアザミウマ、ハネカクシなど

ハダニ類では、おもにカンザワハダニ、ナミハダニおよびクワオオハダニの発生が認められる。殺虫剤を削減していくとカブリダニ類をはじめ、ハダニアザミウマ、ハネカクシ、ハダニバエなどが発生し、次第にハダニの密度が低下する。ただし、クワオオハダニが優占種の場合は、天敵類の抑止力がカンザワハダニ、ナミハダニの場合ほど期待できない。天敵類の発生量が少ない環境下やクワオオハダニが優先している場合などで、要防除水準（1葉当たりの成虫数が1頭）を超えた場合は、土着天敵への影響が少ないコロマイト乳剤、カネマイトフロアブル、ダニゲッターフロアブル、スターマイトフロアブルなどを使用する。

天敵類は、カメムシの多発年などで使用する合成ピレスロイド系殺虫剤（以下、合ピレ剤）、ネオニコチノイド剤および有機リン系殺虫剤（以下、有機リン剤）の影響を受けやすい。殺虫剤の使用にあたっては、なるべく天敵類に影響が少ない薬剤とする。

❸ カイガラムシ類の天敵
──寄生蜂やテントウムシ類

殺虫剤を削減するとクワコナカイガラムシ、ツノロウムシ、ナシマルカイガラムシなどのカイガラムシ類が増加する傾向がある。しかし、天敵に配慮した環境を継続すれば、

やがて土着のクワコナカイガラヤドリバチなどの寄生蜂やヒメアカホシテントウなどのテントウムシ類が発生し、密度抑制に重要な働きをする。

カイガラムシの薬剤防除については、残効の長いネオニコチノイド剤のモスピラン水溶剤やアルバリン・スタークル顆粒水溶剤、有機リン剤のスプラサイド水和剤などがあるが、殺虫剤削減環境下で増加したカイガラムシに対しては、天敵類に悪影響の少ないIGR（昆虫成長制御）剤のアプロード水和剤などの使用が望ましい。

4 土着天敵を活かした防除体系

土着天敵を保護した殺虫剤削減体系の一例を図3-12-1に示した。

殺虫剤削減体系では、慣行防除体系に比べて、天敵に悪影響のある殺虫剤の使用は極力削減し、土着天敵を保護する。この結果、園内に天敵類が増加し、それらの働きによって主要害虫のアブラムシ類やハダニ類に対する防除を省くことができる。さらに、交信攪乱剤の対象害虫になっているハマキムシ類やシンクイムシ類に対する殺虫剤削減と上述の殺虫剤削減を合わせると、年間殺虫剤の使用回数半減が可能となる。

5 複合交信攪乱剤を利用した防除の実際

❶ 防除体系

鳥取県で行なっている殺虫剤削減体系の具体例を表3-12-1に示した。

基本的にアブラムシ類とハダニ類については防除が不要である。ただし、発生している種類によっては例外があり、アブラムシ類の場合、ナシアブラムシが園内に越冬していると4月中旬頃から発生し始め、葉が加害を受けると天敵が発生するまでにロール状になってしまうので、被害が大きい。本種については、天敵の力に依存できないので、このような場合はウララDFなどの殺虫剤による防除が必要である。

ハダニ類では、天敵の捕食嗜好性が左右し、ナミハダニ、カンザワハダニが発生している場合は、天敵類がうまくこれらを捕食して密度低下につながるが、クワオオハダニが発生している場合は、天敵類の捕食量が少ない傾

〈慣行防除体系〉

月	3			4			5			6			7			8			9			10			11		
旬	上	中	下	上	中	下	上	中	下	上	中	下	上	中	下	上	中	下	上	中	下	上	中	下	上	中	下
防除回数	↓	↓		↓	↓	↓			↓	↓	↓		↓	↓	↓	↓	↓	↓		↓							
殺虫剤	①	②		③	④	⑤			⑥	⑦			⑧	⑨	⑩	⑪	⑫	⑬		⑭							
殺ダニ剤							①		②				③														

〈殺虫剤削減防除体系〉　　N

月	3			4			5			6			7			8			9			10			11		
旬	上	中	下	上	中	下	上	中	下	上	中	下	上	中	下	上	中	下	上	中	下	上	中	下	上	中	下
防除回数	↓	↓		↓		↓			↓				↓	↓						↓		↓					
殺虫剤	①	②		③	(④)	(⑤)			(⑥)				⑦	(⑧)				(⑨)		⑩	(⑪)						
殺ダニ剤													①														

図3-12-1　ナシ害虫の慣行防除体系と殺虫剤削減防除体系下における殺虫剤の散布時期と散布回数
注　図中の①〜⑭は、殺虫剤の散布時期と散布回数を表わす。Nは、交信攪乱剤の処理時期を示す
（　）内の○数字は、削減可能な殺虫剤を示す

表3-12-1 複合交信攪乱剤を利用したナシ害虫防除体系

慣行の防除回数	防除時期	基本になる防除	発生に応じた防除
1	発芽前 3月中旬	①ハーベストオイル50倍	ハダニ類やニセナシサビダニ、カイガラムシ類の多発園では、ハーベストオイル50倍液を散布する
2	りんぽう脱落直前 3月下旬～4月上旬	②サイアノックス水和剤 1,500倍	
3	落花期 4月下旬	③オリオン水和剤40 1,000倍	
	4月下旬	N 複合交信攪乱剤（コンフューザーN）150本/10a	ナシアブラムシの多発園では、ウララDF4,000倍液を散布する
4	摘果期 5月上旬	(④)	クワコナカイガラムシの発生園では、アプロード水和剤1,000倍液を散布する
5	5月下旬	(⑤)	アブラムシ類の多発園では、ウララDF4,000倍液、コルト顆粒水和剤4,000倍液などを散布する。ニセナシサビダニの多発品種では、ダニトロンフロアブル1,500倍液を散布する
6	6月中旬	(⑥)	モモノゴマダラノメイガの発生園では、ノーモルト乳剤2,000倍液を散布する。ニセナシサビダニの多発品種では、コロマイト乳剤1,500倍液を散布する
7	6月下旬	殺虫剤省略	
8	新梢停止期 7月上旬	⑦ノーモルト乳剤 2,000倍	クワコナカイガラムシの発生園では、モスピラン顆粒水和剤4,000倍液を散布する
9	7月中旬	(⑧)	ハダニが多発した場合は、バロックフロアブル2,000倍液、ダニコングフロアブル2,000倍液またはカネマイトフロアブル1,500倍液などを散布する
10	7月下旬	殺虫剤省略	
11	8月上旬	殺虫剤省略	
12	8月中旬	殺虫剤省略	
13	8月下旬	(⑨)	ケムシ類の多発園では、サムコルフロアブル10の5,000倍液またはフェニックスフロアブル6,000倍液を散布する
14	収穫後 9月下旬	⑩ダイアジノン水和剤 1,000倍	
	10月上旬～中旬	(⑪)	ハダニ（とくにクワオオハダニ）の多発園では、ハーベストオイル200倍液を散布する

注　表中の①～⑪は、殺虫剤の散布時期と散布回数を表わす。Nは、交信攪乱剤の処理時期を示す
　　（　）を付けた○数字は、削減可能な殺虫剤を示す

向があり、密度低下までにかなり時間を要する。何が園内の優占種なのかの把握が重要である。

一方、ハダニ類ではないが、ダニ類のなかでもニセナシサビダニについては、有効な土着天敵が存在しないことから、特別な注意が必要である。とくに、二十世紀、ゴールド二十世紀、おさゴールド、あきづきなどは特異的に発生量が多く、これらの品種では、必ずサビダニに対して防除が必要である。まず、発芽前に必ずハーベストオイルを散布し、発生初期および発生最盛期にダニトロンフロアブル、コロマイト乳剤などを散布する。

表3-12-2 ナシのおもな害虫と天敵、使用する農薬の注意点

おもな害虫	おもな天敵	おもな農薬	農薬使用上の注意点
アブラムシ類（ワタアブラムシ、ユキヤナギアブラムシ、モモアカアブラムシほか）	テントウムシ類 ショクガタマバエ ヒラタアブ	ウララDF	アブラムシが衰弱して脱落するまでに数日かかるので、見かけ上は遅効的である。カブリダニ類、寄生蜂などの天敵昆虫、訪花昆虫には悪影響はほとんどない
		コルト顆粒水和剤	アブラムシに対して遅効的である。天敵昆虫のカブリダニ類、テントウムシ類には影響がほとんどないが、ハナカメムシ類には影響がある。ミツバチなどの訪花昆虫に対しても影響がある
		チェス顆粒水和剤	遅効的なので、アブラムシの発生初期に使用する。高密度の場合、防除効果が不安定である。寄生蜂、有用昆虫には影響が少ない
カメムシ類（チャバネアオカメムシ、クサギカメムシ）		ジノテフラン（アルバリンまたはスタークル）顆粒水溶剤[1]	カメムシに対して卓効を示し、残効も長いが、各害虫の天敵類（寄生蜂、ハナカメムシ類、テントウムシ類など）やミツバチなどの訪花昆虫に対して悪影響を及ぼす。ただし、カブリダニ類、クモ類には影響が低い
ハダニ類（カンザワハダニ、ナミハダニ、クワオオハダニ）	カブリダニ類 ハダニアザミウマ ハネカクシ ハダニバエ	ハーベストオイル	収穫後には200倍、発芽前は50倍で使用する
		バロックフロアブル	ハダニアザミウマ、ハネカクシなどの天敵昆虫やミツバチ、マメコバチなどの訪花昆虫に対する影響は低い
		コロマイト乳剤	ククメリスカブリダニ、寄生蜂に影響がある。魚毒性がC類なので、薬液が河川に流入しないようにする。カイコに長期間毒性がある
		カネマイトフロアブル	カブリダニ類やミツバチ、マメコバチなどの訪花昆虫に影響は低い
		ダニトロンフロアブル	訪花昆虫に影響は少ないが、寄生蜂に悪影響がある
		ダニゲッターフロアブル	訪花昆虫、天敵昆虫に影響がほとんどない
		マイトコーネフロアブル	訪花昆虫、カブリダニ類、ハネカクシなどの天敵昆虫に影響がほとんどない
		スターマイトフロアブル	訪花昆虫、天敵昆虫に影響がほとんどない。ただし、カイコに対する影響がある。また、水産動物に影響を及ぼすおそれがあるので、河川などに流入しないよう注意する
		ダニコングフロアブル	訪花昆虫、天敵昆虫に影響がほとんどない
カイガラムシ類（クワコナカイガラムシ、ナシマルカイガラムシほか）	クワコナカイガラヤドリバチ ヒメアカホシテントウ	ハーベストオイル	発芽前に50倍で使用する
		アプロード水和剤	寄生蜂、クモ類、有益昆虫のカイコ、ミツバチに対する影響は少ない。ただし、ショクガタマバエ、クサカゲロウ類には影響がある
		モスピラン顆粒水溶剤[1]	ハナカメムシ類、寄生蜂に対して影響がある。ミツバチ、マルハナバチに対して散布翌日には導入可能である。ただし、カイコには長期間毒性がある
ケムシ類（クワゴマダラヒトリなど）		ファイブスター顆粒水和剤	訪花昆虫、有益昆虫に対して影響がない。ただし、カイコに対する毒性あり
		サムコルフロアブル	訪花昆虫や天敵昆虫に対してほとんど影響がない。ただし、カイコに対しては影響がある。水産動植物には影響があるので、河川などに流入しないよう注意する
		フェニックスフロアブル	訪花昆虫や天敵昆虫に対してほとんど影響がない。ただし、カイコに対しては影響がある。水産動植物には影響があるので、河川などに流入しないよう注意する
ナシホソガ		ノーモルト乳剤	訪花昆虫、寄生蜂、カブリダニ類には影響が少ないが、ハナカメムシ類には影響がある。カイコに対しては長期間毒性がある。水産動植物には影響があるので、河川などに流入しないよう注意する
ニセナシサビダニ	カブリダニ類 ナガヒシダニ ハナカメムシ	ハーベストオイル	発芽前に50〜100倍で使用する
		ダニトロンフロアブル	訪花昆虫に影響は少ないが、寄生蜂に悪影響がある
		コロマイト乳剤	ククメリスカブリダニ、寄生蜂に影響がある。魚毒性がC類なので、薬液が河川に流入しないようにする。カイコに長期間毒性がある

注 1）天敵に影響が大きい薬剤

❷ マイナー害虫と対策

殺虫剤を削減していくと、これまで発生していなかったマイナーなチョウ目害虫などが顕在化する。例えば、葉を食害するイラガ、ドクガ、ミノガ、クワゴマダラヒトリ、モンクロシャチホコおよびチビガなどが、果実ではミノガ、モモノゴマダラノメイガなどが、枝ではナシホソガ、ナシマルカイガラムシなどの被害が増加することがある。

地域や園地の立地条件によって発生するマイナー害虫が異なるので、早めに種類を把握し、追加防除などの対策をとる。その場合、温存している天敵に対して悪影響がないIGR剤のノーモルト乳剤やアプロード水和剤、ジアミド系のフェニックスフロアブルおよびサムコルフロアブル、BT剤のファイブスター顆粒水和剤などを使用する。

❸ コナカイガラムシ類

殺虫剤を削減すると天敵が保護され、寄生蜂の働きが期待されるが、クワコナカイガラムシやマツモトコナカイガラムシなどの場合、その寄生蜂の発生量は密度依存的であり、殺虫剤削減体系での栽培開始当初は、天敵が発生するまでに果実被害を受けてしまう。そこで、本栽培体系に取り組んで間もない頃に本害虫の発生が見受けられた場合は、天敵に配慮したIGR剤のアプロード水和剤などを使用して防除を行なう。

❹ カメムシ類

カメムシに対して園内で有効に働く天敵は存在していない。したがって、網掛け無設置で、かつカメムシがナシ園に飛来する多発年では、殺虫剤の散布が必要となる。

殺虫剤では、アグロスリン水和剤やテルスターフロアブルなどの合ピレ剤、アルバリン・スタークル顆粒水溶剤などのネオニコチノイド剤などの効果が高い。しかし、土着天敵をある程度活かすためには、前者の系統の薬剤の使用は避けたい。後者も天敵類に対しては悪影響があるが、剤によってはカブリダニ類には影響が少ないなどの特徴があるので、なるべく影響の少ない薬剤を選択して使用する。

6　各害虫の要防除水準

シーズン前には、防除スケジュールを作成する。しかし、これはあくまでも目安であり、実際には病害虫の発生を観察しながら、防除要否を判断することになる。予定していた防除時期になっても発生が少なく、防除が不要な場合もあるし、防除時期も変動する。これを判断する基準として要防除水準が設けられている。

今のところ、アブラムシについては要防除水準が設けられていないし、実害は少ないので、基本的に防除は不要である。しかし、ナシアブラムシが発生すると展葉して間もない葉がロール状に巻くなどして、甚大な被害になるので、本種の場合は、殺虫剤による防除が必須である。一方、ハダニ類も基本的に無防除でよいと思われるが、優占種がクワオオハダニの場合は天敵による密度抑制が緩慢であるし、園内の天敵相が貧弱な場合は密度抑制に時間を要し注意が必要である。このように、園地によって天敵類の発生量や種類に差があるので、要防除水準の葉1枚当たり1〜2頭を基準に防除の判断を行なう。ニセナシサビダニについては、新梢先端の最上位展開葉1枚当たり50頭前後が要防除水準となっている。感水紙による簡易密度推定法（伊澤、囲み参照）を利用すると便利である。

クワコナカイガラムシについては、6月の調査で全せん定切り口を対象に成幼虫の存在を調査し、1樹当たり1頭以上認められたら防除が必要である。観察の結果、発見されなかったら防除は不要である。　　　（伊澤宏毅）

ニセナシサビダニの感水紙による簡易密度推定法

　ニセナシサビダニは体長0.2mm前後と微小でしかも葉の毛じに潜んでおり、肉眼ではその存在を観察することは難しい。そこで、筆者は、粘着テープを葉面に貼り付けてはがすことによってサビダニを捕捉し、ただちにその粘着面を感水紙に貼り付けてこすり、虫体をつぶして発色させる簡易密度推定法を開発した。これにより、現地で顕微鏡を使用しないで簡単・迅速にサビダニの密度が把握できる。通常目視では存在が確認できない微小な虫の密度を、簡易に把握できるようにした画期的な方法である。

　参考文献：伊澤宏毅. 2000. 日本ダニ学会誌 9(2)：173-179.

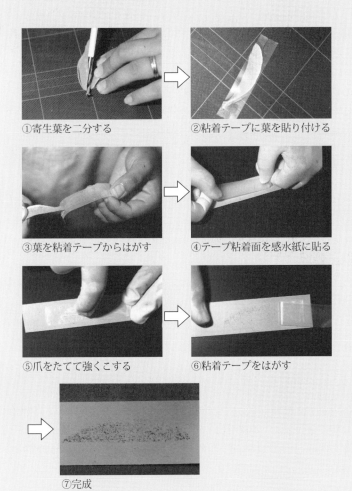

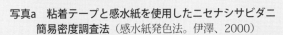

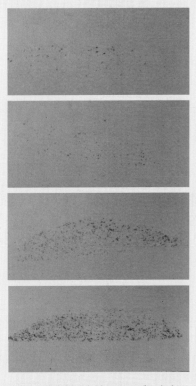

写真a　粘着テープと感水紙を使用したニセナシサビダニ簡易密度調査法（感水紙発色法。伊澤、2000）

写真b　感水紙発色法によるダニ密度の推定基準
上から、50頭、95頭、478頭、889頭

露地栽培

13 モモ

1 主要害虫と複合交信攪乱剤

　モモ果実に被害を与える害虫の主要なものは、ハマキムシ類、モモシンクイガ、ナシヒメシンクイ、モモノゴマダラノメイガである。そのほかに早期落葉を引き起こすモモハモグリガ、枝幹害虫であるコスカシバが従前より重要な防除対象となっており、化学合成殺虫剤を多用した防除を主体に行なわれてきた。

　福島県では複合交信攪乱剤を基幹剤とすることで、これらを対象とした化学合成殺虫剤の削減を進めてきている。近年は枝幹害虫を天敵資材で防除する試みもなされ、天敵利用がモモでも進みつつある。

2 複合交信攪乱剤の利用と殺虫剤削減

　複合交信攪乱剤を使用することで化学合成殺虫剤を削減することが可能になる。

　複合交信攪乱剤を使用するには4ha以上のまとまった園地が必要である。導入当初は殺虫剤を慣行どおり散布し、対象とする害虫の密度、対象としない害虫の密度を定期的に調査し把握しながら徐々に殺虫剤を削減していくと、うまく削減できる。数年間複合交信攪乱剤を使用することで、発芽前から8月まで通常9回程度殺虫剤を散布するのに対して、最大5回削減することが可能となる。

3 殺虫剤削減によって保護される土着天敵

　殺虫剤削減防除体系（表3-13-1）は、土着天敵の保護を目指したものとなっており、使用する殺虫剤を天敵に影響の少ないものを選択している（表3-13-2）。これによって樹園地内では多くの土着天敵が容易に見つかる環境が整えられている。こうして保護し、密度が高まることで複合交信攪乱剤が対象としない害虫種に対する天敵が密度抑制効果を発揮することが確認されている。

❶ アブラムシ類の天敵
――テントウムシ類やアブラバチなど

　モモで防除を要するアブラムシ類はモモアカアブラムシ、モモコフキアブラムシ、カワリコブアブラムシなどである。これらの天敵にはテントウムシ類、クサカゲロウ類、タマバエ類、ヒラタアブ類などの捕食性天敵のほかに、アブラバチなどの寄生性天敵がある。

❷ カイガラムシ類の天敵
――ヒメアカホシテントウなど

　殺虫剤を削減することでウメシロカイガラムシやクワシロカイガラムシなどのカイガラムシ類が多発して果実被害をもたらすことがあり、これらの発生状況には注意を要する。しかし、殺虫剤削減圃場で天敵密度を調査すると、カイガラムシ類の天敵も高い頻度で見つかってくる。ヒメアカホシテントウなどの捕食性天敵や寄生蜂などの寄生性天敵がその代表である。

❸ ハダニ類の天敵
――カブリダニ類、ハダニアザミウマ、
　ハナカメムシ類、ハネカクシ類など

　ハダニ類はナミハダニ、クワオオハダニ、カンザワハダニが発生する。これらの天敵に

表3-13-1 複合交信攪乱剤を利用したモモ害虫防除体系（福島県）

慣行の防除回数	防除時期	基本になる防除	発生に応じた防除
1	発芽前3月中旬頃	①機械油乳剤	
2	開花直前4月上旬頃	（②）削減可能	ハマキムシ類の発生が多い園ではカスケード乳剤、ロムダンフロアブル、BT剤
3	落花10日後5月上旬	③バリアード顆粒水和剤、モスピラン顆粒水溶剤	
4	5月中旬	コンフューザー MM	
5	5月下旬	（④）削減可能	カイガラムシ類の発生が多い場合、アプロードフロアブル。モモシンクイガが多い園ではバイオセーフ
6	6月上旬	⑤サムコルフロアブル10、フェニックスフロアブル	
7	6月下旬	（⑥）削減可能	コスカシバ、モモシンクイガが多い園ではバイオセーフ
8	7月上旬	⑦バリアード顆粒水和剤、モスピラン顆粒水溶剤、カスケード乳剤	
9	7月中旬	（⑧）削減可能	ハダニ類の発生が多い場合マイトコーネフロアブル、ダニサラバフロアブル
10	7月下旬		
11	8月上旬		
12	8月中旬晩生種のみ	（⑨）削減可能	シンクイムシ類の発生が多い場合、フェニックスフロアブル、モスピラン顆粒水和剤
13	収穫後9月上～下旬頃		

注　土着天敵に影響の少ない薬剤を取りあげた
　　表中の①～⑨は、殺虫剤の散布回数を表わす

はケナガカブリダニ、フツウカブリダニ、ミヤコカブリダニなどをはじめとするカブリダニ類、ハダニアザミウマ、ハナカメムシ類、ハネカクシ類などの捕食性天敵が見られる。影響の少ない薬剤の選択や草生栽培によってこれらが保護され、密度が増加することが確認されている。

❹ ハマキムシ類、シンクイムシ類、モモハモグリガの天敵
──各種寄生蜂

複合交信攪乱剤の対象害虫に対しても天敵が多数見つかっている。ハマキムシ類に対してコマユバチ科などの寄生蜂、ナシヒメシンクイにはヒメバチ科の寄生蜂、モモハモグリガにはヒメコバチ科の寄生蜂が確認されている。

❺ そのほかの土着天敵

殺虫剤を削減することでコクロヒメテントウ、ヒメアカホシテントウ、ナミテントウ、ヒメカメノコテントウなどのテントウムシ類、コモリグモ科などのクモ類、コマユバチ科、トビコバチ科、ヒメバチ科などの寄生蜂類などが増えることが明らかになっている。

表3-13-2 モモのおもな害虫と天敵、天敵に影響の少ない農薬

おもな害虫	おもな天敵	天敵に影響が少ない農薬
アブラムシ類(モモアカアブラムシ、モモコフキアブラムシ、カワリコブアブラムシ)	テントウムシ類、クサカゲロウ類、ショクガタマバエ類、ヒラタアブ類、アブラバチ類	チェス水和剤、ウララDF、コルト顆粒水和剤
ハダニ類(ナミハダニ、クワオオハダニ、カンザワハダニ)	カブリダニ類、ハダニアザミウマ、ハナカメムシ類、ハネカクシ類	マイトコーネフロアブル、ダニサラバフロアブル、スターマイトフロアブル
カイガラムシ類(ウメシロカイガラムシ、クワシロカイガラムシ)	テントウムシ類、寄生蜂類	アプロード水和剤、マシン油乳剤[1]
モモノゴマダラノメイガ	寄生蜂類	フェニックスフロアブル、サムコルフロアブル10、ノーモルト乳剤
ハマキムシ類(リンゴモンハマキ、リンゴコカクモンハマキ)	寄生蜂類、顆粒病ウイルス	フェニックスフロアブル、サムコルフロアブル10、カスケード乳剤、コンフューザーMM[2]
ナシヒメシンクイ	寄生蜂類	コンフューザーMM[2]、フェニックスフロアブル、サムコルフロアブル10
モモシンクイガ	寄生蜂類、スタイナーネマカーポカプサエ	コンフューザーMM[2]、バイオセーフ、フェニックスフロアブル、サムコルフロアブル10
モモハモグリガ	寄生蜂類	カスケード乳剤、フェニックスフロアブル、サムコルフロアブル、コンフューザーMM[2]
コスカシバ	寄生蜂類、スタイナーネマカーポカプサエ	スカシバコン[3]、バイオセーフ

注 1)マシン油乳剤は発芽前の散布に限る
  2)コンフューザーMMは広域処理が必要
  3)スカシバコンは広域処理が必要

4 天敵資材を利用した害虫防除

モモでも昆虫寄生性センチュウ製剤を利用した防除技術がいくつか実用化されている。以下にその使用事例を述べる。

❶ モモシンクイガ

モモではリンゴ同様モモシンクイガの防除にスタイナーネマ カーポカプサエ(バイオセーフ)が使用できる。使用方法はリンゴの項(131ページ)を参照されたい。本剤は周囲に放任園などがあり、本種が異常多発した際に密度低下させることができる。体系防除のなかの補完防除技術として有効である。

❷ コスカシバ

スタイナーネマ カーポカプサエ製剤は枝幹害虫のコスカシバ防除にも使用できる。

幼虫が蛹化するまでに防除を実施する。センチュウは15～30℃の温度帯で活発に活動する。乾燥に弱く小雨条件が適している。これらの条件を満たす時期として梅雨期の防除がもっとも効果を上げやすい。センチュウ剤を水で希釈して虫糞が見られる箇所に集中して薬液を散布する。降雨時には幼虫が樹皮近くに集まってくるのでセンチュウが本種幼虫に容易に感染し、密度を下げることができる。

本防除方法はコスカシバが多発した園地での密度低減技術であり、体系防除の補完防除技術として使用する。

5 土着天敵を増やす工夫

土着天敵を増やすためには、使用する殺虫剤を影響の少ないものに替えることと、下草など樹園地環境の整備が考えられる。

❶ 殺虫剤の使用方法

さまざまな害虫種に対して効果がある殺虫剤の多くは土着の天敵にも悪影響を与えてしまうことが多い。有機リン剤やカーバメート剤、合成ピレスロイド剤の多くがこれにあたる。使用は最小限に抑え、代わりに特定の害虫種のみに効果のある薬剤、選択的殺虫剤を使用することで土着天敵の保護を図ることができる。

❷ 殺虫剤削減によって増加する天敵

殺虫剤を削減し防除圧を下げると、先述したとおり寄生蜂類、アリ類、クモ類、テントウムシ類が増えることが確認されている（福島県農業総合センター果樹研究所、2014）。

❸ 樹園地環境の整備

樹園地の下草を管理することで土着天敵を保護しようという研究が近年活発に行なわれており、アップルミントやヒメイワダレソウなどが検討されている（福島県農業総合センター果樹研究所、2014）。とくにアップルミントにはカブリダニが多数生存することが明らかになっている（図3-13-1）。しかもその種類が増えるなど樹園地内での保護効果が期待でき、現在、精力的にその利用方法が検討されている。さらにアップルミントを植栽した保護区では寄生蜂類が増加し、モモハモグリガの寄生蜂では種構成が豊かになることも明らかになっている。

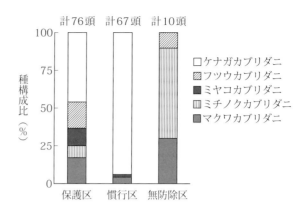

図3-13-1 アップルミントにおけるカブリダニ類の種構成と個体数
（福島県農業総合センター果樹研究所、2014）

6 天敵利用と農薬防除の労力と経費の比較

果樹園で天敵資材を購入して利用するにはコストが見合わないといくつかの調査によって指摘されている。そのため、殺虫剤削減防除体系では防除に要するコストをいかに低く抑えるかが今後の課題である。

昆虫寄生性センチュウ製剤でのコスカシバ防除は被害箇所を重点的に散布する方法のため、10a当たりの防除コストを比較すると化学合成殺虫剤と同等あるいは安くなる。今後、労力をいかに下げることができるかが課題として残っている。

（荒川昭弘）

露地栽培

14 カンキツ

1 対象害虫と主要天敵

　カンキツでは先人の努力によってカイガラムシ類の天敵導入に成功し、今もカンキツ産地で有効に働いている。また、元々日本に生息している天敵の有効性も明らかになってきた。

❶ カイガラムシ類、コナジラミ類の天敵

　1911年、イセリヤカイガラムシの天敵ベダリアテントウが台湾から導入された。雌成虫（写真3-14-1）は体長4mm、橙赤色地に黒い模様があるテントウムシ。成幼虫ともにイセリヤカイガラムシを貪欲に捕食し、現在でもカンキツ園で活躍している。

　1980年、中国からヤノネカイガラムシの寄生蜂2種が導入され、全国に配布放飼された。寄生蜂2種のうち、ヤノネキイロコバチ（写真3-14-2）は幼虫と未成熟雌成虫を、ヤノネツヤコバチはおもに雌成虫を攻撃、放飼3年以降にはカイガラムシは低密度に抑制された。2000年にはヤノネカイガラムシが農林水産省の病害虫発生予察事業の指定病害虫からはずれる程度に減少した。寄生蜂を導入する前には年間1～2回の薬剤防除が行なわれたが、薬剤防除が不要となり、防除経費削減の経済効果は大きい。

　これらを含め表3-14-1の天敵が全国のカンキツ産地に導入され、定着している（国の事業によりベダリアテントウやルビーアカヤドリコバチの配布が行なわれていたが、2003年に終了している）。ただし、現在でもこれらのカイガラムシ類が多発する場合がある。餌と天敵の関係から、害虫が減少した後に天敵が減り、ふたたび害虫が増加することがある。また、有機リン剤、合成ピレスロイド剤、ネオニコチノイド剤などの殺虫スペクトラムの幅広い殺虫剤は、散布時期によってはカイガラムシ類には効かずに天敵を抑制する可能性がある。

❷ ミカンハダニの土着天敵

　無防除のカンキツ園ではミカンハダニは低密度に維持される。これは自然発生の天敵類の作用である。静岡県の事例では、無防除園

写真3-14-1　ベダリアテントウ成虫
橙赤色地に黒い模様がある

写真3-14-2　ヤノネカイガラムシの未成熟幼虫に産卵するヤノネキイロコバチ

表3-14-1 カンキツ産地に導入され、定着している天敵

対象害虫	天敵(導入年)	天敵の特徴
イセリヤカイガラムシ	ベダリアテントウ(1911年)	成虫は体長4mm、橙赤色の地色に4つの黒い斑紋があるテントウムシ。幼虫は赤褐色の扁平で細長い楕円。成幼虫ともにイセリヤカイガラムシをよく食べる。殺虫剤散布の少ない圃場ではイセリヤカイガラムシの集団内に自然発生することも多い
ミカントゲコナジラミ	シルベストリコバチ(1952年)	成虫は体長1mm前後、淡褐色の寄生蜂。コナジラミの幼虫時期に合わせて年4回成虫が発生する。被寄生コナジラミの幼虫に寄生蜂が出た小さな丸い穴ができる
ルビーロウムシ	ルビーアカヤドリコバチ(1946年)	成虫は体長1.5mmの寄生蜂。6月と9月の年2回発生し、幼虫や成虫に産卵する。寄生されて死亡したルビーロウムシは黒色となるので、生きた虫と区別できる
ヤノネカイガラムシ	ヤノネキイロコバチ、ヤノネツヤコバチ(1980年)	両種とも成虫の体長1mm未満の寄生蜂。ヤノネキイロコバチの成虫は黄色の体色で、おもに未成熟雌成虫に産卵、幼虫はカイガラの内側でカイガラムシの虫体に取り付いて寄生(外部寄生)。ヤノネツヤコバチの雌成虫は黄褐色の小蜂で雌成虫に産卵し、幼虫はカイガラムシの体内に寄生する(内部寄生)。雌成虫の殻の丸い小孔は、寄生蜂の脱出孔。寄生蜂は5月から発生し、9、10月期にもっとも発生数が多い

ではおもにカブリダニ類、とくにニセラーゴカブリダニやコウズケカブリダニが活動している。しかし、この2種はジチオカーバメイト系殺菌剤の影響を強く受けるため、6月以降の慣行薬剤防除園ではほとんど発生せず、ミカンハダニが増加する要因の1つと考えられる。

慣行薬剤防除園では7～8月にミカンハダニが増加することがあるが、ミヤコカブリダニ(写真3-14-3上左)や甲虫類のダニヒメテントウ類(写真3-14-3下)やハダニカブリケシハネカクシ類(写真3-14-3上右)が発生し、ミカンハダニを抑制してくれる。これら捕食性甲虫類は成幼虫ともにミカンハダニ

写真3-14-3 ミカンハダニの土着天敵
上左：ミヤコカブリダニ雌成虫(左右はミカンハダニ卵)
上右：ミカンハダニの卵を捕食するヒメハダニカブリケシハネカクシ幼虫
下：キアシクロヒメテントウ幼虫

表3-14-2　ミカンハダニの主要な土着天敵

種類	特徴
カブリダニ類	カンキツ類ではおもにコウズケカブリダニ、ニセラーゴカブリダニ、ミヤコカブリダニが活動。雌成虫の胴長は0.4mmで涙型、体色は乳白色だが、ミカンハダニを捕食すると赤褐色を帯びる。ハダニよりも動きが速い。春は前2者が優占するが、ジチオカーバメート殺菌剤を散布した後には減少し、ミヤコカブリダニが優占する
ハダニヒメテントウ類	キアシクロヒメテントウとハダニクロヒメテントウの2種がいる。成虫は体長1.5mmで、黒色。幼虫は全体が黒褐色、扁平で細長い。成幼虫ともにハダニ類をよく捕食する。キアシクロヒメテントウの雌成虫は1日にミカンハダニの卵300個を食べることができる（25℃恒温条件）
ハダニカブリケシハネカクシ類	国内では2種類が知られる。成虫は体長1mm、体全体が黒色。ハダニ密度が比較的高くなってから後に圃場周辺から飛び込んでくる。成幼虫ともにハダニをよく捕食する（成虫は1日にハダニ卵100個を食べる）

を多数食べるため、ハダニの抑圧力が高い。一方、ミヤコカブリダニは25℃以上ではミカンハダニよりも増殖速度が速いため、7～8月にはミカンハダニの抑圧に役立っている（表3-14-2）。

ミカンハダニの土着天敵類は地域によって種構成が異なることがある。静岡県内では、キアシクロヒメテントウが多くてカブリダニ類が少ない産地、その逆の産地、または両方が発生する産地とさまざまであった。

これらの天敵類は微小で見つけにくい。簡単に見つける方法としては、夏季のミカンハダニが増加した時期に、白または黒色のプラスティック板などの上でカンキツの枝を10回ほど叩く。板に落ちたハダニに混じって、動きが速く朱色で光沢のある楕円形のダニがカブリダニ類である。なお、ミカンハダニの雄成虫やヒシダニ類も比較的動きが速いが、これらは朱色のひし形なので、数倍のルーペを使うと簡単に見分けられる。捕食性甲虫類の成幼虫も同時に落ちてくるが、若齢幼虫は0.5mm程度と小さいので、ルーペで観察するとよい。

❸ 市販されている天敵類

カンキツ類では自然発生の天敵類の利用が中心であるが、市販されている天敵も利用できる。

ハウスミカンではミカンハダニの薬剤抵抗性が発達し、薬剤防除が困難な場合もある。そこで、果菜類でも利用されている市販のミヤコカブリダニやスワルスキーカブリダニの放飼が検討されている。スワルスキーカブリダニではパック製剤（紙パック内に餌とともにカブリダニが封入され、数週間にわたってパックからカブリダニが外に出てくる）（59ページ参照）も利用できる。

また、昆虫寄生性糸状菌ボーベリア　ブロンニアティを不織布に固定した資材が市販されている（「バイオリサ・カミキリ」出光興産㈱）。この不織布をゴマダラカミキリの成虫発生初期に地際に近い主幹の分枝部分などに取り付ける。羽化した成虫は幹を歩き回るときにこの不織布に触れて菌に感染し、産卵前に発病して死亡する。

❹ 天敵類の効果が期待できない害虫

果樹カメムシ類やチャノキイロアザミウマはカンキツ園周辺で増殖し、成虫がカンキツ園に飛び込んでくるため、カンキツ樹上の天敵の働きはあまり期待できない。しかし、現在では発生予察技術が向上したので、病害虫発生予察情報などを参考に、薬剤防除を必要最小限に減らして、天敵類を保護することが重要である。なお、果樹カメムシ類やチャノキイロアザミウマの増殖場所では天敵類が密

度抑制に働いている可能性もある。果樹カメムシ類には寄生バエや卵寄生蜂が知られ、チャノキイロアザミウマにはカブリダニ類が増殖場所で密度抑制に働いている可能性がある。

　ミカンサビダニについても天敵類の効果があまり期待されていない。しかし、落葉果樹のサビダニ類に対してはカブリダニ類の捕食が知られている。また、タマバエ類の幼虫がサビダニを捕食することを観察した経験もある。

　このほかに、無防除園ではミカンコナジラミ、ミカンワタカイガラムシ、ミカンナガタマムシが多発しやすいので、これらに有効な天敵は少ないようである。

写真3-14-4　炭酸カルシウム微粉末剤を散布した直後のミカン樹
チャノキイロアザミウマの寄生を抑制する効果がある

2　天敵類と併用可能な薬剤防除

　カンキツ類では樹上に常在する種類の害虫が多く、天敵が発生する前に害虫が増加してしまい、被害が発生することがある。このため、天敵が発生しにくい時期や害虫が増加したときに、影響の小さい農薬を使用して天敵の効果が現われるまで害虫による被害を抑制する。

❶ マシン油乳剤

　マシン油乳剤は1925年以降使用されている古い剤であるが、安全性が高く、幅広い害虫に効果のあること、抵抗性発達の事例がないことから、現在も広く使われている。おもな使用時期は以下のとおり。なお、マシン油の種類によっては適用害虫、希釈倍数、使用時期が異なるので、使用前にラベルで確認すること。

・冬季（12～3月）にはカイガラムシ類、ミカンハダニに対して使用する。なお、厳寒期の使用は落葉を招くので使用しない。せん定後に散布すると散布ムラを減らせるので、カイガラムシ類に対する効果が高まる。

・春季（4～5月）にミカンハダニに対して使用する。ミカンハダニは2月下旬以降、温度上昇とともに増加している。冬季にマシン油乳剤を使用していない場合は、必ず春季の防除を行ない、春葉の被害を防ぐ。

・6月の使用は、ミカンハダニのほか、ミカンサビダニ、ヤノネカイガラムシ第1世代幼虫にも効果が期待できる。低濃度なので天敵のミヤコカブリダニに対する悪影響は小さい（表3-14-4）。

❷ 炭酸カルシウム水和剤

　炭酸カルシウム微粉末剤（商品名「ホワイトコート」）は銅剤に混用する炭酸カルシウム剤（商品名「クレフノン」）と同一成分であるが、粒径を細かくして付着性を向上させた製剤である。本剤は25～50倍希釈という高濃度液

表3-14-3 ハダニ天敵類に対する殺虫剤の影響

系統	薬剤名	キアシクロヒメテントウ	ミヤコカブリダニ
合成ピレスロイド剤	テルスター水和剤	×	○
	ロディー乳剤	×	○
	マブリック水和剤20	×	―
	アグロスリン乳剤	―	◎
有機リン剤	スプラサイド乳剤	×	△
	スミチオン乳剤	―	○
カーバメート剤	デナポン水和剤	×	―
	オリオン水和剤40	×	△
ネオニコチノイド剤	アドマイヤーフロアブル	×	○
	モスピラン水溶剤	×	○
	アクタラ顆粒水溶剤	×	○
	ダントツ水溶剤	△	○
	ベストガード水溶剤	○	○
	スタークル顆粒水溶剤	○	○
IGR	マッチ乳剤	△	◎
	アプロードフロアブル	○	◎
	カスケード乳剤	―	◎
その他	ハチハチ乳剤	×	×
	コテツフロアブル	◎	圃場○
	キラップフロアブル	◎	―
	スピノエースフロアブル	△	△
	ガンバ水和剤	―	×

注 ◎：影響ない（死亡率≦30％）、○：影響小さい（30％＜死亡率≦70％）、
△：影響大きい（70％＜死亡率≦95％）、×：影響きわめて大きい（95％＜死亡率）、―：未確認

表3-14-4 カンキツ園に発生するミヤコカブリダニに対する殺ダニ剤の影響

影響しない（死亡率≦30％）	影響小さい（30％＜死亡率≦70％）	影響大きい（70％＜死亡率≦95％）	影響きわめて大きい（死亡率＜95％）
マシン油E（100倍）、マシン油E（150倍）、ダニエモンF、ニッソランW、カネマイトF	コロマイトW、オマイトW、マイトコーネF	マシン油E（60倍）	バロックF、パノコンE、タイタロンF、マイトクリーンF、サンマイトW、ダニカットE

注 農薬名の記号 W：水和剤、E：乳剤、F：フロアブル
マシン油以外の農薬は、登録上の濃い濃度によって評価した

をカンキツ樹に散布することで（写真3-14-4）、チャノキイロアザミウマの寄生を抑制し、被害を防止する効果がある。25倍希釈液を梅雨入り前の6月上旬と梅雨明け後の7月中下旬に散布すると、6～8月に殺虫剤3～4回散布に匹敵する被害抑制が期待できる。

なお、本剤を散布するとミカンハダニが増加する場合がある。この原因は十分には解明されていないが、カブリダニ類の活動を一時的に抑制している可能性がある。しかし、天敵昆虫には影響しないので、捕食性甲虫類が飛来して、速やかにハダニを抑圧してくれる。

❸ 天敵類に影響の小さい農薬

　カンキツ園で使用される殺虫剤や殺ダニ剤のすべてが天敵に影響するわけではない。

　表3-14-3、表3-14-4は実験室内で殺虫剤などの影響を調べた結果である。合成ピレスロイド剤、有機リン剤、カーバメート剤はキアシクロヒメテントウに対してはきわめて大きい影響があるが、ミヤコカブリダニには影響しない剤もある。ネオニコチノイド剤やIGRは、カブリダニには大部分の剤が影響しないが、テントウムシには剤によっては影響が大きい。その他の系統ではコテツとキラップはテントウに対して影響しない。

　ミヤコカブリダニはダニの一種なので殺ダニ剤の影響を受けやすい。しかし、ダニ剤のなかには影響がないかまたは小さい剤があり（表3-14-4）、6～9月に殺ダニ剤を使用する場合はこれらの剤から選択する。

　寄生蜂への農薬の影響については、カキのコナカイガラムシ類の寄生蜂に関する研究事例がある。それによると合成ピレスロイド剤やネオニコチノイド剤は寄生蜂に2週間以上影響する剤が認められるが、IGR剤は影響が小さい。カンキツ園で発生するカイガラムシ類の寄生蜂への影響については今後解明が必要であるが、同様の傾向にあると思われる。

　皆殺し的殺虫効果のある有機リン剤や合成ピレスロイド剤は多種類の天敵に影響が大きいので、天敵が活動する時期には使用したくない剤である。一方、IGR剤は寄生蜂やカブリダニ類には影響しないが、キアシクロヒメテントウやベダリアテントウの幼虫には影響が大きい。また、ネオニコチノイド剤はカブリダニ類には影響しないが、寄生蜂やテントウムシには影響する（ただし、6月上中旬の1回であればハチやテントウムシへの影響は限定的なので、問題は少ない）。このように天敵の種類によって薬剤の影響が異なるため、活躍を期待する天敵の種類によって薬剤を選択する必要がある。

3　天敵類に対して影響の少ない農薬散布法

❶ 薬剤の選択と時期

　カイガラムシ類に対する薬剤防除適期はふ化幼虫発生盛期（IGR剤）、または2齢幼虫発生盛期（マシン油乳剤、その他の殺虫剤）である。成虫となってから有機リン剤やネオニコチノイド剤を散布すると防除効果が低いばかりか、寄生蜂を排除するだけなので、使用時期に気をつけたい。

❷ 天敵が期待できない害虫に対する薬剤防除

　ミカンサビダニに対しては、夏季には天敵類に影響の小さい薬剤、マシン油乳剤、またはIGR剤（マッチ乳剤、カスケード乳剤）やコテツフロアブルを用いる。9月以降は果実上でサビダニが増加するので9～10月には天敵類に影響の少ない殺ダニ剤（カネマイトフロアブル、マイトコーネフロアブル、ダニエモンフロアブル、コロマイト水和剤）を用いる。

　果樹カメムシ類に対して、病害虫発生予察情報で多発が予測される場合には園内を頻繁に観察する。カメムシが見られる場合は、合成ピレスロイド剤やネオニコチノイド剤を散布する必要があるが、その後にミカンハダニやカイガラムシ類が増加する場合があるので、注意が必要である。

❸ 周辺へのドリフト低減

　カンキツ園内のさまざまな植物にも天敵類が生息する可能性がある。例えば、防風垣に使われるイヌマキでは新芽がチャノキイロアザミウマの増殖場所となるが、天敵カブリダニも生息している。法面などの草花では、カブリダニ類が花粉を食べたり、寄生蜂の成虫

写真3-14-5　ナギナタガヤ草生栽培（出穂期）
ナギナタ草生園は裸地園に比べミヤコカブリダニの増加が早く、ミカンハダニの密度が低く抑えられる

が花蜜を利用している。散布薬剤の飛散量が多いと、周辺植物の天敵類を抑制する可能性がある。とくにスピードスプレーヤは薬剤が飛散するリスクが大きいので、注意が必要と思われる。

4　下草の活用
──ナギナタガヤなどの草生栽培

カブリダニ類はダニ類や微小昆虫の有力な捕食者であるが、寄生蜂や捕食性甲虫類に比べて移動能力は低い。そこで、カブリダニ類が生息できる植物を下草として果樹園に導入することが検討されている。下草にはそのほかの機能として、雑草抑制効果や土壌流亡防止効果が期待される。

ナギナタガヤ（写真3-14-5）は寒地型のイネ科1年草である。8月に除草剤で雑草を枯らした後に、9～10月に10a当たり3kgの種子を播種する（草生2年目以降は半量を播種）。播種2週間程度で発芽し、秋には徐々に生育、3～4月に草丈40～50cmまで伸び、4月下旬から出穂、5月下旬以降に株が倒れ、完全に枯死して敷ワラ状となる。枯死したナギナタガヤは傾斜地では滑りやすいので、平坦地に利用する。

静岡県西部のミカン圃場では、冬季にナギナタガヤからミヤコカブリダニが回収され、出穂後は穂からも回収された。また、ナギナタガヤ草生園ミカン樹では、裸地園に比べてミヤコカブリダニの増加が早く、ミカンハダニは裸地園に比べて低い密度に維持された。

愛媛県では暖地型のイネ科多年草バミューダグラスでもナギナタガヤと同様の効果が確認されている。ミヤコカブリダニはイネ科植物の花粉を利用すると推測されている。

5　天敵類を活用した防除体系

天敵類を活用し、天敵類に影響の小さな農薬を組み合わせた防除体系を次ページ図3-14-1にまとめた。どの害虫の防除対策を優先するかは圃場や年によって異なると思われるが、天敵類の発生時期を考慮して、6月から8月または9月には影響の強い薬剤を控えるように心がけたい。

これまで天敵利用のポイントを説明したが、圃場で天敵の働きは実感しにくい。害虫の発生が少ないときに天敵類を見つけることは困難なので仕方がないことだが、天敵の働きを想像しながら防除体系を検討してほしい。

（片山晴喜）

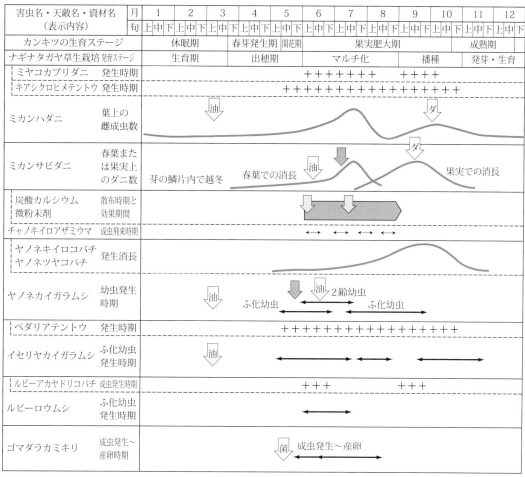

図3-14-1　天敵および影響の小さい薬剤によるカンキツの主要害虫に対する防除体系

露地栽培

15 チャ

1 チャ園の豊かな生物多様性を活かす

写真3-15-1　複雑な立体構造を呈するチャ株の断面

　チャ樹は永年性作物の常緑樹であり、自然仕立て園以外のチャ園では、厚い葉層を有する樹冠部と入り組んだ枝幹をもちあわせた複雑な立体構造をしている（写真3-15-1）。このような立体構造は、昆虫やダニ類など小さな生き物にとっては大変好適な住処となっている。また、樹上から散布された農薬は、樹冠部に遮断されて株内部にほとんど到達せず、株内部の天敵は保護される。「永年性」「常緑樹」「複雑な立体構造」といったチャ樹の特性は、チャ園の生物多様性を持続的かつ豊かに保つ要因となっており、その生物多様性の豊かさは、森林と果樹の中間にあたるともいわれる。

　チャ栽培での減農薬防除では、チャ園が本来もつ豊かな生物多様性、とくに多様な土着天敵類の力をいかにうまく引き出せるかがポイントとなる。そのためには、化学農薬に代わる防除技術の導入と、天敵保護が可能でかつ対象害虫には効果の高い選択性殺虫剤の活用、そして生物多様性を維持できるチャ園管理法の実践が必要である。

2 減農薬防除技術の実践

　チャを加害する害虫は120種以上いるが、通常防除対象となる害虫は10種程度である。とくに重要な害虫は、クワシロカイガラムシ、ハマキガ類（チャノコカクモンハマキ、チャハマキ）、カンザワハダニ、チャノミドリヒメヨコバイ、チャノキイロアザミウマ、チャノホソガなどである。これらの害虫は、いずれも既存の殺虫剤に対する薬剤抵抗性が問題となっており、薬剤に依存しない防除体系の構築が必要となってきた。減農薬を進めるうえでは、被害が出ない程度（被害許容水準以下）に各害虫を管理しつつ、全体としてコストも低減できるIPM（総合的有害生物管理）体系が現実的である。なお、IPM体系の個別技術については、IPM実践指標モデル（茶）（農林水産省ホームページ：http://www.maff.go.jp/j/syouan/syokubo/gaicyu/g_ipm/）が参考になる。

❶ 交信攪乱剤「ハマキコン－N」

　減農薬防除体系の基幹となるのは交信攪乱フェロモン剤である（写真3-15-2）。ハマキガ2種に対して密度抑制効果があり、本剤を春に導入することにより、原則、年間のハマキガ防除は不要となる。通常年3～4回に及ぶハマキ剤を削減することにより、ハマキガの天敵だけでなくクワシロカイガラムシなどほかの害虫の天敵保護にもつながり、結果として土着天敵類の保護と減農薬が達成される（図3-15-1、図3-15-2）。最近、設置労力の省力化を図ったロープタイプの製剤も実用化されている（写真3-15-3）。

写真3-15-2 ハマキコン-Nのディスペンサーを設置した様子

写真3-15-3 新しいロープタイプのハマキコン-N

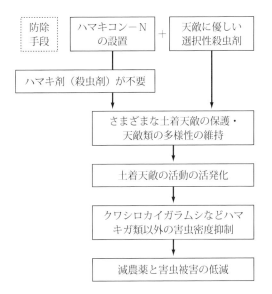

図3-15-1 交信攪乱剤(ハマキコン-N)を基幹とした減農薬防除体系で期待される効果

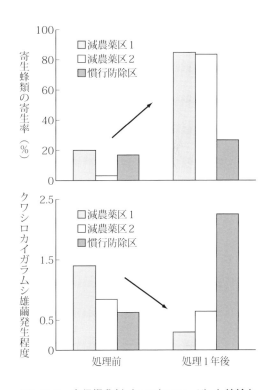

図3-15-2 交信攪乱剤(ハマキコン-N)を基幹とした減農薬防除体系におけるクワシロカイガラムシ密度と天敵寄生蜂の寄生率の変化 (小澤、2010を改変)

「ハマキコン-N」を基幹とした減農薬防除体系の例を表3-15-1に示した。この防除体系(化学農薬5回)では、静岡県の慣行基準防除回数(12回)の半分以下となり「特別栽培農産物」の基準をクリアする。

❷ 顆粒病ウイルス剤「ハマキ天敵」、BT剤

ハマキガ類に使用できる生物農薬として、顆粒病ウイルス剤「ハマキ天敵」と各種BT剤がある。前者はハマキガの病原ウイルス(2種)を後者は病原細菌(バチルス チューリンギエンシス)を主成分としており、ともに天敵類にまったく影響はない。基本的に散布世代の幼虫のみに効果があるので、年4回発生

するハマキガの防除ではピンポイントの防除となる。ともに紫外線に弱いので、5月の第1世代幼虫に使用するとよい。

❸ 選択性殺虫剤

　有機リン剤や合成ピレスロイド剤のように、天敵も含めた広い範囲の昆虫・ダニ類に殺虫活性のある薬剤は非選択性殺虫剤、逆に特定の害虫種のみに活性のある薬剤を選択性殺虫剤という。チャ栽培では、土着天敵の保護を考慮して選択性殺虫剤を中心に防除体系を組む（表3-15-1）。

　近年、チャで使用される殺虫剤のほとんどが選択性殺虫剤に代わってきたので、さほど無理なく天敵の保護が可能となっている。代表的な選択性殺虫剤としては、IGR剤（キチン合成阻害系、脱皮ホルモン系）やジアミド系（フェニックスなど）、IBR剤（昆虫行動制御剤：コルト顆粒水和剤など）などがある。ただし、同じ薬剤でも天敵の種類のよって影響程度が異なることがあるので、いちがいに安全とはいえないケースもある。表3-15-2に、チャで使用されるおもな農薬の土着天敵（筆者らによるチビトビコバチのデータが基礎）に対する影響程度を一覧にしたので、薬剤を選択するうえで参考にされたい。

❹ かん水

　近年、夏季は干ばつ気味になることが多くなった。スプリンクラーなどを用いたかん水は、チャ樹の樹勢回復とともに、害虫の発生も抑制する。とくに、クワシロカイガラムシでは、卵期にかん水を続けることでふ化率を下げる効果が期待できる。また、かん水により樹冠内部の湿度が高まるため、天敵のカブリダニ類の増殖にとって好適な環境となる。難防除害虫のナガチャコガネでは、乾燥しやすい土地での夏季のかん水は、翌年一番茶での被害を間接的に抑制する効果が期待できる（図3-15-3）。

❺ せん枝、整枝、すそ刈り

　中切り更新などせん枝は、枝幹に寄生するクワシロカイガラムシや葉に寄生するチャトゲコナジラミの物理的除去効果がある。また、葉層の除去により、芽に産卵するチャノミドリヒメヨコバイも一時的に除去される。二番茶摘採後の整枝や浅刈りは、遅れ芽や二番茶残葉の除去により、ヨコバイとアザミウマの発生を抑制する効果が期待できる。チャトゲコナジラミの幼虫はすそ葉に多く寄生しているので、すそ刈りは幼虫の除去効果があり、防除にあたってはすそ刈りを行なってから農薬を散布する。

　なお、中切りなどの強せん枝は、天敵の生息場所でもある葉層を除去してしまうため、更新はできるだけ長いスパン（5〜6年）で行なったほうがよい。

❻ 圃場周辺の雑草管理

　圃場周辺の雑草が問題となるのは、ツマグロアオカスミカメである。とくにヨモギなどは本種の好適な寄主植物なので、カスミカメの被害チャ園では、圃場周辺の雑草管理を徹底する。

❼ 黄色灯

　黄色灯（黄色ナトリウムランプ）は野菜類で

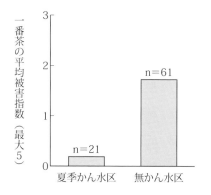

図3-15-3　夏季かん水のナガチャコガネによる翌年一番茶芽の被害抑制効果
（小澤・吉崎、2012を改変）

表3-15-1 三番茶未摘採園における減農薬防除体系モデル

茶期	対象病害虫	防除薬剤	備考
一番茶萌芽前	カンザワハダニ チャトゲコナジラミ	ダニゲッターフロアブル	ダニゲッターはチャノナガサビダニにも効果高い
	クワシロカイガラムシ	(プルートMC)	発生少なければ必要なし
	ハマキガ類	ハマキコン－N	通常は3月下旬設置。越冬量が少なければ、一番茶摘採後の5月中旬設置も可
一番茶生育期	コミカンアブラムシ	なし	ヒラタアブやテントウムシ類などの天敵の活動を期待
〈一番茶摘採(5月上旬)〉			
二番茶生育期	カンザワハダニ	なし	カブリダニ類の活動を期待
	チャノミドリヒメヨコバイ チャノキイロアザミウマ チャトゲコナジラミ ツマグロアオカスミカメ	コルト顆粒水和剤	
	チャノホソガ ヨモギエダシャク	(カスケード乳剤)	発生少なければ必要なし
	ハマキガ類	なし	ハマキコン－Nを使用しなかった場合は、BT剤もしくはハマキ天敵（GV製剤）を使用する
〈二番茶摘採(6月下旬)〉			
二番茶摘採直後	炭疽病	浅刈り（整枝）	二番茶残葉における炭疽病の病葉の除去。輪斑病の発生が心配な場合は、整枝直後にアミスター20フロブルなどの殺菌剤を散布する
三番茶生育期	チャノミドリヒメヨコバイ チャノキイロアザミウマ	ウララDFまたはガンバ水和剤	更新チャ園などでチャノキイロアザミウマが多発した場合はキラップフロアブルを追加散布
	チャノホソガ	なし	三番茶未摘採園では原則不要
	炭疽病、褐色円星病	インダーフロアブル	硬化初期、降雨後に散布
	ハマキガ類	なし	
三番茶硬化期(8月上旬)	ハマキガ類 ヨモギエダシャク	(フェニックスフロアブル)	発生少なければ必要なし
秋芽萌芽～生育期	チャノミドリヒメヨコバイ チャノキイロアザミウマ チャノホコリダニ チャトゲコナジラミ	ガンバ水和剤またはコテツフロアブル	三番茶生育期にガンバを使用した場合はコテツなど別薬剤にする
	チャノホソガ	(ファルコンフロアブル)	発生少なければ必要なし
〈秋冬番茶摘採(9月下旬)〉			
秋整枝後	カンザワハダニ チャトゲコナジラミ	マシン油乳剤	赤焼病の発生が心配な場合は先に銅剤を散布する
化学農薬の延べ散布回数		5(9)	ハマキコン－Nとマシン油は散布回数から除いた

注　( )内は、補完的な防除薬剤

表3-15-2 チャで使用されるおもな農薬の天敵類に対する影響程度

天敵に対する影響の強さ	殺虫・殺ダニ剤	殺菌剤
影響なし～やや弱い	アファーム乳剤 アプロードエースフロアブル アプロード水和剤 ウララDF オマイト乳剤 カスケード乳剤 ガンバ水和剤 キラップフロアブル コルト顆粒水和剤 サムコルフロアブル スターマイトフロアブル ダニゲッターフロアブル ダニサラバフロアブル ダニトロンフロアブル ハマキ天敵 バリアード顆粒水和剤[1] バロックフロアブル BT剤各種 プルートMC ファルコンフロアブル フェニックスフロアブル マシン油乳剤各種 マッチ乳剤 モスピラン水溶剤[1] ロムダンフロアブル	アミスター20フロアブル インダーフロアブル オンリーワンフロアブル スコア水和剤10 ストロビーフロアブル ダコニール1000 銅水和剤各種 フリントフロアブル25 フロンサイドSC
影響やや強い	除虫菊乳剤 アクタラ顆粒水溶剤 アドマイヤー顆粒水和剤 アルバリン(スタークル)顆粒水溶剤 ハチハチ乳剤 ベストガード水和剤	
影響強い	MR.ジョーカー水和剤 アーデント水和剤 オルトラン水和剤 サンマイトフロアブル スピノエースフロアブル ディアナSC ミルベノック乳剤 ランネートDF	
影響大変強い	アクテリック乳剤 エンセダン乳剤 カルホス乳剤 コテツフロアブル[2] スプラサイド乳剤40 ダーズバン乳剤40 ダントツ水溶剤 テルスターフロアブル	

注 1)ネオニコチノイド系は、総じてテントウムシ類などのコウチュウ目天敵に対する影響は強い
　　2)コテツフロアブルは、テントウムシ類に対する影響はやや弱い

はよく使われているが、チャ栽培での利用は多くない。筆者らの試験では、黄色灯はチャノホソガでは抑制効果が認められたが、ハマキガ類やチャノミドリヒメヨコバイ、チャノキイロアザミウマでは抑制効果はなかった。土地利用型のチャ栽培では設置コストやランニングコストが無視できないので、チャノホソガの被害に困っているチャ園では利用してもよい。

⑧ 敷き草

畝間への敷き草は、土壌の保水性向上や雑草管理に有効なうえ、コモリグモなどの地表徘徊性のクモ類やゴミムシ類の好適な生息場所になる。後述の「茶草場農法」（163ページ）も参照のこと。

⑨ 土着天敵の保護利用

チャ園には、多種多様な土着天敵が生息している。筆者らが行なった静岡県のチャ園における実態調査では、寄生蜂類は19科以上（種数はおそらく100種以上）、カブリダニ類は12種以上、クモ類は24科57種以上、テントウムシ類は8種以上、ゴミムシ類は8種以上、アリ類は6種以上の生息が確認されている。多様な天敵類を生態系サービスとして害虫制御に利用することが減農薬を推進するうえではもっとも重要である。以下、おもな害虫ごとに重要な天敵と、その保護方法について解説する（表3-15-3も参照）。

ⅰ）クワシロカイガラムシの天敵
―― チビトビコバチ、テントウムシ類、捕食性タマバエ

クワシロカイガラムシは、かつてはときどき多発する程度のふつうの害虫であったが、1990年代以降は最重要害虫になってきた。これは、合成ピレスロイド剤などの非選択性殺虫剤の多用による天敵の排除と、特定のクワシロ剤の連用による薬剤抵抗性の発達が原因である。実際、当時の激発チャ園では寄生蜂などの土着天敵はほとんど見つからなかった。元々、クワシロカイガラムシには多種類の天敵がいて、無農薬チャ園ではクワシロがほとんど発生しないことからも、天敵が密度抑制に有効に働いていることは明白である。

クワシロのおもな天敵は、寄生蜂類とテントウムシ類、捕食性タマバエである（写真3-15-4）。多くのチャ園で優占天敵種となっているチビトビコバチは、1齢幼虫に寄生するため、幼虫ふ化期に合わせて羽化してくる。幼虫ふ化期（年3化地域では5月下旬、7月下旬、9月下旬）はちょうど防除適期にもあたるため、クワシロ防除のために天敵に影響の

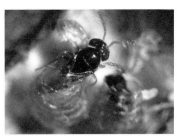

写真3-15-4　クワシロカイガラムシのおもな天敵類
上左：チビトビコバチ
上右：ナナセットビコバチ
下左：サルメンツヤコバチ
下右：ハレヤヒメテントウ

表3-15-3 チャの主要害虫とおもな土着天敵類

害虫	天敵	備考
クワシロカイガラムシ	チビトビコバチ(S)	1齢幼虫に寄生。チャ園では優占天敵種
	サルメンツヤコバチ(S)	おもに2齢幼虫に寄生する。チャ園には、二次寄生蜂のマダラツヤコバチもいる
	ナナセツトビコバチ(S)	雌成虫に寄生、寄主のフェロモンをカイロモンとして利用する
	クワシロミドリトビコバチ(S)	詳しい生態は不明
	タマバエの一種 *Dentifibula* sp. (S)	捕食性天敵。介殻の中で幼虫が雌成虫や卵を捕食する
	ハレヤヒメテントウ(S)	捕食性天敵では優占種
	ヒメアカホシテントウ(S)	捕食性天敵。場所により多い
	キムネタマキスイ(G)	捕食性天敵。テントウムシ2種に比べると少ない
	猩紅病菌(S)	昆虫寄生性糸状菌。しばしば多発する
チャノコカクモンハマキ	ハマキコウラコマユバチ(S)	チャノコカクモンハマキでは優占種
	ハマキオスグロアカコマユバチ(S)	チャノコカクモンハマキの幼虫に多寄生し、ときに成虫が大量発生して乱舞することがある
	ハマキサムライコマユバチ(S)	
	ヒメバチ類(G)	
	ゴミムシ類(G)	捕食性天敵。クロヘリアトキリゴミムシなど
	タマバエの一種(*Lestodiplosis.* sp.)(G)	捕食性天敵
	昆虫寄生性糸状菌(S)	昆虫疫病菌など
	昆虫病原ウイルス(S)	顆粒病ウイルスなど
チャハマキ	キイロタマゴバチ(S)	卵寄生蜂。夏から秋に多い。チャノコカクモンハマキの卵にも寄生する
	チャハマキチビアメバチ(S)	ヒメバチ科でチャハマキではよく見られる
	ヒメバチ類(G)	複数種がいる
	ゴミムシ類(G)	捕食性天敵。クロヘリアトキリゴミムシなど
	タマバエの一種(*Lestodiplosis.* sp.)(G)	捕食性天敵。夏から秋に見られる
	昆虫寄生性糸状菌(S)	昆虫疫病菌など
	昆虫病原ウイルス(S)	顆粒病ウイルスなど。顆粒病ウイルスは「ハマキ天敵」として製剤化され、販売されている
カンザワハダニ	カブリダニ類(ケナガカブリダニ(S)、ニセラーゴカブリダニ(G)、コウズケカブリダニ(G)、ニセトウヨウカブリダニ(G)、チリカブリダニ(S)など)	チリカブリダニは、2009年に静岡県のチャ園で確認された。最近は、ケナガカブリダニよりニセラーゴカブリダニが優占種となっている場合が多い
	ハダニバエ(S)	秋から春にかけてよく見られる
	ハダニアザミウマ(S)	夏季によく見られる
	ハネカクシ類(G)	チャ園では少ない
	ハモリダニ(G)	詳しい生態は不明。農薬に弱い
	コブモチナガヒシダニ(G)	秋によく見られる
チャノミドリヒメヨコバイ	クモ類(G)	ハエトリグモ類などいろいろ
	ホソハネコバチ類(S)	卵寄生蜂で、複数種がいる
	ハモリダニ(G)	詳しい生態は不明。農薬に弱い
	タカラダニ(S?)	詳しい生態は不明
チャノキイロアザミウマ	アザミウマタマゴバチ(S)	卵寄生蜂で、体サイズは世界最小クラス。農薬に弱く、慣行防除園ではほとんど見られない
	アザミウマヒメコバチ(S)	幼虫寄生蜂
	ニセラーゴカブリダニ(G)	チャ園では普通種
	ハモリダニ(G)	詳しい生態は不明。農薬に弱い
	テングダニ(G)	詳しい生態は不明
チャトゲコナジラミ	シルベストリコバチ(S)	チャトゲコナジラミの最重要天敵。外来種
	クロツヤテントウ(S)	捕食性天敵でチャ園ではチャトゲコナジラミのみを捕食する
	ペロマイセス属菌(G)	昆虫寄生性糸状菌。チャ園では広く見られる

害虫	天敵	備考
チャノホソガ	ハラナガミドリヒメコバチ(S)	ハラナガミドリヒメコバチやキイロホソコバチは、巻葉中の幼虫に外部寄生する
	キイロホソコバチ(S)	
	ノミコバチの一種(Elasmus sp.)(S)	Elasmus sp.は多寄生し、蛹から羽化する
	タマバエの一種(Lestodiplosis sp.)(G)	捕食性天敵。巻葉中の幼虫を捕食
ヨモギエダシャク	ヒメバチ類(G)	俵型の繭をつくる
	ヤドリバエ類(G)	寄生性天敵
	狩りバチ類(アシナガバチなど)(G)	捕食性天敵
	鳥類(G)	スズメ、カラスなど
コミカンアブラムシ	ヒラタアブ類(G)	捕食性天敵
	テントウムシ類(G)	ナミテントウ、ナナホシテントウなど
	アブラバチ類(S)	コマユバチ科。チャ園には、二次寄生蜂とされるキジラミタマバチもいる
	アブラコバチ類(S)	ツヤコバチ科の寄生蜂
	タカラダニ(S?)	詳しい生態は不明
ナガチャコガネ	ゴミムシ類、ムカデ類、アリ類、クモ類(G)	アリ類は土中の幼虫を捕食すると考えられる
	センチュウ類(G)	土中にいる昆虫寄生性センチュウ(スタイナーネマ)
	ボーベリア属菌(S)	昆虫寄生性糸状菌で幼虫・成虫ともに寄生する

注 S：スペシャリスト天敵、餌の種類が限られる単食性または狭食性の天敵
  G：ジェネラリスト天敵、広食性天敵

大きい有機リン剤などは使用しないようにする。この時期は、摘採面への散布薬剤についても天敵に影響の少ない薬剤を選択する（図3-15-4）。

なお、新しいクワシロ剤であるプルートMCは、冬季〜初春に散布されるため、コバチには影響はない。本剤は年1回だけの散布で通年の防除が可能であり、発生が少ない場合は2年に1回程度の散布でも有効だと思われる。

ii）ハマキガ類（チャノコカクモンハマキ、チャハマキ）の天敵
　　——ハマキコウラコマユバチやキイロタマゴバチ

ハマキガ類には、コマユバチ類やヒメバチ類などの寄生蜂とゴミムシ類などの捕食性天敵がいる（写真3-15-5）。とくにチャノコカクモンハマキでは、本種の卵〜幼虫に好んで寄生するハマキコウラコマユバチなどのスペ

写真3-15-5　ハマキガ類のおもな天敵類
上左：ハマキコウラコマユバチ
上右：ハマキコウラコマユバチの繭
下左：ヒメバチの一種
下右：ゴミムシの一種の幼虫

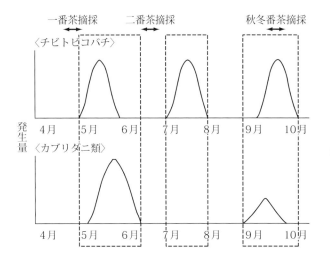

図3-15-4 有力な天敵が活発に活動する時期（点線の範囲 ）は、影響の強い農薬の散布は避ける
注 チビトビコバチは6月下旬、8月下旬、10月下旬頃にも発生するが、これらはクワシロカイガラムシには寄生できないので、図からは省いた

シャリスト天敵がおり、密度抑制に深く関わっている。

一方、チャハマキではヒメバチ類などが幼虫に寄生するが多くはなく、卵寄生蜂のキイロタマゴバチが重要天敵となっている。また、ゴミムシ類がしばしば多発して幼虫を捕食するが、ゴミムシ類の捕食は夏季の7～8月に限られるようだ。

その他の捕食者では、タマバエの一種が幼虫を捕食していることが最近わかった。コマユバチなどハマキガ類の寄生蜂は摘採面付近で飛翔しているため農薬の影響を受けやすく、活動が活発化する夏季は農薬の選択に注意する必要がある。

iii）カンザワハダニの天敵
―― カブリダニ類をメインに、ハダニバエやハダニアザミウマも

チャ園には、有名なケナガカブリダニだけではなく、さまざまな天敵が生息している（写真3-15-6）。筆者らの調査では計12種のカブリダニが見つかったが、このなかには外来種として有名なチリカブリダニも含まれており、静岡県のチャ園では本種が広く分布していることが明らかとなった。チリカブリダニの捕食能力は在来種よりはるかに大きいの

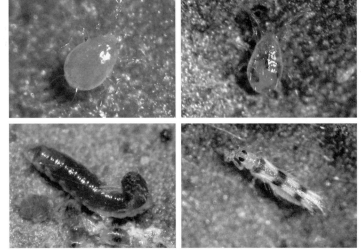

写真3-15-6 カンザワハダニのおもな天敵類
上左：ニセラーゴカブリダニ
上右：ケナガカブリダニ
下左：ハダニバエ
下右：ハダニアザミウマ

で、チリカブリダニが発生しているチャ園ではハダニが早く減少するようだ。

もっとも一般的な種は、チャノキイロアザミウマなども捕食するジェネラリストのニセラーゴカブリダニである。本天敵はケナガカブリダニに比べると農薬に弱いので、うっかり非選択性殺虫剤を使用するとハダニが激発することがあり、注意が必要である。

カブリダニ類以外では、ハダニバエやハダニアザミウマがいる。なお、こうした多様な天敵類の活動により、近年、カンザワハダニの発生は低く抑えられており、一昔前に比べると防除の必要度は大きく低下している。

iv）チャノミドリヒメヨコバイの天敵
　　──クモ類やハモリダニ、ホソハネコバチ類

捕食者のクモ類やハモリダニ、卵に寄生するホソハネコバチ類がいる。しかし、いずれの天敵も被害の大きい二番茶芽におけるヨコバイの増殖を抑制するほどの力はなく、長く続いている有機栽培園でさえ二番茶ではヨコバイの被害を免れないことが多い。減農薬防除体系では、二番茶期におけるヨコバイの防除だけは化学農薬に頼らざるを得ないので、天敵類に影響の少ない選択性殺虫剤を使用する。

なお、ハモリダニが多発したチャ園でヨコバイの発生がうまく抑えられている事例も見られるが、ハモリダニは農薬に非常に弱いようである。

v）チャノキイロアザミウマの天敵
　　──アザミウマタマゴバチなど

チャ園には、アザミウマタマゴバチという卵寄生蜂が生息しており、寄生率が高まるとアザミウマの密度はすぐに低下する。本種は非常に小さい（体長0.2㎜）ので、黄色トラップに捕獲された虫であっても実体顕微鏡の最高倍率での観察が必要である。農薬には弱く、慣行防除園ではほとんど見られない。一方、減農薬園や無農薬園では時として大量発生することがあり、無農薬園でチャノキイロアザミウマが問題とならないのは、アザミウマタマゴバチの活動による結果と考えられる。

そのほか、幼虫に寄生するアザミウマヒメコバチやニセラーゴカブリダニなどの捕食性天敵がいる。

vi）チャトゲコナジラミの天敵
　　──シルベストリコバチ、クロツヤテントウ

チャトゲコナジラミは侵入害虫であるが、同じく外来種である寄生蜂のシルベストリコバチが密度を抑制している。本天敵は、カンキツのミカントゲコナジラミ対策として1925年に中国からわが国に導入されたが、チャトゲとともに最近わが国に侵入したと考えられる系統もいるようだ（佐藤、私信）。現在では、チャトゲのいるチャ園に広く分布しており、近畿地方などチャトゲの発生が早かった地域では、シルベストリコバチの活動によりチャトゲの密度が大きく低下している。

そのほか、土着天敵のクロツヤテントウがいる。本天敵は、元々チャ園には生息していなかったが、コナジラミ類を好んで捕食するため、チャトゲの侵入に伴ってチャ園に生息するようになったと考えられる。

3　病害対策について

チャの病害には、炭疽病、もち病、輪斑病、褐色円星病、赤焼病などがある。チャでは拮抗微生物製剤などは実用化されていないため、減農薬防除技術としては物理的・耕種的防除が中心となる。普及品種である'やぶきた'は、炭疽病など多くの病害に感受性であるため、'やぶきた'以外の耐病性品種を導入することが減農薬への近道だが、実際には諸般の事情から難しい点がある。

炭疽病対策としては、二番茶摘採後に「浅刈りせん枝」を実施して、三番茶への伝染源となる二番茶残葉の病葉を除去する。輪斑病は、伝染源がチャ樹全体に及ぶためストロビルリン系などの殺菌剤散布しか有効策はないが、輪斑病菌に活性の低いDMI系殺菌剤の多用は輪斑病の多発を招くことがあるので、連用は避ける。

褐色円星病は、中切りなどの更新を短期間で繰り返すと、新葉と伝染源（地表や株内に落ちた病葉）が常時接近してしまうため感染しやすくなる。更新のスパンは長めにして葉層を厚く保つようにする。赤焼病では、防風ネットによる風の遮断が有効である。

病害全般として、堆肥の過剰投入によるチッソ過多や排水不良土壌による湿害が発病を助長するので、土壌管理についても注意する。

4 マイナー害虫対策について

減農薬を進めると、時として思いもよらぬマイナー害虫が発生することがある（表3-15-4）。これらの害虫は、かつては有機リン剤など非選択性殺虫剤の散布により主要害虫と同時に防除されていたが、主要害虫のみを狙った選択性殺虫剤と農薬散布回数の削減により発生が目立つようになった。チャドクガ以外の虫はあまり気にする必要はないが、マダラカサハラハムシのようにマイナーからメジャーに昇格しそうな害虫もいるので、今後の発生状況に注意する必要がある。

（小澤朗人）

表3-15-4　減農薬や無農薬・有機栽培チャ園でしばしば問題となるマイナー害虫の生態と防除法

害虫	生態	防除法
アオバハゴロモ	さまざまな緑花木に寄生する。年1化で7月に幼虫が出す綿状の分泌物が目立つようになる。8月以降は成虫となり、分泌物は出さない	多発すると7月に綿状の分泌物が目立つが実害はないので、一般には防除の必要はない
アカイラガ	幼虫は6月と9～10月に2回発生する。幼虫が葉裏からマダラ状に食害し、多発すると丸坊主状態になることがある。土中で蛹化し越冬する	ハマキ剤がよく効くので、ハマキガ類と同時防除する。BT剤も効果がある
カイガラムシ類（ツノロウムシ、ルビーロウムシ、ウスイロマルカイガラムシ、チャノマルカイガラムシなど）	ロウムシ類は枝に寄生してすす病を誘発する。ウスイロマルカイガラムシは葉裏に寄生し、寄生葉は黄化する	一時的に密度が高まる場合があるが、寄生蜂などの天敵も多いので、しばらく様子を見ることも必要。やむを得ない緊急時は、スプラサイド乳剤40を散布する
チャドクガ	卵越冬し、6月と9月に幼虫が発生する。幼虫・成虫だけでなく、死骸や葉に残った毒毛でもかぶれるので注意が必要。無農薬や有機栽培では、もっとも厄介な害虫となっている	IGR剤やジアミド剤などのハマキ剤を用いて早めに同時防除する。化学農薬の使用が制限されている場合は、BT剤も効果がある。圃場周辺のサザンカなどの緑花木が発生源となっている場合があるので注意する
マダラカサハラハムシ	8月中下旬に新成虫が羽化し、秋芽を食害する。成虫の一部は落葉の中などで越冬し、一番茶芽を食害することがある。産卵は落葉や土の中	8月下旬頃にコテツフロアブルなど適用のある薬剤を散布する。未熟な堆肥を投入すると地温が上がり、成虫の越冬率が高まるおそれがあるので注意する
ミノムシ類（チャミノガ、ミノガ、オオミノガ、ニトベミノガ）	チャミノガは、年1化で7～8月に新世代の幼虫が発生する。オオミノガは近年減少している	できるだけ捕殺する。化学農薬が使用できる場合は、若齢幼虫発生初期にハマキ剤を用いて同時防除する

土着天敵の保護利用にも一役 世界農業遺産の「茶草場農法」

静岡県の掛川市、菊川市、牧之原市などのチャ園では、古くから「茶草場農法」と呼ばれる環境保全技術が培われてきた。これは、チャ園周辺に自生しているススキやササなどの草を毎年秋から冬に刈り取り、乾燥させた後に細断してチャ畝の間などに敷き詰める農法である。

草の刈り取り場所は、「茶草場」として長年にわたって半自然の草地が保全されている（写真a）。近年の調査で、「茶草場」には希少種の山野草や地域固有の昆虫が生息し、貴重な生物多様性が保たれていることがわかった。「茶草場農法」は、草地の生物多様性保全と伝統的な持続的農法が評価されて2013年に「世界農業遺産」に指定された。

最近の研究により、チャ園に還元された茶草は良質なチャを生産するための豊かな土壌を育んでいることが科学的にわかってきた。また、敷き草（写真b）は、雑草の発生や干ばつ害を予防するだけでなく、クモ類やゴミムシ類などチャ園の天敵類の好適な生息場所になっていると考えられる。

「茶草場農法」は、土壌の改善機能のみならず、土着天敵の保護利用にも一役買っていることが推察される。

（小澤朗人）

写真a　秋の茶草場（チャ園の上部の草地）

写真b　乾燥させた茶草を畝間に敷き詰めた様子

付録1　主要害虫別バンカー法一覧

●アブラムシ類

	天敵の種類	代替寄主(餌)		バンカー植物
寄生者	Aphelinus abdominalis（ツヤコバチ科）	Sitobion avenae（ムギヒゲナガ近縁種）	イネ科	シコクビエ
	Aphidius ervi（アブラバチ科）	Sitobion avenae（ムギヒゲナガ近縁種）		シコクビエ、パンコムギ、ライムギ
		エンドウヒゲナガアブラムシ	マメ科	ソラマメ
	Lysiphlebus testaeipes（アブラバチ科）	ムギクビレアブラムシ	イネ科	イタリアンライグラス、シコクビエ、ラフブルーグラス
		ムギミドリアブラムシ		ソルガム
	Praon volucreなど(コマユバチ科)	Macrosiphum rosae	バラ科	バラ
		Sitobion avenae（ムギヒゲナガ近縁種）	イネ科	シコクビエ
	アブラムシ寄生蜂	キョウチクトウアブラムシ	トウワタ(ガガイモ科)、キョウチクトウ(キョウチクトウ科)	
	ギフアブラバチ(アブラバチ科)	ムギヒゲナガアブラムシ	イネ科	オオムギ
	Ephedrus cerasicola（アブラバチ科）	モモアカアブラムシ	ナス科	パプリカ
	コレマンアブラバチ(アブラバチ科)	アブラムシ	イネ科	コムギ
		ムギクビレアブラムシ		スズメノテッポウ近縁A、myosuroides
				イタリアンライグラス
				カワムギ
				シコクビエ
				トウモロコシ
				パンコムギ
				冬コムギ
				ペレニアルライグラス
				ラフブルーグラス
		ムギクビレアブラムシ+ Rhpasiphun maidis		カワムギ
		ムギミドリアブラムシ		コムギ
		ダイコンアブラムシ	アブラナ科	コールラビ
捕食者	ショクガタマバエ(タマバエ科)	Sitobion avenae（ムギヒゲナガ近縁種）	イネ科	シコクビエ
		ムギウスイロアブラムシ		エン麦
				ライムギ
		ムギクビレアブラムシ		カワムギ
				カワムギ
				パンコムギ
		ソラマメヒゲナガアブラムシ	マメ科	ソラマメ
		チューリップヒゲナガアブラムシ	ナス科	ジャガイモ
	ヒラタアブ(ハナアブ科)	Sitobion avenae（ムギヒゲナガ近縁種）	イネ科	シコクビエ
		Aphis sambuci（アブラムシ）	スイカズラ科	セイヨウニワトコ
寄+捕	コレマンアブラバチ+ショクガタマバエ	ムギクビレアブラムシ	イネ科	パンコムギ、パンコムギ+カワムギ

対象害虫	対象作物	発表者・年
チューリップヒゲナガアブラムシ、ジャガイモヒガナガアブラムシ	トマト(施設)	Fischer(1997)
ジャガイモヒガナガアブラムシ、モモアカアブラムシなど大型を含む多くのアブラムシ	トマト、ピーマン、ナス(施設)	Fischer(1997), Benison(2002), Jansson(2002)
多くのアブラムシ	施設作物	Blümel(2002)
ワタアブラムシ	キュウリ、メロン(施設)	Chiarini & Conte(1999), Boll et al.(2001), Chiarini & Conte(1999)
ワタアブラムシ	ピーマン(施設)	Rodrigues et al.(2001)
ジャガイモヒガナガアブラムシ	トマト(施設)	Maissonncuve(1990)
ジャガイモヒガナガアブラムシ	トマト(施設)	Fischer(2002)
アブラムシ	施設作物	Osborne(2002)
モモアカアブラムシ、ジャガイモヒガナガアブラムシ	野菜類(施設)	Ohta & Honda(2010)
モモアカアブラムシ	施設作物	Hofsvang & Hagvar(1979)
ワタアブラムシ	キュウリ(施設)	Shiono(2005), Saito(2005)
ワタアブラムシ	キュウリ(施設)	Conte et al.(1999)
ワタアブラムシ	キュウリ	Conte(1999)
ワタアブラムシ	キュウリ、スイカ、ピーマン(施設)	Hyum Gwan Goh et al. (2001), Blümel(2002)
ワタアブラムシ	キュウリ、メロン、ズッキーニ(施設)	Schoen & Martin(1997), Fischer & Leger(1997), Fischer(1997), Delgado(1997), Vergniaud(1997), Marline et al.(1998)
ワタアブラムシ	キュウリ(施設)	Jacobson & Croft(1998)
ワタアブラムシ	キュウリ(施設)	Conte(1998), Jacobson & Croft(1998), Conte et al.(1999), Blümel(2002)
Myzus nicotiana	ピーマン(施設)	van Schelt(1999)
ワタアブラムシ	キュウリ(施設)	Jacobson & Croft(1998)
ワタアブラムシ	キュウリ(施設)	Conte et al.(1999)
ワタアブラムシ	キュウリ(施設)	Hyum Gwan Goh et al.(2001)
モモアカアブラムシ	マメ類(施設)	Stary'(1993)
モモアカアブラムシ	施設野菜・花き類	Stary'(1970)
チューリップヒゲナガアブラムシ、ジャガイモヒガナガアブラムシ	トマト(施設)	Fischer(1997)
モモアカアブラムシ	施設作物	Kuo-Sell(1987)
チューリップヒゲナガアブラムシ、バラミドリアアブラムシ、Macrosiphum rosae	バラ(施設)	Gotte & Sell(2002)
ワタアブラムシ	キュウリ(施設)	Blümel(2002)
ムギワラギクオマルアブラムシ、ジャガイモヒガナガアブラムシ	キク(施設)	Ramakers & Maaswinkel(2002)
ワタアブラムシ	キュウリ(施設)	Bennison(1992)
モモアカアブラムシ	ピーマン(施設)	Hansen(1983), Hofsvang & Hagvar(1979), Hansen(1983), Blümel(1996)
ジャガイモヒガナガアブラムシ、Macrosiphum rosae	バラ(施設)	Blümel(1996)
チューリップヒゲナガアブラムシ、ジャガイモヒガナガアブラムシ	トマト(施設)	Fischer(1997)
Dysaphis plantaginea	リンゴ(露地)	Blümel & Hausdorf(1996)
ワタアブラムシ	キュウリ(施設)	Bennison(1992), Bennison & Corless(1992)

●コナジラミ類

	天敵の種類	代替寄主(餌)		バンカー植物
寄生者	オンシツツヤコバチ(ツヤコバチ科)	オンシツコナジラミ	ナス科	トマト、ナス
		Aleyrodes proletella	アブラナ科	ケール
	Eretmocerus hayati（ツヤコバチ科）	タバコナジラミ	ウリ科	カンタロープ(マスクメロン)
	Eretmocerus sophia（=*E.transvena*）(ツヤコバチ科)		パパイア科	パパイア
捕食者	*Delphastus pusillus*（テントウムシ科）	タバコナジラミ	パパイア科	パパイア
	Macrolophus caliginosus（カスミカメムシ科）	樹液		ジギタリス(ゴマノハグサ科)、タバコ(ナス科)、セージ(シソ科)、タバコ(ナス科)
		樹液＋スジコナマダラメイガ卵		タマリロ(ツリートマト)(ナス科)、タバコ(ナス科)
		Aleyrodes proletella		ナタネタビラコ(キク科)、クサノウ(ケシ科)
		オンシツコナジラミ	ナス科	ナス
	Dicyphushesperus（カスミカメムシ科）	樹液	ゴマノハグサ科	ビロウドモウズイカ
		樹液＋スジコナマダラメイガ卵		
	スワルスキーカブリダニ(カブリダニ科)	花粉＋花蜜	ナス科	観賞用トウガラシ
菌	*Paecilomycesfumosoroseus*（菌）	タバコナジラミ	パパイア科	パパイア

●アザミウマ類

	天敵の種類	代替寄主(餌)		バンカー植物
捕食者	デジェネランスカブリダニ(カブリダニ科)	花粉＋花蜜	トウダイグサ科	トウゴマ
	スワルスキーカブリダニ(カブリダニ科)		ナス科	観賞用トウガラシ(マスカレード、レッドミサイルなど)
		花粉	トウダイグサ科	トウゴマ
	Orius laevigatus（ハナカメムシ科）		キク科	キク、シュンギク
	Orius linsidiosus（ハナカメムシ科）		ナス科	観賞用トウガラシ(ブラックパール)

●ハモグリバエ類

	天敵の種類	代替寄主(餌)		バンカー植物
寄生者	ハモグリコマユバチ(コマユバチ科)＋イサエアヒメコバチ(ヒメコバチ科)	*Phytomyza caulinaris*（ハモグリバエの一種）	キンポウゲ科	ラナンキュラス(花キンポウゲ) *Ranunchuras repens* キンポウゲの一種 ミヤマキンポウゲ

●ダニ類

	天敵の種類	代替寄主(餌)		バンカー植物
捕食者	*Amblyseius andersoni*（カブリダニ科）	花粉＋樹液	キク科	アゲラタム、リビングストーン、ディージー
			ヒルガオ科	マルバアサガオ
	イチレツカブリダニ(カブリダニ科)	樹液	キク科	アゲラタム
			ヒルガオ科	マルバアサガオ
	ククメリスカブリダニ(カブリダニ科)	樹液	キク科	アゲラタム
			ヒルガオ科	マルバアサガオ
	ファラシスカブリダニ(カブリダニ科)	ウスコブツメハダニ、トドマツノハダニ	ヒノキ科	コノテガシワ
	ケナガカブリダニ	ナミハダニ	キク科	チトニア(メキシコヒマワリ)
	チリカブリダニ＋ミヤコカブリダニ＋ハダニバエ	*Oligonychus pratensis*（イネ科寄生）	イネ科	トウモロコシ

対象害虫	対象作物	発表者・年
オンシツコナジラミ	トマト、ナス、キュウリ、バラ(施設)	Walker, Parr & Stacey(1975), Stacey(1977), Xu(1991), Blümel(1989,1998), Pijnakker(2002)
オンシツコナジラミ	トマト、ピーマン、ナス、キュウリ(施設)	Laska & Zelenkova(1988), VanderLinden & VanderStaaij(2001)
タバココナジラミ	マスクメロン・スイカ(施設、露地)	Goolsby & Ciomperlik(1999), Pikettetal(2004)
タバココナジラミ	トマト、キュウリ、ピーマン(施設)	Osborneetal(1991), Xiaoetal.(2011)
タバココナジラミ	トマト、キュウリ、ピーマン(施設)	Osborneetal(1991)
オンシツコナジラミ	トマト、キュウリ、ピーマン(施設)	Arnoetal(2000), Arnoetal(2000), Helyer(2002), Schoen(2002), Fischer(2002), VanderLinden & VanderStaaij(2001)
		Ramakers(2002)
オンシツコナジラミ	トマト(施設)	Sanchezetal(2003)
		Lambertetal(2005)
タバココナジラミ	トマト、ピーマン、インゲンマメ(greenbean)など(施設)	Xiao,et al.(2012)
タバココナジラミ	トマト、キュウリ、ピーマン(施設)	Osborneetal(1991)

対象害虫	対象作物	発表者・年
アザミウマ、ハダニ ミカンキイロアザミウマ	キュウリ、ピーマン、バラなどアルストロメリア(花き)など(施設)	Ramakers & Voet(1995,1996), Van Rijn & Tanigosi(1996), Mainonneuve(2002)
チャノキイロアザミウマ	トマト、ピーマン、インゲンマメ(greenbean)など(施設)	Xiao et al.(2012)
ミカンキイロアザミウマ	施設作物(施設)	Messelink et al.(2005)
	キュウリ、ピーマン、バラなど(施設)	Pjnakker(2002), Fischer(2002), Monnat(1993), Pjnakker(2002)
	ピーマン、シクラメン、セントポーリア、ポットマム、アルストロメリア、キンギョソウなど(施設)	Valetin(2011), Wong(2012)

対象害虫	対象作物	発表者・年
アシグロハモグリバエ	レタス(施設)	van der Linden(1992)
		Goosens(1992)

対象害虫	対象作物	発表者・年
Eriophyes canestrinii フシダニの一種	ツゲ(樹木)(露)	van der Linden(2002)
Eriophyes macrotrichus フシダニの一種	クマシデ(樹木)(露)	van der Linden(2002)
Eriophyes macrotrichus フシダニの一種	クマシデ(樹木)(露)	van der Linden(2002)
ナミハダニ	庭木苗木生産(施&露)	Pratt & Croft (2000)
カンザワハダニ	チャ	富所・磯部(2010)
ナミハダニ	施設作物	Osborne(2002)

付録

付録2 天敵などへの殺虫・殺ダニ剤、殺菌剤の影響目安

●殺虫・殺ダニ剤

種類名	ショクガタマバエ			コレマンアブラバチ			ミヤコカブリダニ			チリカブリダニ			ククメリスカブリダニ			スワルスキーカブリダニ			タイリクヒメハナカメムシ			アリガタシマアザミウマ			オンシツツヤコバチ		
	幼	成	残	マ	成	残	卵	成	残	卵	成	残	卵	成	残	卵	成	残	幼	成	残	幼	成	残	蛹	成	残
アカリタッチ	−	−	−	◎	◎	0	◎	◎	−	◎	◎	0	−	−	−	◎	◎	−	−	−	−	◎	◎	0	◎	◎	0
アクタラ(粒)	−	−	−	−	−	−	−	−	−	−	−	−	−	−	−	−	−	−	−	−	−	−	−	−	−	−	−
アクタラ(顆粒水溶)	−	−	−	−	−	−	×	×	14	×	×	14	−	−	−	◎	◎	28	−	−	−	−	−	−	−	×	21
アクテリック	−	×	−	×	−	−	−	×	−	×	×	28	×	×	56	−	−	−	−	−	−	−	−	−	×	×	56
アーデント	−	−	−	−	−	−	−	−	−	−	−	−	−	−	−	×	×	21↑	−	×	−	−	−	−	−	−	−
アグロスリン	×	×	84	×	×	84	−	×	−	×	×	84	×	×	84	−	−	−	−	×	×	84	−	−	−	×	×	84
アタブロン	−	−	−	◎	◎	0	◎	◎	0	◎	◎	9	−	−	−	◎	◎	1	◎	◎	9	−	×	×	14↑	−	−	−	◎	◎	28
アニキ	−	◎	0	−	−	−	−	×	3	−	−	−	−	×	3	−	×	3	−	◎	0	−	−	−	◎	×	28
アディオン	×	×	84	×	×	84	−	−	△	−	×	×	84	−	◎	84	−	−	−	−	×	×	84	−	−	−	×	×	84
アドバンテージ(粒)	−	−	−	−	−	−	−	−	−	−	−	−	◎	◎	7	−	−	−	−	−	−	−	−	−	−	−	−
アドマイヤー	×	×	−	×	×	−	◎	◎	0	◎	◎	0	◎	◎	0	◎	◎	0	△	◎	−	×	×	14↑	△	△	△	◎	△	35
アドマイヤー(粒)	◎	◎	0	◎	◎	0	◎	◎	0	◎	◎	0	◎	◎	0	◎	◎	0	−	−	−	−	−	−	◎	×	30
アグリメック	−	−	−	−	−	−	−	−	−	−	−	−	−	−	−	−	−	−	−	×	14	−	△	28	−	−	21
アファーム	−	−	−	−	◎	−	◎	◎	7	◎	◎	0	◎	◎	0	◎	◎	6	−	×	−	−	×	7	×	×	−	◎	◎	21
アプロード	△	△	7	◎	◎	0	◎	◎	0	◎	◎	0	◎	◎	0	◎	◎	0	−	−	−	◎	◎	0	◎	◎	7
アプロードエース	−	−	−	−	−	−	−	−	−	−	−	−	−	−	−	−	−	−	−	−	−	−	−	−	−	−	−
ウララDF	−	−	−	◎	◎	0	◎	◎	0	◎	◎	0	−	−	−	◎	◎	−	−	−	−	◎	◎	0	◎	◎	0
エクシレルSE	−	−	−	◎	◎	0	◎	◎	0	◎	◎	0	−	◎	−	◎	◎	0	−	−	−	◎	◎	0	◎	◎	0
エビセクト	−	−	−	◎	×	−	−	−	−	◎	◎	7	−	◎	−	−	−	−	−	−	−	−	−	−	◎	◎	7
エンセダン	−	−	−	−	−	−	−	−	−	−	−	−	−	−	−	−	−	−	−	−	−	×	×	56	−	◎	−
オサダン	−	◎	−	◎	◎	0	◎	◎	0	◎	◎	0	−	−	−	◎	◎	0	−	−	−	◎	◎	−	◎	◎	0
オマイト	◎	◎	−	−	◎	−	△	△	−	−	−	−	×	△	0	−	×	−	−	−	−	−	−	−	△	△	7
オリオン	−	−	−	−	−	−	−	−	−	−	−	−	×	×	−	−	−	−	−	−	−	−	−	−	−	−	−
オルトラン(水)	−	×	28	−	×	−	−	×	21	−	×	28	×	×	28	−	×	−	−	×	−	−	◎	△	−	×	×	28
オルトラン(粒)	−	−	−	−	−	−	−	−	−	−	−	−	−	−	−	−	−	−	−	×	42	−	−	−	◎	×	30
オレート	−	−	−	−	−	−	◎	◎	0	−	−	−	−	−	−	−	◎	−	−	−	−	−	−	−	◎	◎	0
ガードサイド	−	×	−	−	×	−	−	−	−	◎	◎	0	×	×	56	−	◎	0	−	×	×	−	−	−	×	×	84
ガードホープ(液剤)	−	−	−	◎	◎	0	◎	◎	0	◎	◎	0	−	−	−	◎	◎	0	−	−	−	◎	◎	0	◎	◎	0
カーラ	−	◎	−	◎	◎	0	◎	◎	0	◎	◎	0	−	−	−	◎	◎	0	−	−	−	◎	◎	0	◎	◎	0
カスケード	−	−	−	◎	◎	0	◎	◎	0	◎	◎	0	−	−	−	◎	◎	0	−	◎	0	△	−	28	×	◎	0
ガスタード(粒)	−	−	−	−	−	−	−	−	−	−	−	−	−	−	−	−	−	−	−	−	−	−	−	−	−	−	−
カネマイト	−	−	−	◎	◎	0	◎	◎	0	◎	◎	−	−	−	−	◎	◎	−	−	−	−	−	−	−	◎	◎	−
カルホス	−	−	−	−	−	−	−	−	−	−	−	−	−	−	−	−	−	−	−	−	−	−	−	−	−	×	−
クロルピクリン	−	−	−	−	−	−	−	−	−	−	−	−	−	−	−	−	−	−	−	−	−	−	−	−	−	−	−
コテツ	−	−	−	−	−	−	−	◎	7	−	−	−	−	△	−	◎	×	6	−	−	−	◎	◎	0	△	△	−
コロマイト	−	−	−	−	−	−	−	◎	−	−	−	−	−	△	−	−	−	−	◎	×	−	−	−	−	◎	×	−
コロマイト(EC)	−	◎	0	−	−	−	−	△	1	−	−	−	−	−	−	−	×	7	−	×	1	−	◎	0	−	−	1
コロマイト(WP)	−	−	−	−	−	−	−	−	1	−	−	−	−	−	−	−	−	−	−	×	1	−	−	−	−	−	−
サイハロン	−	−	−	−	−	−	−	−	−	−	−	−	−	−	−	−	−	−	−	−	−	−	−	−	−	−	−
サニフィールド	−	−	−	−	−	−	−	−	−	−	−	−	−	−	−	−	−	−	−	−	−	−	−	−	−	−	−
サブリナフロアブル	−	−	−	−	◎	−	−	−	−	−	−	−	−	−	−	−	−	−	◎	◎	−	−	−	−	◎	◎	−
サンクリスタル乳剤	−	−	−	−	◎	0	−	◎	0	−	−	−	−	◎	0	−	−	−	−	◎	0	−	−	−	◎	◎	0
サンマイト	−	−	−	−	−	−	−	×	−	−	△	−	−	−	−	−	×	−	−	×	−	×	×	14	−	△	×	21
ジェットロン	−	−	−	◎	◎	0	−	−	−	−	−	−	−	×	*	−	−	−	−	−	−	−	−	−	◎	◎	0
ジメトエート	△	◎	−	×	×	−	−	×	−	×	×	56	×	×	84	−	−	−	−	×	×	−	−	−	−	×	×	84
除虫菊乳剤	−	×	14	−	×	−	−	−	−	◎	×	7	◎	×	7	−	−	−	−	−	−	◎	◎	0	−	×	3
シラトップ	−	−	−	−	−	−	−	−	−	−	−	−	−	−	−	−	−	−	−	−	−	−	−	−	−	−	−
スカウト	−	−	−	−	−	−	−	−	−	−	−	−	−	−	−	−	−	−	−	−	−	−	−	−	−	−	−
スタークル	−	−	−	−	−	−	−	−	−	−	−	−	−	−	−	−	◎	0	−	−	−	−	−	−	−	×	−
スピノエース	−	−	−	−	−	−	△	△	−	△	△	−	−	−	−	−	−	−	×	×	84	−	−	−	×	△	−	×	42

(日本バイオロジカルコントロール協議会の影響表を転載。2015年12月改訂)

サバクツヤコバチ			ハモグリコマユバチ イサエアヒメコバチ			クサカゲロウ類			ヨトウタマゴバチ類			ハモグリミドリヒメコバチ	ネマトーダ類		ボーベリア バシアーナ	バーティシリウム レカニ	バチルス ズブチリス	エルビニア カロトボーラ	マルハナバチ	
蛹	成	残	幼	成	残	幼	成	残	蛹	成	残	成虫	幼	残	分生子	胞子	芽胞	菌	巣	残
−	−	−	◎	◎	0	−	−	−	−	−	−	◎	−	−	−	−	◎	−	−	−
−	−	−	−	−	−	−	−	−	−	−	−	×	−	−	−	−	−	−	×	21
−	−	−	−	−	−	−	−	−	−	−	−	×	−	−	◎	−	◎	−	×	42
−	−	−	−	×	−	×	×	56	×	×	28	−	−	−	−	◎	−	◎	×	14
−	−	−	−	−	−	−	−	−	−	−	−	×	−	−	−	−	−	◎	◎	3
×	×	84	−	×	84	×	×	84	×	×	84	×	◎	0	−	−	◎	◎	×	20↑
−	−	−	◎	◎	0	−	−	−	−	−	−	◎	−	−	−	−	−	◎	×	4
◎	◎	0	−	◎	3	−	−	−	−	−	−	−	−	−	−	−	−	−	−	−
×	×	84	−	×	84	×	×	84	×	×	84	×	◎	−	−	−	◎	◎	水◎乳× ×	20↑
−	−	−	−	−	−	−	−	−	−	−	−	−	◎	−	−	−	◎	◎	×	21
−	−	−	◎	×	14	×	×	14	−	−	−	×	−	−	◎	−	◎	◎	×	30↑
◎	◎	0	−	◎	21	◎	◎	0	◎	◎	0	−	−	−	−	−	−	◎	×	35↑
−	−	−	−	−	−	−	−	−	−	−	−	−	−	−	−	−	−	−	−	−
−	−	−	−	−	×	−	−	−	−	−	−	−	−	−	−	−	◎	−	△	2
◎	◎	0	◎	◎	0	△	△	7	◎	◎	0	◎	◎	0	−	−	◎	−	◎	1
−	−	−	−	−	−	−	−	−	−	−	−	◎	−	−	−	−	−	−	−	−
−	−	−	◎	◎	0	−	−	−	−	−	−	−	−	−	−	−	−	−	−	−
−	◎	0	−	−	−	−	◎	0	−	◎	0	−	−	−	−	−	−	−	◎	1
−	−	−	◎	×	−	−	△	△	14	−	−	−	×	−	−	◎	−	◎	◎	3
−	△	−	−	−	×	−	−	−	−	−	−	−	◎	−	◎	−	−	−	−	−
◎	◎	0	◎	◎	0	−	−	−	−	−	−	−	−	−	−	−	−	◎	◎	1
−	−	−	◎	◎	−	−	−	−	−	−	−	−	−	−	−	×	−	−	−	−
×	×	28	−	×	28	×	×	28	◎	×	−	×	◎	0	◎	△	◎	−	×	10〜20
−	−	−	−	×	49	−	−	−	−	−	−	−	−	−	−	−	−	◎	×	14〜30
−	−	−	◎	◎	0	−	−	−	−	−	−	◎	−	−	−	◎	−	−	◎	1
−	−	−	−	−	−	−	−	−	−	−	−	−	−	−	−	−	−	−	×	14
−	−	−	−	◎	22	−	−	−	−	−	−	−	−	−	−	−	−	−	◎	1
◎	◎	0	◎	◎	0	◎	◎	0	◎	◎	0	−	−	−	−	−	−	−	△	2
◎	◎	0	−	−	0	△	×	−	−	−	−	−	−	−	−	−	−	−	◎	21
−	−	−	−	◎	−	−	−	−	−	−	−	−	−	−	−	−	−	−	−	−
−	−	−	−	×	49	−	−	−	−	−	−	−	◎	30	◎	−	−	−	×	14
−	−	−	−	−	−	−	−	−	−	−	−	−	−	−	−	−	−	−	×	28
−	−	−	−	−	−	−	−	−	−	−	−	×	−	−	−	−	−	◎	◎	9
◎	−	0	−	−	3	−	−	−	−	−	−	−	−	−	−	−	−	−	−	−
−	−	−	−	−	−	−	−	−	−	−	−	−	−	−	−	−	−	◎	水◎乳× ×	4
−	−	−	−	−	−	−	−	−	−	−	−	−	◎	0	−	−	−	−	−	−
−	−	−	◎	◎	−	◎	◎	−	−	−	−	−	−	−	−	−	−	−	−	0
−	◎	−	−	−	−	−	−	−	−	−	−	−	−	−	−	−	−	−	−	−
−	−	−	◎	△	21	−	◎	−	−	−	−	◎	−	−	−	−	◎	−	×	1〜4
−	−	−	−	−	−	−	−	−	−	−	−	−	−	−	−	−	−	−	◎	0
−	−	−	−	−	−	×	×	84	×	×	42	−	◎	−	◎	−	−	−	×	20↑
−	−	−	−	×	7	◎	−	7	×	−	−	◎	0	−	−	−	−	−	−	−
−	−	−	−	−	−	−	−	−	−	−	−	−	−	−	−	−	◎	−	△	2
−	×	−	−	−	−	−	−	−	−	−	−	−	−	−	◎	−	◎	−	−	−
−	−	−	−	−	−	−	−	−	−	−	−	×	−	−	◎	−	◎	◎	×	3〜7

付 録

（殺虫・殺ダニ剤のつづき）

種類名	ショクガタマバエ			コレマンアブラバチ			ミヤコカブリダニ			チリカブリダニ			ククメリスカブリダニ			スワルスキーカブリダニ			タイリクヒメハナカメムシ			アリガタシマアザミウマ			オンシツツヤコバチ		
	幼	成	残	マ	成	残	卵	成	残	卵	成	残	卵	成	残	卵	成	残	幼	成	残	幼	成	残	蛹	成	残
スプラサイド	−	△	×	×	−	△	×	−	−	×	×	21	×	×	56	−	−	−	×	×	14	−	−	−	×	×	56
スミサイジン混剤	×	×	84	×	×	84	−	−	−	×	×	84	×	×	84	−	−	−	×	×	84	−	−	−	×	×	84
スミチオン	−	−	−	−	−	−	−	−	−	−	−	−	×	−	×	×	×	56	−	−	−	−	×	−	△	×	56
ゼンターリ	−	−	−	−	−	−	−	−	−	−	−	−	−	−	−	−	−	−	−	−	−	◎	◎	−	−	−	−
ダーズバン	−	×	−	×	×	−	−	△	14	◎	△	7	×	×	56	−	−	−	◎	×	−	−	−	−	△	×	84
ダイアジノン(乳・水)	×	×	56	×	×	−	−	◎	14	◎	◎	7	◎	×	21	−	−	−	×	×	−	−	−	−	◎	×	42
ダイアジノン(粒)	−	−	−	−	−	−	−	−	−	−	−	−	−	−	−	−	−	−	−	−	−	−	−	−	−	−	−
ダイシストン(粒)	−	−	−	−	−	−	−	−	−	−	−	−	−	−	−	−	−	−	−	−	−	−	−	−	−	−	−
ダニカット	−	−	−	−	−	−	×	21	×	×	21	−	×	28	−	−	−	◎	△	21	−	−	−	×	×	21	
ダニサラバ	−	−	−	−	−	−	◎	◎	−	◎	◎	−	−	−	−	◎	◎	−	−	−	−	−	−	−	−	−	−
ダニトロン	−	−	−	−	−	−	◎	◎	−	◎	◎	−	−	−	−	◎	◎	0	−	−	−	−	−	−	−	−	−
ダントツ	−	−	−	−	−	−	◎	◎	0	◎	◎	−	−	−	−	−	−	−	−	−	−	−	−	−	−	−	−
チェス	◎	◎	0	◎	◎	0	◎	◎	0	◎	◎	0	◎	◎	0	◎	◎	0	◎	◎	−	◎	◎	−	◎	◎	0
DD	−	−	−	−	−	−	−	−	−	−	−	−	−	−	−	−	−	−	−	−	−	−	−	−	−	−	−
DD92	−	−	−	−	−	−	−	−	−	−	−	−	−	−	−	−	−	−	−	−	−	−	−	−	−	−	−
ディトラペックス	−	−	−	−	−	−	−	−	−	−	−	−	−	−	−	−	−	−	−	−	−	−	−	−	−	−	−
ディプテレックス	−	−	−	−	×	−	−	−	−	×	×	14	×	×	14	−	−	−	×	×	−	−	−	−	−	−	−
テデオン	−	−	−	−	◎	−	−	−	−	◎	◎	0	−	◎	−	−	−	−	−	−	−	◎	◎	−	◎	○	7
デミリン	◎	◎	0	◎	◎	−	−	−	−	◎	◎	0	◎	◎	0	−	−	−	−	−	−	◎	◎	−	◎	◎	0
テルスター（水）	×	×	84	×	×	84	−	−	−	×	×	84	◎	◎	84	×	−	−	×	×	84	−	−	−	×	×	36
テルスター（煙）	−	−	−	−	−	−	−	−	−	−	○	7	−	−	−	−	−	−	−	−	−	−	−	−	−	−	−
デルフィン水和剤	−	−	−	−	−	−	−	−	−	◎	◎	−	−	−	−	−	−	−	−	−	−	−	−	−	−	−	−
トクチオン	−	−	−	−	−	−	−	−	−	−	−	−	×	−	−	−	−	−	×	−	−	−	−	−	−	−	−
トリガード	−	◎	0	◎	◎	−	−	◎	0	◎	◎	−	◎	◎	0	◎	◎	0	−	◎	−	−	−	−	◎	◎	0
トルネードエースDF	−	○	7	−	−	−	−	−	−	◎	◎	7	−	◎	7	◎	◎	0	−	◎	7	−	−	−	◎	◎	14
トレボン	−	−	−	−	−	−	◎	◎	−	◎	◎	0	−	◎	−	−	−	−	×	×	14↑	×	△	−	−	×	35
ニッソラン	−	−	−	−	−	−	◎	◎	0	◎	◎	−	−	−	−	◎	◎	0	−	−	−	◎	◎	0	◎	◎	0
ネマトリン	−	−	−	−	−	−	−	−	−	−	−	−	−	−	−	−	−	−	−	−	−	−	−	−	−	−	−
ネマトリンエース(粒)	−	−	−	−	◎	0	◎	◎	21	◎	◎	0	−	◎	0	−	−	−	−	−	−	−	−	−	−	−	−
粘着くん	−	−	0	×	−	*	◎	−	*	◎	−	*	◎	−	*	◎	−	−	−	◎	△	0	△	×	◎	◎	△	0
ノーモルト	−	−	−	−	−	−	−	◎	0	◎	−	−	◎	◎	0	−	−	−	−	×	−	−	◎	14	×	◎	◎	0
ハチハチ	−	−	−	−	−	−	−	−	−	−	−	14	−	−	−	−	−	14	−	×	36	−	−	−	−	×	−
ハッパ乳剤	−	−	−	−	−	−	−	−	−	○	−	−	−	−	−	◎	−	0	−	−	−	−	−	−	◎	◎	0
バイスロイド	×	×	84	×	×	84	−	−	−	×	×	84	×	×	84	−	×	84	×	×	84	−	−	−	×	×	84
バイデート(粒)	−	−	−	−	−	−	−	−	−	−	−	−	−	−	−	◎	◎	0	−	−	−	−	−	−	◎	◎	0
パダン	−	−	−	−	−	−	−	−	−	−	−	−	−	−	−	−	−	−	−	−	−	−	−	−	−	−	−
バリアード	−	−	−	−	−	−	◎	◎	−	−	△	−	◎	◎	−	◎	◎	−	−	−	−	−	−	−	−	×	3
バロック	−	−	−	−	−	−	×	◎	−	−	◎	−	−	−	−	−	−	−	−	−	−	−	−	−	△	−	−
BT剤	◎	◎	0	◎	◎	0	◎	◎	0	◎	◎	0	◎	◎	0	◎	◎	0	◎	◎	0	◎	◎	0	◎	◎	0
ピラニカ	−	−	−	−	−	−	×	×	14	◎	−	−	×	−	−	−	◎	−	−	×	×	7	△	−	−	−	−	
ファルコン	−	−	−	−	−	−	−	−	−	−	−	−	−	−	−	◎	◎	−	−	−	−	−	−	−	−	−	−
プリロッソ粒剤	−	−	−	◎	◎	0	◎	◎	0	◎	◎	0	−	−	−	◎	◎	0	−	−	−	−	−	−	◎	◎	0
プレオー	−	−	−	−	−	−	−	−	−	−	−	−	−	−	−	−	−	−	−	−	−	−	−	−	−	−	−
プレバソン	−	−	−	−	◎	0	−	◎	−	−	◎	−	−	◎	−	−	◎	0	−	−	−	−	−	−	◎	◎	0
フェニックス	◎	◎	0	◎	◎	0	−	−	−	−	−	−	−	−	−	−	−	−	−	−	−	−	−	−	◎	◎	0
ペイオフ	−	◎	−	−	×	−	−	−	−	×	×	42	×	×	−	−	−	−	−	−	−	−	−	−	×	◎	−
ベストガード(水)	−	−	−	−	−	−	−	△	−	△	○	−	×	×	5	×	×	−	−	−	−	×	×	−	△	×	30
ベストガード(粒)	−	−	−	−	−	−	−	−	−	−	−	−	−	−	−	−	−	−	−	−	−	−	−	−	◎	×	28
ベネビアOD	−	−	−	◎	◎	0	◎	◎	0	−	−	−	−	−	−	−	−	−	−	−	−	−	−	−	◎	◎	0
ベリマークSC	−	−	−	−	−	−	−	−	−	−	−	−	−	−	−	−	−	−	−	−	−	−	−	−	◎	◎	0
ペンタック	−	−	−	−	−	−	−	−	−	−	−	−	−	△	14	−	△	−	28	−	−	−	−	−	−	−	−
ボタニガード	−	−	−	−	−	−	−	−	−	−	−	−	−	−	−	−	−	−	−	−	−	−	−	−	−	−	−
マイコタール	−	−	−	−	−	−	◎	−	−	◎	−	0	−	◎	−	◎	−	−	−	−	−	−	−	−	−	−	−
マイトコーネ	−	−	−	−	−	−	◎	−	−	◎	◎	0	−	◎	−	◎	−	−	−	−	−	−	−	−	−	−	−
マシン油	−	◎	−	−	◎	−	−	○	28	−	△	−	−	◎	−	−	◎	−	−	◎	−	−	−	−	◎	◎	0

サバクツヤコバチ			ハモグリコマユバチ イサエアヒメコバチ			クサカゲロウ類			ヨトウタマゴバチ類			ハモグリミドリヒメコバチ	ネマトーダ類		ボーベリア バシアーナ	バーティシリウム レカニ	バチルス ズブチリス	エルビニア カロトボーラ	マルハナバチ	
蛹	成	残	幼	成	残	幼	成	残	蛹	成	残	成虫	幼	残	分生子	胞子	芽胞	菌	巣	残
−	−	−	×	×	−	×	×	56	×	×	28	−	◎	−	◎	×	◎	×	×	30
×	×	84	×	×	84	×	×	84	×	×	84	−	◎	−	−	◎	−	−	×	30↑
−	−	−	−	−	−	△	×	−	×	×	70	×	○	1	×	×	◎	−	×	20↑
−	−	−	−	−	−	−	−	−	−	−	−	◎	−	−	−	−	−	−	−	−
−	−	−	×	×	−	×	×	84	×	×	28	−	◎	14	◎	△	−	−	×	30↑
−	−	−	−	−	−	×	×	28	×	×	14	×	◎	14	◎	×	×	◎	×	15〜30
−	−	−	−	−	−	−	−	−	−	−	−	−	−	−	−	−	−	−	×	30
−	−	−	−	−	−	−	−	−	−	−	−	−	−	−	−	−	−	−	○	1
○	○	14	−	−	−	−	◎	−	○	×	28	−	◎	0	−	△	−	−	◎	−
−	−	−	−	−	−	−	−	−	−	−	−	−	−	−	−	−	−	−	◎	−
−	−	−	−	×	−	−	−	−	−	−	−	△	−	−	−	−	−	−	◎	1
−	−	−	−	−	−	−	−	−	−	−	−	×	−	−	−	−	−	−	−	−
◎	◎	0	◎	◎	0	◎	◎	0	◎	◎	0	−	◎	0	−	−	−	−	−	−
−	−	−	−	−	−	−	−	−	−	−	−	−	−	−	−	−	−	−	×	28
−	−	−	−	−	−	−	−	−	−	−	−	−	−	−	−	−	−	−	×	28
−	−	−	−	−	−	−	−	−	−	−	−	−	−	−	−	−	−	−	×	28
−	−	−	−	×	−	−	−	○	×	−	−	◎	○	0	◎	−	◎	−	×	−
−	−	−	−	◎	0	◎	◎	−	◎	△	14	○	−	−	△	−	−	−	◎	1
−	−	−	−	−	−	◎	−	0	×	△	−	◎	−	−	−	−	−	−	◎	−
×	×	84	×	×	84	×	×	84	×	×	84	−	−	−	−	−	−	−	×	30
−	−	−	−	−	−	−	−	−	−	−	−	−	−	−	−	−	−	−	−	−
−	−	−	−	×	−	−	−	−	−	−	−	−	−	−	−	−	−	◎	−	−
◎	◎	0	◎	◎	0	×	×	−	−	−	−	◎	◎	0	◎	◎	◎	◎	○	1
−	−	−	−	−	−	−	−	−	−	−	−	◎	−	−	−	−	−	◎	×	6
−	−	−	−	△	×	21	−	−	−	−	−	−	−	−	−	−	−	◎	×	20↑
◎	◎	0	◎	◎	0	−	−	−	◎	◎	0	−	◎	−	−	−	−	−	◎	1
−	−	−	−	−	×	42	−	−	−	−	−	−	−	−	−	−	−	−	−	−
−	−	−	−	◎	19	−	−	−	−	−	−	−	−	−	−	−	−	−	−	−
◎	△	0	◎	◎	0	−	−	0	◎	−	0	−	◎	−	0	−	−	−	◎	−
◎	◎	0	◎	◎	0	×	△	−	−	0	−	◎	◎	0	−	−	−	−	◎	1
−	×	−	−	−	−	−	−	−	−	−	−	×	−	−	−	−	−	◎	−	5
−	○	0	−	○	0	−	−	−	−	−	−	−	−	−	−	−	−	−	−	−
×	×	84	×	×	84	×	×	84	×	×	84	−	−	−	−	−	−	−	×	−
−	−	−	−	◎	0	○	−	0	−	−	−	−	×	7	−	−	−	−	×	14
−	−	−	−	×	21	−	−	−	−	−	−	−	−	−	−	−	−	−	×	3
−	−	−	−	−	−	−	−	−	−	−	−	○4,000	−	−	−	◎	−	−	−	−
−	−	−	−	−	−	−	−	−	−	−	−	◎	−	−	−	−	−	−	−	−
◎	◎	0	◎	◎	0	◎	◎	0	◎	◎	0	−	◎	0	−	−	−	−	◎	−
−	−	−	−	−	○	−	−	−	−	−	−	×	−	−	−	−	−	−	◎	1
−	−	−	−	−	−	−	−	−	−	−	−	−	−	−	−	−	−	−	−	−
−	◎	0	−	−	−	◎	◎	0	◎	◎	0	−	−	−	−	−	−	−	◎	0
−	−	−	−	−	−	−	−	−	−	−	−	◎	−	−	−	−	−	◎	−	−
−	−	−	−	◎	0	−	◎	0	−	−	−	−	−	−	−	−	−	−	◎	1
−	−	−	−	−	−	−	−	−	−	−	−	−	−	−	−	−	−	−	−	1
−	−	−	−	−	◎	−	−	−	−	−	−	−	−	−	−	◎	−	◎	×	28
−	−	−	−	−	×	−	−	−	−	−	−	×	−	−	−	−	◎	−	×	10↑
−	−	−	−	−	−	−	−	−	−	−	−	−	−	−	−	−	−	−	×	30↑
−	◎	0	−	−	◎	0	◎	0	−	−	−	−	−	−	−	−	−	−	◎	1
−	◎	0	−	−	◎	0	◎	0	−	−	−	−	−	−	−	−	−	−	◎	0
−	−	−	−	−	−	−	−	−	−	−	−	△	−	−	−	−	−	−	−	−
−	−	−	−	◎	0	−	−	−	−	−	−	−	−	−	−	−	−	−	◎	−
−	−	−	−	−	−	−	−	−	−	−	−	◎	−	−	−	◎	−	−	◎	−
−	−	−	△	−	◎	◎	0	−	−	−	−	◎	0	−	◎	−	−	−	◎	1

（殺虫・殺ダニ剤のつづき）

種類名	ショクガタマバエ			コレマンアブラバチ			ミヤコカブリダニ			チリカブリダニ			ククメリスカブリダニ			スワルスキーカブリダニ			タイリクヒメハナカメムシ			アリガタシマアザミウマ			オンシツツヤコバチ		
	幼	成	残	マ	成	残	卵	成	残	卵	成	残	卵	成	残	卵	成	残	幼	成	残	幼	成	残	蛹	成	残
マッチ	−	△	−	−	−	−	◎	◎	0	◎	◎	0	◎	◎	0	◎	◎	−	△	△	14	×	◎	−	◎	◎	−
マトリック	−	◎	−	−	−	−	◎	◎	0	◎	◎	0	◎	◎	0	◎	◎	0	−	−	−	−	◎	−	−	−	0
マブリック（水）	−	−	−	−	−	−	○	−	×	×	−	×	×	42	×	×	−	−	−	×	×	−	○	◎	−	×	7
マブリック（煙）	−	−	−	−	−	−	−	−	−	−	−	−	−	−	−	−	−	−	−	−	−	−	−	−	−	−	−
マラソン	△	△	14	×	×	84	−	−	−	×	×	14	×	×	84	−	−	−	×	×	−	×	×	−	×	×	84
マリックス	△	×	−	×	×	−	−	−	−	×	×	14	×	×	56	−	−	−	−	△	−	×	×	−	×	◎	84
ミクロデナポン	△	×	−	×	×	−	−	−	−	×	×	14	−	×	56	−	−	−	×	×	−	×	×	14↑	−	△	28
Mr.ジョーカー	−	−	−	−	−	−	−	−	−	−	−	−	−	−	−	−	−	−	×	−	−	−	−	−	−	−	−
ミルベノック	−	−	−	−	−	−	○	◎	−	◎	○	−	×	−	−	△	−	−	×	◎	◎	0	−	−	−	−	−
モスピラン（水）	−	−	−	−	−	−	−	−	−	○	−	−	○	−	0	−	△	7	−	−	−	×	△	−	−	◎	24
モスピラン（煙）	−	−	−	−	−	−	−	−	−	−	−	−	−	−	−	−	−	−	−	−	−	−	−	−	−	−	24
モスピラン（粒）	−	−	−	−	−	−	−	−	−	−	−	−	○	−	7	−	−	−	−	−	−	−	−	−	−	−	−
モレスタン	−	−	−	−	−	−	−	−	−	−	−	−	−	−	−	−	−	−	−	−	−	−	−	−	−	−	−
ラービン	×	×	−	×	×	−	−	−	−	−	−	−	×	×	−	−	−	−	−	−	−	−	−	−	×	×	−
ラノー	−	−	−	−	−	−	◎	◎	0	−	◎	−	−	−	−	−	−	−	◎	◎	0	−	−	−	−	◎	1
ランネート	×	×	84	×	×	84	−	−	−	△	×	28	×	×	56	−	−	−	×	×	84	−	−	−	×	×	70
リラーク	−	−	−	−	−	−	−	−	−	−	−	−	−	−	−	−	−	−	−	−	−	−	−	−	−	−	−
ルビトックス	−	○	−	−	−	−	−	×	−	−	△	−	−	−	−	−	−	−	−	×	14	−	−	−	×	×	84
レルダン	−	−	−	−	−	−	−	−	−	−	−	−	−	−	−	−	−	−	−	−	−	−	△	−	×	◎	84
ロディー（乳）	×	×	84	−	×	84	−	−	−	−	×	84	×	×	84	−	−	−	−	×	84	−	−	−	×	×	84
ロディー（煙）	−	−	−	−	−	−	−	−	−	−	−	−	−	−	−	−	−	−	−	−	−	−	−	−	−	−	−
ロムダン	−	−	−	−	−	−	◎	◎	0	◎	◎	0	−	−	−	−	−	−	◎	−	0	−	−	−	−	−	−

注　卵：卵に、幼：幼虫に、成：成虫に、マ：マミーに、蛹：蛹に、胞子：胞子に、巣：巣箱の蜂のコロニーに対する影響です。残：その農薬が天敵に対して影響のなくなるまでの期間で単位は日数です。数字の横に↑があるものはその日数以上の影響がある農薬です。＊：薬液乾燥後に天敵を導入する場合には影響がないが、天敵が存在する場合には影響が出るおそれがあります。

記号：天敵などに対する影響
　→野外・半野外試験…◎：死亡率0〜25％、○：25〜50％、△：50〜75％、×：75〜100％、
　　室内試験…◎：死亡率0〜30％、○：30〜80％、△：80〜99％、×：99〜100％
　　マルハナバチに対する影響
　→◎：影響なし、○：影響1日、△：影響2日、×：影響3日以上

・マルハナバチに対して影響がある農薬については、その期間以上巣箱を施設の外に出す必要があります。影響がない農薬でも、散布にあたっては蜂を巣箱に回収し、薬液が乾いてから活動させてください。
・本評価表は会員の負担により維持、訂正が行なわれています。転載にあたっては所定の転載料を事務局までお支払いくださるようお願いもうしあげます。
・表中のエルビニア カロトボーラは乳剤との混用はできませんが、3日以上の散布期間であれば近接散布可能です。またバチルス ズブチリスは混用できない剤とでも、翌日以降の近接散布は可能です。
・表中の影響の程度および残効期間はあくまでも目安であり、気象条件(温度、降雨、紫外線の程度および換気条件など)により変化します。
・上記の理由により、この表が原因で事故が発生しても、当協議会としては一切責任を負いかねますのでご了承の上、ご使用ください。
・最新のデータについては、www.biocontrol.jpを参照してください。

サバクツヤコバチ			ハモグリコマユバチ / イサエアヒメコバチ			クサカゲロウ類			ヨトウタマゴバチ類			ハモグリミドリヒメコバチ	ネマトーダ類		ボーベリア バシアーナ	バーティシリウム レカニ	バチルス ズブチリス	エルビニア カロトボーラ	マルハナバチ	
蛹	成	残	幼	成	残	幼	成	残	蛹	成	残	成虫	幼	残	分生子	胞子	芽胞	菌	巣	残
◎	◎	0	−	−	−	−	−	−	×	◎	−	−	◎	−	◎	−	◎	−	◎	−
−	−	−	◎	◎	−	◎	◎	−	◎	−	−	−	−	−	−	◎	◎	−	−	−
×	×	−	×	−	×	×	×	−	×	×	42	−	◎	−	◎	−	◎	◎	×	2〜3
−	−	−	−	−	−	−	−	−	−	−	−	−	−	−	−	−	−	−	×	2〜3
×	×	84	−	×	−	×	×	−	×	×	84	×	◎	−	◎	△	−	−	×	30
−	−	−	−	×	−	◎	×	−	×	×	56	−	◎	0	×	◎	−	−	×	7
−	−	−	−	×	−	△	×	28	×	×	−	−	◎	7	×	−	−	×	×	3
−	−	−	−	−	−	−	−	−	−	−	−	−	−	−	−	−	−	−	−	−
−	−	−	◎	×	−	−	−	−	−	−	−	−	−	−	−	−	−	−	−	−
−	−	−	−	△	−	−	−	−	−	−	−	◎	−	−	◎	−	◎	◎	◎	1
−	−	−	−	−	−	−	−	−	−	−	−	−	−	−	−	−	−	−	◎	1
−	−	−	−	−	−	−	−	−	−	−	−	◎	−	−	−	−	−	−	−	1
×	×	−	×	×	−	×	×	−	×	×	−	−	×	−	−	−	−	◎	×	4
−	−	−	◎	◎	−	◎	◎	0	−	◎	−	◎	−	−	−	−	−	−	◎	0
×	×	84	×	×	84	×	×	84	×	×	84	−	×	7	◎	◎	◎	◎	×	14
−	−	−	−	−	−	−	−	−	−	−	−	−	◎	0	−	−	−	−	−	−
−	−	−	−	−	−	−	−	−	◎	−	△	×	42	−	−	−	◎	−	△	2
×	×	−	−	−	−	−	−	−	−	−	−	−	−	−	−	−	−	−	×	28
×	×	84	×	×	84	×	×	84	×	×	84	−	△	−	◎	◎	◎	×	×	14
−	−	−	−	−	−	−	−	−	−	−	−	−	−	−	−	−	−	−	×	14
−	−	−	−	−	−	−	−	−	−	−	−	−	−	−	−	−	◎	−	◎	−

● 殺菌剤

種類名	ショクガタマバエ 幼	成	残	コレマンアブラバチ マ	成	残	ミヤコカブリダニ 卵	成	残	チリカブリダニ 卵	成	残	ククメリスカブリダニ 卵	成	残	スワルスキーカブリダニ 卵	成	残	ハナカメムシ類 幼	成	残	アリガタシマアザミウマ 幼	成	残	オンシツツヤコバチ 蛹	成	残
アミスター	−	−	−	−	−	−	−	−	−	◎	◎	0	−	−	−	◎	◎	−	−	−	−	◎	◎	−	◎	◎	0
アフェット	−	−	−	−	−	−	−	◎	−	−	−	−	−	◎	0	−	◎	−	−	−	−	−	−	−	−	−	−
アリエッティー	−	−	−	−	◎	◎	−	◎	0	◎	◎	0	−	−	−	−	−	−	−	◎	−	−	−	−	−	◎	−
アントラコール	−	−	−	−	◎	−	−	−	−	×	×	7	−	△	−	−	×	−	−	◎	−	−	−	−	◎	×	28
アンビル	◎	◎	0	−	◎	◎	−	◎	−	−	◎	0	−	−	−	−	−	−	−	−	−	−	−	−	−	−	−
イデクリーン	−	−	−	−	−	−	−	◎	−	−	◎	−	−	−	−	−	◎	−	−	−	−	−	−	−	−	−	−
イオウフロアブル	◎	◎	−	◎	−	−	−	−	−	◎	◎	0	−	◎	−	−	−	−	−	◎	◎	0	−	−	−	◎	◎	3
園芸ボルドー	−	−	−	−	−	−	−	−	−	−	−	−	−	−	−	−	◎	−	−	−	−	−	−	−	−	−	−
オーシャイン	−	−	−	−	−	−	−	−	−	−	−	−	−	−	−	−	−	−	−	−	−	−	−	−	−	−	−
オーソサイド	◎	◎	0	−	−	−	−	−	−	◎	◎	0	−	−	−	−	◎	−	−	◎	0	−	−	−	−	◎	−
カスミン	−	−	−	−	−	−	−	−	−	−	−	−	−	−	−	−	−	−	−	−	−	−	−	−	−	−	−
カスミンボルドー	−	−	−	−	−	−	−	−	−	−	−	−	−	−	−	−	−	−	−	−	−	−	−	−	−	−	−
カーゼートPZ	−	−	−	−	−	−	−	−	−	−	−	−	−	△	−	−	−	−	−	−	−	−	−	−	−	◎	−
カリグリーン	−	−	−	◎	◎	0	◎	◎	0	◎	◎	0	−	◎	0	◎	◎	0	−	◎	◎	−	◎	0	−	◎	−
カンタス	−	◎	−	−	◎	0	−	◎	0	−	−	−	−	−	−	−	◎	0	−	−	−	−	◎	0	−	◎	0
キノンドー	−	−	−	−	−	−	−	−	−	−	−	−	−	−	−	−	−	−	−	◎	◎	−	−	−	−	−	−
グラステン	−	−	−	−	−	−	−	−	−	−	−	−	−	−	−	−	−	−	−	−	−	−	−	−	−	−	−
グランサー	−	−	−	−	−	−	−	−	−	−	−	−	−	−	−	−	−	−	−	−	−	−	−	−	−	−	−
ゲッター	−	−	−	−	−	−	−	−	−	−	−	−	−	−	−	−	−	−	−	−	−	−	−	−	−	◎	◎
クリーンヒッター	−	−	−	−	−	−	−	−	−	−	−	−	−	−	−	−	−	−	−	−	−	−	◎	◎	−	−	−
サプロール	◎	◎	−	◎	◎	0	◎	◎	0	◎	◎	0	◎	◎	7	−	−	−	◎	◎	0	−	−	−	−	◎	0
サルバトーレME	−	−	−	−	−	−	−	−	−	−	◎	0	−	−	−	−	−	−	−	−	−	−	−	−	−	−	−
サンヨール	−	−	−	−	◎	◎	0	−	−	−	◎	−	−	−	−	−	◎	0	−	◎	−	−	−	−	−	−	−
シグナム	−	−	−	−	−	−	−	◎	0	−	−	−	−	−	−	−	◎	0	−	−	−	−	−	−	−	−	−
ジマンダイセン	−	−	−	◎	◎	0	−	◎	0	−	◎	0	−	−	−	−	◎	0	−	×	−	−	−	−	−	◎	−
ジャストミート	−	−	−	−	◎	0	−	◎	0	−	◎	0	−	−	−	−	−	−	−	−	−	−	−	−	−	−	−
スコア	−	−	−	−	−	−	−	−	−	−	−	−	−	−	−	−	−	−	−	−	−	−	−	−	−	−	−
ストロビー	−	◎	−	−	◎	0	−	−	−	−	◎	0	−	−	−	−	◎	0	−	−	−	−	−	−	−	−	−
スミレックス	◎	◎	−	◎	◎	0	◎	◎	0	◎	◎	0	−	◎	0	−	◎	−	−	◎	◎	−	◎	△	0	◎	−
スミブレンド	−	−	−	−	−	−	−	−	−	−	−	−	−	−	−	−	−	−	−	−	−	−	−	−	−	−	−
セイビアー	−	−	−	−	−	−	−	−	−	−	◎	0	−	−	−	−	−	−	−	−	−	−	◎	0	−	−	−
ダイセン	−	◎	−	−	◎	−	−	◎	−	−	◎	0	−	◎	−	−	◎	0	−	−	−	−	−	0	−	◎	−
ダコグリーン	−	−	−	−	−	−	−	−	−	−	−	−	−	−	−	−	−	−	−	−	−	−	−	−	−	−	−
ダコニール	−	◎	◎	0	−	◎	0	−	◎	−	−	◎	0	−	−	−	−	−	−	−	−	−	−	−	−	◎	−
チウラム	−	◎	−	−	◎	−	−	◎	0	△	−	−	−	◎	−	−	◎	−	−	−	−	−	−	−	−	△	7
チルト	◎	×	−	−	◎	−	−	◎	−	−	◎	−	−	−	−	−	◎	−	−	−	−	−	−	−	−	−	−
デラン	−	−	−	−	−	−	−	−	−	−	−	−	−	−	−	−	−	−	−	−	−	−	−	−	−	◎	0
銅剤	−	◎	−	−	◎	−	−	◎	−	−	◎	0	−	−	−	−	◎	0	−	−	−	−	−	−	−	−	−
トップジンM	−	−	−	◎	◎	−	−	−	−	◯	×	3	◯	×	3	−	△	7	−	−	−	−	−	−	−	×	14
トリアジン	−	−	−	−	−	−	−	−	−	−	−	−	−	−	−	−	−	−	−	−	−	−	−	−	−	−	−
トリフミン	◎	◎	0	−	◎	0	−	◎	0	−	◎	0	−	◎	0	−	◎	0	−	−	−	−	◎	−	−	◎	0
ナリア	−	◎	−	−	◎	0	−	◎	0	−	◎	0	−	−	−	−	−	−	−	−	−	−	−	−	−	−	−
バイコラール	◎	−	−	◎	−	−	−	◎	−	−	◎	0	−	−	−	−	−	−	−	−	−	−	−	−	−	−	−
バイレトン	−	−	−	−	◎	−	−	◎	−	−	◎	0	−	−	−	−	◎	0	−	−	−	−	−	−	−	◎	0
バシタック	−	−	−	−	−	−	−	−	−	−	−	−	−	−	−	−	−	−	−	−	−	−	−	−	−	−	−
パスポート	◎	◎	0	◎	◎	0	−	◎	0	−	◎	0	−	◎	0	−	◎	0	−	−	−	−	−	−	−	◎	0
ハーモメイト	−	−	−	−	−	−	−	−	−	−	−	−	−	−	−	−	−	−	−	−	−	−	−	−	−	−	−
バリダシン	−	−	−	−	−	−	−	−	−	−	−	−	−	−	−	−	−	−	−	−	−	−	−	−	−	−	−
パンソイル灌注	−	−	−	−	−	−	−	◎	0	−	◎	0	−	−	−	−	−	−	−	−	−	−	−	−	−	◎	0
ビスダイセン	−	−	−	−	−	−	−	−	−	−	−	−	−	−	−	−	−	−	−	−	−	−	−	−	−	−	−
フェスティバル	−	−	−	−	◎	0	−	◎	−	−	◎	0	−	−	−	−	−	−	−	−	−	−	−	−	−	◎	−
フルピカ	−	−	−	−	−	−	−	◎	−	−	−	−	−	−	−	−	−	−	−	−	−	−	−	−	−	−	−
ベフラン	−	−	−	−	−	−	−	−	−	−	−	−	−	−	−	−	−	−	−	◎	◎	−	−	−	−	−	−
ベルクート	−	−	−	−	◎	−	−	−	−	−	−	−	◎	◎	0	−	−	−	−	−	−	−	◎	◎	−	◎	−

（日本バイオロジカルコントロール協議会の影響表を転載。2015年12月改訂）

サバクツヤコバチ			イサエアヒメコバチ・ハモグリコマユバチ			クサカゲロウ類			ハモグリミドリヒメコバチ	ネマトーダ類		ボーベリア バシアーナ	バーティシリウム レカニ	バチルス ズブチリス	エルビニア カロトボーラ	マルハナバチ
蛹	成	残	幼	成	残	幼	成	残	成虫	幼	残	分生子	胞子	芽胞	菌巣	残
－	－	－	◎	◎	0	－	－	－	◎	－	－	×	－	◎	◎	1
－	－	－	－	－	－	－	－	－	－	－	－	◎	◎	7	－	－
－	－	－	－	◎	0	－	－	－	－	◎	0	×	×	×	△	2
◎	◎	0	－	×	－	◎	◎	－	－	－	－	×	◎	×	◎	1
－	－	－	－	－	－	◎	◎	0	－	◎	0	－	×	－	◎	－
－	－	－	－	－	－	－	－	－	－	－	－	－	－	－	－	－
◎	△	7	－	△	7	◎	◎	－	△	△	0	◎	×	◎	◎	0
－	－	－	－	－	－	－	－	－	－	－	－	－	－	－	－	－
－	－	－	－	－	－	－	－	－	－	－	－	－	－	－	－	－
◎	◎	0	－	△	－	◎	◎	0	－	－	－	△	×	◎	◎	0
－	－	－	－	－	－	－	－	－	－	－	－	－	－	－	－	－
－	－	－	－	－	－	－	－	－	－	－	－	－	－	－	－	－
－	◎	－	◎	◎	0	－	－	－	－	－	－	－	◎	×	◎	0
－	－	－	－	◎	0	－	－	－	－	－	－	－	◎	×	－	－
－	－	－	－	－	－	－	－	－	◎	◎	0	－	－	－	－	－
－	－	－	－	－	－	－	－	－	－	◎	0	－	－	－	－	－
－	－	－	－	－	－	－	－	－	－	－	－	△	－	－	－	－
－	－	－	－	－	－	－	－	－	－	－	－	－	－	－	◎	－
◎	◎	0	－	◎	0	◎	◎	0	－	◎	0	×	△	◎	◎	0
－	－	－	－	－	－	－	－	－	◎	－	－	×	－	◎	－	0
－	－	－	－	－	－	－	－	－	－	－	－	－	◎	－	－	0
◎	◎	0	－	◎	0	－	◎	0	－	－	－	×	×	◎	◎	0
－	－	－	－	◎	0	－	－	－	－	－	－	×	－	◎	－	－
－	－	－	－	◎	0	－	－	－	◎	－	－	△	◎	◎	◎	－
◎	◎	0	－	◎	0	◎	◎	0	◎	◎	－	◎	◎	◎	◎	0
－	－	－	－	－	－	－	－	－	◎	－	－	×	－	◎	◎	－
◎	◎	0	◎	◎	0	◎	◎	0	－	－	－	×	－	×	－	0
－	－	－	－	◎	0	－	－	－	－	－	－	－	－	－	－	－
◎	○	7	－	◎	0	－	◎	0	－	－	－	×	×	◎	◎	0
－	－	－	－	－	－	－	－	－	◎	－	－	◎	△	－	×	－
◎	◎	0	－	◎	0	◎	◎	0	◎	－	－	×	×	◎	◎	0
◎	◎	0	－	◎	0	◎	◎	0	◎	－	－	△	◎	×	◎	0
－	－	－	－	◎	0	－	－	－	－	－	－	－	－	◎	×	－
◎	◎	0	－	◎	0	◎	◎	0	◎	◎	0	△	◎	◎	◎	1
◎	◎	0	◎	◎	0	◎	◎	0	◎	◎	0	△	△	◎	◎	－
－	－	－	－	－	－	－	－	－	－	－	－	－	◎	◎	◎	1
－	◎	0	－	◎	0	－	－	－	◎	◎	－	×	－	◎	－	－
－	－	－	－	－	－	－	－	－	○	－	－	－	－	－	－	－
－	－	－	－	－	－	－	－	－	○	－	－	－	－	－	－	－
◎	◎	0	－	－	－	－	－	－	－	－	－	◎	－	－	－	－
－	－	－	－	－	－	－	－	－	－	－	－	－	◎	×	◎	0
－	－	－	－	－	－	－	－	－	－	－	－	－	－	－	－	0
－	－	－	－	－	－	－	－	－	－	－	－	◎	－	－	－	0
－	－	－	－	－	－	－	－	－	◎	－	－	×	－	◎	×	◎	0

（殺菌剤のつづき）

種類名	ショクガタマバエ			コレマンアブラバチ			ミヤコカブリダニ			チリカブリダニ			ククメリスカブリダニ			スワルスキーカブリダニ			ハナカメムシ類			アリガタシマアザミウマ			オンシツツヤコバチ		
	幼	成	残	マ	成	残	卵	成	残	卵	成	残	卵	成	残	卵	成	残	幼	成	残	幼	成	残	蛹	成	残
ベンレート	◎	◎	0	◎	◎	0	–	–	–	◎	△	21	◎	△	21	–	–	–	◎	◎	0	◎	◎	–	◎	◎	0
ポリオキシンAL	◎	△	–	–	–	–	–	–	–	–	–	–	–	–	–	–	–	–	–	–	–	–	–	–	–	–	–
マンネブダイセンM	◎	◎	–	◎	×	–	–	–	–	◎	◎	0	◎	◎	0	◎	◎	0	–	×	28	–	×	–	◎	△	0
ミルカーブ灌注	–	–	–	–	–	–	◎	◎	0	◎	◎	0	◎	◎	0	–	–	–	–	–	–	–	–	–	◎	◎	0
モレスタン	△	◎	–	◎	◎	–	–	△	–	×	×	28	–	◎	0	–	×	–	◎	◎	0	△	◎	–	◎	◎	5
ユーパレン	◎	◎	–	◎	◎	0	◎	◎	0	◎	◎	0	◎	◎	0	–	–	–	◎	◎	0	–	–	–	◎	×	7
ヨネポン	–	–	–	–	–	–	–	–	–	–	–	–	◎	◎	0	–	–	–	–	–	–	–	–	–	–	–	–
ラリー	–	–	–	–	–	–	–	–	–	–	–	–	◎	◎	0	–	–	–	–	–	–	–	–	–	–	–	–
ランマンフロアブル	–	–	–	◎	◎	0	–	–	–	–	–	–	◎	◎	0	–	–	–	–	–	–	–	–	–	–	–	–
リゾレックス	–	–	–	–	–	–	–	–	–	–	–	–	–	–	–	–	–	–	–	–	–	–	–	–	–	–	–
リドミルMZ	–	–	–	–	–	–	–	–	–	◎	◎	0	◎	◎	0	–	–	–	–	×	–	–	–	–	◎	◎	0
ルビゲン	–	–	–	◎	◎	0	◎	◎	0	◎	◎	0	◎	◎	0	–	–	–	–	–	–	–	–	–	◎	◎	0
ロブラール	◎	◎	0	◎	◎	0	◎	◎	0	◎	◎	0	◎	◎	0	–	–	–	–	–	–	–	–	–	◎	◎	0

注 卵：卵に、幼：幼虫に、成：成虫に、マ：マミーに、蛹：蛹に、胞子：胞子に、巣：巣箱の蜂のコロニーに対する影響です。残：その農薬が天敵に対して影響のなくなるまでの期間で単位は日数です。数字の横に↑があるものはその日数以上の影響がある農薬です。＊：薬液乾燥後に天敵を導入する場合には影響がないが、天敵が存在する場合には影響が出るおそれがあります。

記号：天敵などに対する影響
　　→野外・半野外試験…◎：死亡率0〜25%、○：25〜50%、△：50〜75%、×：75〜100%、
　　　室内試験…◎：死亡率0〜30%、○：30〜80%、△：80〜99%、×：99〜100%
　　マルハナバチに対する影響
　　→◎：影響なし、○：影響1日、△：影響2日、×：影響3日以上

・マルハナバチに対して影響がある農薬については、その期間以上巣箱を施設の外に出す必要があります。影響がない農薬でも、散布にあたっては蜂を巣箱に回収し、薬液が乾いてから活動させてください。
・表中のエルビニア カロトボーラは乳剤との混用はできませんが、3日以上の散布期間であれば近接散布が可能です。またバチルス ズブチリスは混用できない剤とでも、翌日以降の近接散布は可能です。
・表中の影響の程度および残効期間はあくまでも目安であり、気象条件(温度、降雨、紫外線の程度および換気条件など)により変化します。
・上記の理由により、この表が原因で事故が発生しても、当協議会としては一切責任を負いかねますのでご了承の上、ご使用ください。
・除草剤(バイオセーフと混用可能な除草剤は下記のとおり)
　クサブロック、スタッカー、バナフィン、カーブ、クサレス、ターザイン、ウエイアップ、ディクトラン
・最新のデータについては、www.biocontrol.jpを参照してください。

サバクツヤコバチ			ハモグリコマユバチ イサエアヒメコバチ			クサカゲロウ類			ハモグリミドリヒメコバチ	ネマトーダ類		ボーベリア バシアーナ	バーティシリウム レカニ	バチルス ズブチリス	エルビニア カロトボーラ	マルハナバチ	
蛹	成	残	幼	成	残	幼	成	残	成虫	幼	残	分生子	胞子	芽胞	菌	巣	残
◎	◎	0	◎	◎	0	◎	◎	—	◎	◎	0	×	△	◎	◎	◎	0
—	—	—	—	◎	—	—	—	—	—	—	—	◎	—	◎	—	◎	0
◎	◎	0	—	◎	0	◎	◎	0	—	◎	0	—	◎	—	×	—	0
◎	◎	0	—	—	—	—	—	—	—	—	—	—	◎	—	—	—	—
—	—	—	◎	◎	0	△	△	—	◎	—	—	—	×	◎	—	×	3〜5
◎	◎	0	—	◎	—	◎	◎	—	—	—	—	—	×	×	—	◎	—
—	—	—	—	—	—	—	—	—	—	—	—	—	—	◎	×	—	—
—	—	—	—	—	—	—	—	—	◎	—	—	×	×	◎	—	—	—
—	—	—	◎	◎	0	—	—	—	—	—	—	—	—	◎	◎	—	0
—	—	—	—	—	—	—	—	—	—	—	—	—	—	—	×	—	—
◎	◎	0	—	◎	0	—	◎	—	◎	◎	0	◎	◎	◎	◎	◎	0
◎	◎	0	—	◎	0	◎	◎	0	—	◎	0	×	◎	◎	水◎	◎	0

付録3① イチゴのハダニを中心としたIPM防除（例）（2014年10月作成）

月	8月			9月			10月			11月			12月		
旬	上	中	下	上	中	下	上	中	下	上	中	下	上	中	下
対象病害虫	育苗期					定植			ハウス被覆 天敵放飼				アブラムシ類防除		

ハダニ類

天敵を使用するハウスでは有機リン剤（マラソンなど）、合成ピレスロイド剤（アグロスリン・ロディーなど）はイチゴの定植前後～5月頃までは使用をしない

〈育苗中の病害虫防除〉
(1)ハダニ類
化学薬剤での防除が主体となる。適用のある剤はどれでもよいが、抵抗性の問題を考慮すると天敵に影響のない殺ダニ剤は定植後のハダニ防除に使用するよう考慮する。したがって、ハダニに効果があり、天敵にも影響のあるダニ剤はこの時期に使用するとよい。
(2)アブラムシ類
定植後のハウス内に持ち込まないよう徹底防除が大切。気門封鎖剤、コルト顆粒水和剤・ウララDF、チェス顆粒水和剤などで防除する
(3)コナジラミ類
アブラムシ類と同じ
(4)うどんこ病
定植後のハウス内に持ち込まないよう徹底防除が大切。トリフミン水和剤、パンチョTF顆粒水和剤、スコア顆粒水和剤、エコピタ液剤などで徹底防除する
また、灰色かび病との同時防除のできる、アミスター20フロアブル、アフェットフロアブルなども有効である

〈カブリダニ放飼前のハダニ防除〉
9月下旬定植の場合
　定植2週間後　コロマイト水和剤
　定植3週間後　エコピタ液剤
　定植4週間後　エコピタ液剤
〈ミヤコカブリダニの放飼〉
　定植約1ヵ月間後(10月下旬～11月上旬)
　ミヤコカブリダニ3本/10a
〈ミヤコカブリダニ放飼のポイント〉
・1番花が開花し隣の株の葉と葉が接している状態のときが放飼に適する
・放飼後の平均気温が10℃以上確保できるとよい

〈ミヤコカブリダニ放飼後の〉
(1)ミヤコカブリダニが定着しない
　①ハダニの発生場所にチリカブリ放飼する
　②ハダニの密度が高くなり発生がその後ミヤコカブリダニ2本＋
(2)ミヤコカブリダニが定着している
　①ハダニが散見されても様子を

ハスモンヨトウ

ハスモンヨトウの発生は定植直後から1ヵ月間程度が問題となるので、卵やふ化幼虫を見つけたら、プレオフロアブル（前日-4回）、フェニックス顆粒水和剤（前日-2回）などを散布する

コナジラミ類

コナジラミ類の初発生を確認したらエコピタ液剤、気門封鎖剤＋ボタニガードES、チェス顆粒水和剤などを散布する

黄色粘着板（ホリバー、スマイルキャッチなど）
コナジラミ類・アザミウマ類の発生を早期にキャッチするためにハウス内周辺に10枚程度設置するとよい

アブラムシ類

アブラムシ類の発生を確認したら気門封鎖剤、チェス顆粒水和剤、ウララDFなどを散布する

アザミウマ類

アザミウマ類の発生があったときはマッチ乳剤を散布する

病害（うどんこ病）（灰色かび病）

うどんこ病／月1回程度の薬剤散布をする
トリフミン水和剤、パンチョTF顆粒水和剤、アフェットフロアブル、
灰色かび病／月1回程度の薬剤散布をする
アミスター20フロアブル、スミレックス水和剤、フルピカフロアブ

〈カブリダニをうまく定着させるために〉
①カブリダニの増殖には15℃以上の温度と50％程度の湿度管理が望ましい。加温設備のあるハウスでの使用が理想的である。
②カブリダニを放飼する前に「葉かき」などの作業を済ませておくようなことが肝要である。
③育苗期間中にハダニやうどんこ病などの防除は徹底し無病害虫苗を定植することがうまく定着させるポイントである。
④カブリダニ放飼は株と株の葉が接するようになったとき、1番花が咲いた頃が放飼の適期である。

〈カブリダニを使用するメリット〉
①カブリダニを使用することでダニ剤の有効利用ができる。
②カブリダニを使用することでダニ剤の抵抗性獲得を遅らせることが可能となることがある。
③うまく定着すると薬剤散布労力が軽減され、イチゴの肥培管理作業に労力が向けられ高品質のイチゴの生産が可能となる可能性がある。
④薬剤散布回数の軽減が可能となり薬液の被爆が少なくなる。

1月			2月			3月			4月			5月			6月
上	中	下	上	中	下	上	中	下	上	中	下	上	中	下	上
	カブリダニの追加放飼を検討する					アザミウマ防除			アザミウマ防除						収穫期

〈4月から収穫終わりまでのハダニ防除〉
①天敵が活躍している場合
　ハダニが増殖するまではハダニの防除は不要
②天敵が確認されず、ハダニが増殖した場合
　殺ダニ剤[2]を散布する

〈ハダニの防除〉
場合
ダニ1本とハウス全体にミヤコカブリダニ2本を追加

止まらない場合は天敵に影響のないダニ剤[1]を散布し、チリカブリダニ1本を放飼する
る場合
見る

3月上〜中旬頃
ハダニの発生があり、天敵が確認されない場合はダニサラバフロアブルを散布する

3月以降はアザミウマが発生し果実を加害するので化学薬剤での防除が主体となる
その他の病害虫についても化学薬剤での防除をおすすめする

注　1）天敵放飼中に使用できる殺ダニ剤
　　　⇒ダニサラバフロアブル（前日－2回）、
　　　　スターマイトフロアブル（前日－2回）、
　　　　マイトコーネフロアブル（前日－2回）など
　　2）天敵放飼中は使用を控える殺ダニ剤
　　　⇒コロマイト水和剤（前日－2回）、
　　　　ピラニカフロアブル（前日－2回）、
　　　　カネマイトフロアブル（前日－1回）など
　　　　（カネマイトは影響は少ない）

ハウスのサイドを開閉するとコナジラミ類の飛び込みがあり発生を確認したら気門封鎖剤、気門封鎖剤＋ボタニガードESまたはゴッツAフロアブル、チェス顆粒水和剤などを散布する

アザミウマ類
2月の立春を過ぎると外気温の上昇に伴いハウスのサイドを開閉する頃からアザミウマの飛び込みが想定される
アザミウマは果実を直接加害するため甚大な被害を被ることがある
マッチ乳剤・ディアナSC・モスピラン水溶剤などを散布する

アミスター20フロアブル、ボトキラー水和剤などを散布。硫黄のくん煙（1日3時間以内）など
ル、カンタスドライフロアブルなど

〈ミヤコカブリダニとチリカブリダニ〉
①ミヤコカブリダニ
　ミヤコカブリダニはナミハダニ、カンザワハダニ、コナダニ、花粉微小生物などを捕食する広食性なので飢餓耐性がある。
　ハダニが発生していないときでも放飼ができるので、スケジュール放飼が可能となる。
②チリカブリダニ
　ナミハダニとカンザワハダニしか捕食しない。ハダニの少発生時でも効果を発揮する。

〈カブリダニの取扱い〉
①カブリダニは生き物なので製品が到着したらその日のうちに使用（放飼）する。
②ボトルを立てるとカブリダニは上部に集まる習性がありボトル内で偏在する。
③ボトルは横にしてゆっくり回転させカブリダニがボトル内で均一になるようにして放飼する。

付録3② 天敵類の放飼方法・効果の確認方法 (2014年9月作成)

	スワルスキーカブリダニ	ミヤコカブリダニ	チリカブリダニ	タイリクヒメハナカメムシ
適用害虫	アザミウマ類 コナジラミ類 チャノホコリダニ ミカンハダニ	ハダニ類	ハダニ類	アザミウマ類
寄生・捕食範囲	アザミウマ類、コナジラミ類の1齢幼虫を捕食する。ホコリダニ類、ハダニ類、花粉など。トマトやイチゴには定着しづらく使用は控える	ナミハダニ・カンザワハダニ・ミカンハダニ、微小生物、花粉などを捕食する	ナミハダニ・カンザワハダニなど植物体上で糸を出すハダニ類を捕食する	アザミウマ類・アブラムシ類・ハダニ類や鱗翅目の卵、微小生物、花粉などを捕食する
放飼方法	アザミウマ類やコナジラミ類の若齢幼虫を捕食するので、それらの発生極初期に放飼する	作物の葉上に放飼する ハダニの発生極初期はハウス全体に放飼する。ハダニがスポット的に発生している場合その部分に多く放飼する。チリカブリダニと併用すると高い防除効果が期待できる	作物の葉上に放飼する ハダニの発生初期にハウス全体に放飼する。ハダニがスポット的に発生している場合その部分に多く放飼する	放飼は夕方が望ましい 作物の葉上に放飼する アザミウマの発生極初期はハウス全体に放飼する。部分的に発生のあるところは多めに放飼する。放飼ムラを気にすることはない
初回の放飼時期	①アザミウマ、コナジラミの発生極初期 ②花粉などを餌にすることができるので害虫の発生前でも放飼できる	①イチゴ/定植約1ヵ月後頃で開花後 ②イチゴなど株と株の葉が重なる頃が放飼適時。広食性なのでハダニがいなくても放飼できる	ハダニの発生極初期	アザミウマ発生極初期
初回の放飼量	25,000〜50,000頭/10a	2,000〜6,000頭/10a	2,000〜6,000頭/10a	500〜2,000頭/10a
追加放飼の時期と量	冬春作は1回目放飼の3〜4ヵ月後夜温が15℃以上になったら25,000頭/10aを放飼する	初回放飼1〜2週間後 ハダニの発生の有無にかかわらず2,000〜6,000頭/10a放飼が望ましい	①ハダニの密度が増加し、カブリダニが見つからない場合は、早期にハダニの発生している場所に集中して放飼する ②圃場全体にハダニが発生している場合はカブリダニに影響のないダニ剤や気門封鎖剤を散布後に放飼する	初回放飼2週間程度後、成虫(またはふ化幼虫)の定着を確認し、成虫(またはふ化幼虫)がまったく確認されない場合は500〜1,000頭/10aを1〜2回放飼する
定着させるための工夫	①低温での活動がにぶいため定植後できるだけ早く放飼する。そのためには土壌施用殺虫剤の施用は避けたほうがよい	①ベットに敷きワラをするとよい ②畝間や株元に「フスマ」や「ヌカ」を施用するとよい ③ククメリスカブリダニと併用すると定着率がよくなる ④ハウス内が乾燥すると増殖がにぶることがある ⑤放飼前後には化学農薬はできるだけ使用しない。特に、放飼後は1ヵ月程度は薬剤散布を控える	①ベットに敷きワラをするとよい ②ハウス内が乾燥すると増殖がにぶることがある ③ハダニの初発時のツボ発生時に集中的に放飼することが望ましい ④放飼頭数は規定量を守る ⑤ミヤコカブリダニと併用するとよい	①畝間や株元に「フスマ」や「ヌカ」を施用するとコナダニなどが発生し餌となる ②ククメリスカブリダニと併用すると定着率がよくなる ③放飼前には化学農薬は使用しない(やむを得ず使用する場合は天敵に影響のない薬剤を選ぶ) ④放飼後は1ヵ月程度は薬剤散布を控える ⑤初回の放飼量は規定量で一番多い頭数を放飼する
放飼時の適温	夜温15℃、昼間20℃以上での放飼が望ましい	平均気温10℃以上が望ましい	平均気温12℃程度以上が望ましい	平均気温12℃程度以上が望ましい
活動最適温度	17〜30℃	25〜32℃	20〜25℃	25〜30℃
捕食量・産卵数	産卵数 2卵/1日	総産卵数 約70卵/1♀ 捕食量 5成虫/日/1頭 20幼虫/日/1頭 20卵/日/1頭	総産卵数 約60卵/1♀ 捕食量 5成虫/日/1頭 20幼虫/日/1頭 20卵/日/1頭	30℃の条件で 約100頭/日/1♀ 約30頭/日/1♂
効果の発現までの日数	20〜30日程度	30〜45日程度	30日程度	30〜45日程度
効果の確認方法	①アザミウマ類やコナジラミ類の成虫がいても幼虫がほとんど確認されない ②対象害虫の密度が減少し、スワルスキーの幼虫も確認できる ③葉脈の分岐部分でよく観察される	①ミヤコの成虫や幼虫が確認される ②ハダニの数が減少している ③ミヤコが見られなくてもミヤコの卵が確認される ④効果がわかるのは最初に放飼した成虫の孫の世代頃から ⑤ハダニがいなくなっても再度発生するとミヤコが見られる	①チリの成虫や幼虫が確認される ②ハダニの数が減少している ③チリが見られなくてもチリの卵が確認される ④ナミハダニの赤色タイプやカンザワハダニと混同しないこと ⑤効果がわかるのは最初に放飼した成虫の孫の世代頃から	①花の中や周辺、葉上などにハナカメムシの成虫や幼虫が確認できる ②アザミウマがいなくなる ③アザミウマの幼虫がいなくなる ④効果がわかるのは最初に放飼した成虫の孫の世代頃から
商品名(取扱会社)	スワルスキー(アリスタ)	スパイカルEX(アリスタ) ミヤコトップ(協友アグリ・アグリセクト・出光) ミヤコスター(住化テクノサービス)	スパイデックス(アリスタ) チリトップ(協友アグリ・アグリセクト・出光) カブリダニPP(シンジェンタ)	タイリク(アリスタ) トスパック(協友アグリ) オリスターA(住友化学) リクトップ(アグリセクト・出光)

注 対象作物・適用害虫は各社の製品により異なるので、製品のラベルを確認して下さい

コレマンアブラバチ	ヒメカメノコテントウ	チャバラアブラコバチ	オンシツツヤコバチ
アブラムシ類	アブラムシ類	アブラムシ類	コナジラミ類
とくに、ワタアブラムシ・モモアカアブラムシに寄生する。大型のヒゲナガアブラムシ類には寄生しない	多種アブラムシ類を捕食する	アブラムシ類に寄生する。成虫は産卵の栄養源としてアブラムシを捕食する。とくに、ヒゲナガアブラムシに効果がある。移動範囲は広くない	コナジラミ類に寄生する。オンシツコナジラミに高い選好性を示す
ハウス内に数ヵ所程度皿やカップに小分けしてアリが来ないように皿やカップを水盤などの中に置くとよい。ボトルのキャップを取りそのままハウス内に置いてもよい。	アブラムシの発生箇所に放飼する。外蓋をはずし、内蓋をめくって中身を作物上に振りかける	アブラムシの発生箇所に放飼する蓋を開けて中身を振り落とすか、ボトルを枝などに吊るして放飼する	マミーの付いたカードをオンシツコナジラミが寄生している部位のやや下部にぶら下げる。部分的に発生している場合は、その部分に多めにぶら下げる
アブラムシの発生初期	アブラムシ類の発生初期	ヒゲナガアブラムシの発生初期	オンシツコナジラミの発生初期
1,000頭/10a	0.5〜2頭/株	2,000頭/10a	25〜30株/1カード
初回放飼1週間後から数回放飼することが望ましい	初回放飼1〜2週間後から数回放飼することが望ましい	初回放飼1週間後から数回放飼することが望ましい	初回放飼1週間後から2〜3回放飼することが望ましい。カードは25〜30株当たり1カードの割合で枝などに吊り下げる
①バンカープラントを併用するとよい ②バンカープラントはムギ類をプランターに植えまたはハウスの谷部分に地植えし作物を加害しないムギクビレアブラムシを接種・増殖させ、コレマンアブラバチを接種し増殖させる	①アブラムシを見つけたらすぐに放飼する ②1〜2週間間隔で複数回の連続放飼が望ましい ③管理温度の低い条件での利用は避ける	①ヒゲナガアブラムシを見つけたらすぐに放飼する ②5〜7日間隔で3回程度の連続放飼が望ましい ③厳寒期や管理温度の低い施設での利用は避ける	①オンシツコナジラミの成虫を見つけたらすぐ放飼する ②1週間間隔で3回〜4回の連続放飼が望ましい ③タバココナジラミバイオタイプQの発生が確認されたら、サバクツヤコバチ製剤との併用がよい。さらに、微生物殺虫剤や天敵に影響の少ない化学薬剤を散布する
平均気温15℃程度以上が望ましい	夜温15℃以上が望ましい	夜温15℃以上が望ましい	平均気温15℃程度以上が望ましい
15〜25℃	15〜30℃	15〜30℃	25℃前後
総産卵数 300〜400卵/1♀	産卵数 約900卵/♀ アブラムシ捕食数/♀:約50頭/日	産卵数 約200卵/♀(5〜10卵/日/♀)	総産卵数 約300卵/1♀、約16卵/1♀/日 ホストフィーディング 　約160頭コナジラミ幼虫/ツヤコバチ♀成虫
20〜30日程度	1〜2週間程度(放飼世代の捕食効果)	1〜2週間程度(放飼世代の捕食効果)	30日程度
①葉裏に黄金色のマミーが確認できる ②ヒゲナガアブラムシには効果がない ③マミーからハチの脱出した穴がギザギザになっていると二次寄生蜂の可能性があり効果がなくなる	アブラムシの数が減る	①ヒゲナガアブラムシのコロニーに放飼するとアブラムシは分散・脱落する ②アブラムシの数が減る ③マミー(黒色)が観察されるが、葉から落下しやすく、発見しにくい	①オンシツツヤコバチの黒いマミーが確認できる ②オンシツコナジラミの密度が減少した
アフィパール(アリスタ) コレトップ(アグリセクト・出光) アブラバチAC(シンジェンタ)	カメノコS(住化テクノサービス・協友アグリ)	チャバラ(住化テクノサービス・協友アグリ)	エンストリップ(アリスタ) ツヤトップ(アグリセクト・出光・協友アグリ) ツヤコバチEF30(シンジェンタ)

(アリスタライフサイエンス㈱ 作物保護製品ガイド、住化テクノサービス㈱の資料を参考に作成)

天敵別索引

太字は製剤(商品)名

Amblyseius andersoni（カブリダニ）······· 166
Aphelinus abdominalis（ツヤコバチ）······· 164
Aphidius ervi（アブラバチ）······· 164
Delphastus pusillus（テントウムシ）······· 58, 166
Dicyphushesperus（カスミカメムシ）······· 166
Ephedrus cerasicola（アブラバチ）······· 164
Eretmocerus hayati（ツヤコバチ）······· 49, 166
Eretmocerus sophia（=E.transvena）
（ツヤコバチ）······· 58, 166
Eretmocerus spp.（ツヤコバチ）······· 49
Lysiphlebus testaeipes（アブラバチ）······· 164
Macrolophus caliginosus（カスミカメムシ）···· 166
Orius laevigatus（ハナカメムシ）······· 166
Orius linsidiosus（ハナカメムシ）······· 166
Paecilomycesfumosoroseus（菌）······· 166
Praon volucre など（コマユバチ）······· 164

● ア ●

アザミウマタマゴバチ······· 158, 161
アザミウマヒメコバチ······· 158, 161
アシナガグモ······· 126
アスケルソニア菌······· 25
アフィパール······· 63, 181
アブラコバチ······· 58, 107, 108, 112, 159
アブラバチ······· 56, 58, 61, 62, 65, 105, 106, 107, 108, 113, 118, 129, 131, 134, 140, 142, 159
アブラバチAC······· 63, 181

アブラバチ寄生蜂······· 164
アリ······· 143, 157, 159
アリガタシマアザミウマ
······· 34, 43, 168, 170, 172, 174, 176
イサエアヒメコバチ
······· 34, 43, 104, 111, 166, 169, 171, 173, 175, 177
イチレツカブリダニ······· 166
ウズキコモリグモ······· 114, 122, 123, 124
エルビアブラバチ······· 58
エルビア カロトボーラ······· 169, 171, 173, 175, 177
エンストリップ······· 181
黄きょう病菌（*Beauveria bassiana*）······· 124
オクシダンタリスカブリダニ······· 35
オリスターA······· 180
オンシツツヤコバチ······· 19, 20, 25, 27, 30, 31, 34, 43, 55, 56, 111, 166, 168, 170, 172, 174, 176, 181

● カ ●

カスミカメムシ（捕食性）······· 61
カブリダニ······· 23, 43, 49, 52, 53, 54, 55, 59, 61, 69, 71, 72, 74, 75, 85, 97, 98, 99, 100, 108, 109, 113, 125, 126, 127, 130, 131, 134, 137, 138, 141, 142, 143, 145, 146, 147, 148, 149, 150, 155, 157, 158, 160, 161, 178, 179
カブリダニPP······· 180
カメノコS······· 181
カメムシ（天敵）······· 84
カメムシ（捕食性）······· 45
狩りバチ（アシナガバチなど）······· 159
顆粒病ウイルス······· 131, 142, 153, 158
キアシクロヒメテントウ···· 145, 146, 148, 149, 151
キイカブリダニ······· 34, 126
キイロコバチ······· 35
キイロタマゴバチ······· 158, 159, 160
キイロホソコバチ······· 159
キジラミタマバチ······· 159
寄生性ハチ類······· 45
寄生蜂······· 34, 98, 111, 125, 126, 131, 142, 143, 149
ギフアブラバチ······· 54, 107, 164
キムネタマキスイ······· 158

ククメリスカブリダニ	30, 34, 42, 43, 56, 59, 60, 82, 166, 168, 170, 172, 174, 176, 180
クサカゲロウ	45, 48, 52, 113, 116, 118, 129, 131, 140, 142, 169, 171, 173, 175, 177
クモ	14, 45, 52, 113, 114, 116, 118, 122, 125, 126, 141, 143, 157, 158, 159, 161, 163
クロツヤテントウ	158, 161
クロヘリアトキリゴミムシ	158
クロヘリヒメテントウ	107, 108
クワコナカイガラヤドリバチ	34, 135, 137
クワコナコバチ	34
クワシロミドリトビコバチ	158
ケナガカブリダニ	49, 130, 141, 143, 158, 160, 161, 166
コウズケカブリダニ	145, 146, 158
コガネコバチ	126
コクロヒメテントウ	141
ゴッツA	33, 67, 70, 111, 112
コブモチナガヒシダニ	158
コマユバチ	141, 159, 160
ゴミムシ	34, 51, 52, 121, 122, 124, 126, 157, 158, 159, 160, 163
ゴミムシ(捕食性)	45, 50
コモリグモ	45, 51, 121, 124, 126, 141, 157
コレトップ	63, 181
コレマンアブラバチ	30, 34, 43, 49, 54, 58, 62, 63, 64, 65, 78, 79, 81, 82, 83, 87, 88, 89, 105, 111, 112, 115, 164, 168, 170, 172, 174, 176, 181
昆虫疫病菌(*Zoophthora* s.)	124, 158
昆虫寄生性糸状菌	158
昆虫寄生性センチュウ	131, 143, 159
昆虫病原ウイルス	158

● サ ●

ササグモ	126
サバクツヤコバチ	25, 31, 34, 43, 78, 111, 169, 171, 173, 175, 177
サルメンツヤコバチ	157, 158
猩紅病菌	158
ショクガタマバエ	34, 35, 56, 58, 60, 61, 65, 107, 108, 112, 113, 118, 131, 134, 137, 142, 164, 168, 170, 172, 174, 176
シルベストリコバチ	145, 158, 161
スタイナーネマ カーポカプサエ	43, 131, 132, 142
スタイナーネマ グラセライ	43
スパイカルEX	82, 98, 180
スパイカルプラス	59, 98, 99, 132
スパイデックス	98, 101, 180
スワルスキー	180
スワルスキーカブリダニ	22, 23, 28, 29, 30, 34, 42, 43, 48, 56, 58, 59, 60, 61, 78, 79, 81, 82, 84, 85, 86, 87, 89, 90, 91, 92, 93, 94, 98, 99, 100, 113, 146, 166, 168, 170, 172, 174, 176, 180
スワルスキープラス	29, 59, 60, 98, 99
センチュウ	159

● タ ●

タイリク	180
タイリクヒメハナカメムシ	28, 29, 30, 34, 42, 43, 64, 78, 79, 80, 81, 82, 87, 117, 168, 170, 172, 180
タカラダニ	158, 159
ダニヒメテントウ	145
タバコカスミカメ	23, 24, 25, 26, 27, 28, 29, 31, 32, 42, 55, 56, 60, 84, 85, 86, 87
タマゴコバチ	12, 26, 35, 116
タマバエ(捕食性)	129, 140, 157, 160
タマバエの一種(*Dentifibula* sp.)	158
タマバエの一種(*Lestodiplosis*. sp)	158, 159
チチュウカイツヤコバチ	25, 34
チビトビコバチ	154, 157, 158, 160
チャハマキチビアメバチ	158
チャバラ	181
チャバラアブラコバチ	34, 43, 112, 181
鳥類	159
チリカブリダニ	12, 19, 22, 27, 28, 29, 30, 34, 35, 43, 55, 56, 60, 61, 72, 74, 78, 79, 89, 95, 96, 97, 98, 100, 101, 108, 158, 160, 166, 168, 170, 172, 174, 176, 179, 180

天敵別索引 **183**

チリトップ ... 180
ツマアカオオヒメテントウ ... 35
ツヤコバチ（*Eretmocerus sophia*
　（= *E. transvena*）） ... 56, 58, 61, 159
ツヤコバチEF30 ... 181
ツヤトップ ... 181
ディジェネランスカブリダニ ... 34, 56, 61, 166
テングダニ ... 158
テントウムシ ... 45, 48, 52, 107, 111, 113, 114,
　　118, 129, 131, 134, 135, 137, 140, 141, 142,
　　143, 144, 145, 149, 155, 156, 157, 158, 159
テントウムシ（*Delphastus pusillus*） ... 58, 166
トウナンカブリダニ（*Euseius ovalis*）
　　... 56, 58, 61
トスパック ... 180
トビコバチ ... 141
ドヨウオニグモ ... 126
トリコグラマ ... 22
トリコデルマ ... 23

● ナ ●

ナガヒシダニ ... 137
ナナセツトビコバチ ... 157, 158
ナナホシテントウ ... 30, 115, 159
ナミテントウ ... 13, 34, 43, 81, 88, 108, 115, 141, 159
ナミヒメハナカメムシ ... 34, 52, 53
ニセトウヨウカブリダニ ... 158
ニセラーゴカブリダニ ... 145, 146, 158, 160, 161
ネマトーダ ... 169, 171, 173, 175, 177
ノミコバチ ... 159

● ハ ●

バーティシリウム レカニ
　　... 66, 67, 68, 169, 171, 173, 175, 177
バイオセーフ ... 131, 141, 142
バイオリサ・カミキリ ... 146
パイレーツ ... 67

ハエトリグモ ... 158
ハダニアザミウマ
　　... 130, 131, 134, 137, 141, 142, 158, 160, 161
ハダニカブリケシハネカクシ ... 145
ハダニクロヒメテントウ ... 146
ハダニバエ ... 35, 134, 137, 158, 160, 161, 166
バチルス ズブチリス ... 169, 171, 173, 175, 177
バチルス チューリンゲンシス ... 12
ハナカメムシ ... 23, 130, 131, 137, 141, 142, 174, 176
ハネカクシ
　　... 45, 50, 51, 59, 131, 134, 137, 141, 142, 158
ハネカクシの一種（*Atheta coriaria*） ... 56, 59
ハマキオスグロアカコマユバチ ... 158
ハマキコウラコマユバチ ... 158, 159
ハマキサムライコマユバチ ... 158
ハマキ天敵 ... 153, 158
ハモグリコマユバチ
　　... 34, 166, 169, 171, 173, 175, 177
ハモグリミドリヒメコバチ ... 34, 43
ハモリダニ ... 158, 161
ハラナガミドリヒメコバチ ... 159
ハレヤヒメテントウ ... 157, 158
BT剤 ... 12, 98, 153
ヒメアカホシテントウ
　　... 129, 135, 137, 140, 141, 158
ヒメオオメカメムシ ... 125, 126
ヒメカメノコテントウ
　　... 30, 34, 42, 43, 88, 107, 108, 141, 181
ヒメコバチ ... 126
ヒメテントウ ... 113, 114, 118, 119
ヒメハダニカブリケシハネカクシ ... 145
ヒメバチ ... 141, 158, 159, 160
ヒメハナカメムシ ... 43, 45, 48, 52, 53, 55, 59, 60,
　　61, 108, 113, 114, 116, 118, 119
ヒメハナカメムシの一種
（*Orius laevigatus, O. majusculus, O. insidiosus*）
　　... 56
ヒラタアブ ... 45, 48, 52, 113, 116, 118, 122,
　　129, 131, 134, 137, 140, 142, 155, 159, 164
ファラシスカブリダニ ... 35, 166
フツウカブリダニ ... 130, 141, 143

ブラシカトリコグラマ（T. brasicae） ……… 22
プリファード ……………………… 25, 33, 67, 69
ペキロマイセス テヌイペス ……………… 67
ペキロマイセス フモソロセウス ………… 25, 67
ペシ（キ）ロマイセス ………………… 23, 158
ベダリアテントウ ……… 12, 16, 18, 144, 145, 149, 151
ボーベリア バシアーナ
　……………… 25, 67, 68, 169, 171, 173, 175, 177
ボーベリア ……………………………… 23, 159
ホソハネコバチ ………………………… 158, 161
ホソヒラタアブ ………………………… 56, 61
ボタニガード …………… 33, 67, 68, 70, 90, 92

● マ ●

マイコタール ………… 25, 33, 67, 68, 70, 90, 111
マクロカスミカメ（Macrolophus pygmaeus）
　………………………………… 25, 56, 60, 61
マクワカブリダニ ……………………… 143
マダラツヤコバチ ……………………… 158
ミチノクカブリダニ ………………… 53, 114, 143
ミドリヒメ ……………… 169, 171, 173, 175, 177
ミヤコカブリダニ ……… 28, 29, 30, 34, 42, 43,
　56, 59, 72, 74, 78, 79, 80, 95, 96, 97, 98,
　99, 100, 130, 132, 141, 143, 146, 147, 148, 149,
　150, 151, 166, 168, 170, 172, 174, 176, 179, 180
ミヤコカブリダニ・パック ……………… 99
ミヤコスター …………………………… 180
ミヤコトップ …………………………… 180
メタリジウム アニソプリエ（菌）……… 25, 67
メタリジウム菌 ………………………… 23
ムカデ …………………………………… 159

● ヤ ●

ヤドリバエ ……………………………… 159
ヤドリバチ ……………………………… 129
ヤノネキイロコバチ …………………… 144, 145
ヤノネツヤコバチ …………………… 144, 145, 151
ヤマトクサカゲロウ ……… 30, 34, 42, 43, 122
ヨーロッパトビチビアメバチ ………… 12, 33, 34
ヨトウタマゴバチ ……………… 169, 171, 173

● ラ ●

リクトップ ……………………………… 180
リモニカスカブリダニ ………………… 30
緑きょう病菌（Nomuraea rileyi）……… 124
リンゴコカクモンハマキ顆粒病ウイルス
　………………………………………… 131
ルビーアカヤドリコバチ ……… 34, 144, 145, 151
レカニシウム ムスカリウム …………… 67
レカニシリウム菌 ……………………… 23

害虫別索引

Dysaphis plantaginea ················· 165
Eriophyes canestrinii フシダニの一種 ··· 167
Eriophyes macrotrichus フシダニの一種 ··· 167
Macrosiphum rosae ················· 165
Myzus nicotiana ···················· 165

● ア ●

アザミウマ類 ········ *29, 30, 34, 40, 41, 42, 43, 45, 52, 56, 61, 66, 67, 72, 78, 80, 82, 84, 85, 89, 95, 96, 98, 101, 106, 109, 111, 113, 117, 118, 119, 125, 167, 178, 180*
 チャノキイロアザミウマ
  ······ *146, 147, 149, 151, 152, 155, 157, 158, 161, 167*
 ネギアザミウマ ············· *56, 125, 126*
 ヒラズハナアザミウマ ··········· *78, 79, 80*
 ミカンキイロアザミウマ
  ············ *34, 56, 58, 59, 60, 61, 67, 78, 167*
 ミナミキイロアザミウマ ····· *26, 48, 70, 78, 79, 84, 85, 86, 90, 91, 92, 93, 94, 113, 114, 115, 118, 120*
アシグロハモグリバエ ················ *167*
アブラムシ類 ······· *28, 30, 34, 40, 41, 42, 43, 56, 58, 61, 64, 65, 66, 67, 72, 84, 85, 89, 101, 104, 105, 106, 107, 109, 110, 111, 113, 114, 115, 117, 118, 119, 123, 124, 133, 134, 135, 136, 140, 178, 181*
 エンドウヒゲナガアブラムシ ········· *58*
 カワリコブアブラムシ ··········· *140, 142*
 コミカンアブラムシ ············· *155, 159*

 ジャガイモヒゲナガアブラムシ
  ············ *58, 64, 88, 106, 107, 109, 110, 118, 165*
 ダイコンアブラムシ ················ *122*
 タイワンヒゲナガアブラムシ ······· *109, 110*
 チューリップヒゲナガアブラムシ
  ··· *58, 64, 105, 106, 108, 109, 110, 111, 112, 113, 165*
 トウモロコシアブラムシ ··········· *63, 107*
 ナシアブラムシ ············ *135, 136, 138*
 ニセダイコンアブラムシ ······ *58, 121, 122*
 バラミドリアブラムシ ················ *165*
 ヒエノアブラムシ ·················· *48*
 ヒゲナガアブラムシ ······ *64, 82, 83, 110, 181*
 ムギクビレアブラムシ ········ *58, 63, 88, 181*
 ムギワラギクオマルアブラムシ ········ *165*
 モモアカアブラムシ ···· *58, 62, 78, 87, 89, 104, 105, 106, 107, 109, 110, 113, 118, 121, 122, 134, 137, 140, 142, 165, 181*
 モモコフキアブラムシ ··········· *140, 142*
 ユキヤナギアブラムシ ······· *129, 131, 134, 137*
 リンゴクビレアブラムシ ··········· *129, 131*
 リンゴコブアブラムシ ············ *129, 131*
 ワタアブラムシ ······ *58, 62, 67, 70, 78, 87, 89, 90, 104, 105, 106, 109, 111, 112, 113, 114, 118, 131, 134, 137, 165, 181*
オオタバコガ ········ *22, 26, 41, 85, 89, 98, 101, 103, 109, 110, 113, 114, 117, 118, 119, 121, 122, 123*
オンシツコナジラミ ················ *28, 167*

● カ ●

カイガラムシ類 ····················· *137*
 イセリヤカイガラムシ
  ················· *12, 16, 18, 144, 145, 151*
 ウスイロマルカイガラムシ ············ *162*
 クワゴマダラヒトリ ················ *138*
 クワシロカイガラムシ
  ··············· *140, 152, 153, 154, 155, 157, 158*
 チャノマルカイガラムシ ············· *162*
 ナシマルカイガラムシ ······· *129, 130, 134, 138*
 ミカンワタカイガラムシ ············· *147*

ヤノネカイガラムシ ……… 144, 145, 147, 151
果樹カメムシ類 ……… 147, 149
カメムシ類 ……… 41, 133, 138
　クサギカメムシ ……… 137
　チャバネアオカメムシ ……… 137
　ミナミアオカメムシ ……… 87
クワゴマダラヒトリ ……… 137, 138
コスカシバ ……… 140, 141, 142, 143
コナガ ……… 50, 67, 121, 122, 123, 124
コナカイガラムシ類 ……… 26, 35, 133, 138, 149
　クワコナカイガラムシ ……… 34, 129, 134, 136, 138
　マツモトコナカイガラムシ ……… 138
コナジラミ類 …… 29, 30, 32, 34, 40, 41, 42, 43, 45, 56,
　61, 66, 67, 68, 72, 78, 80, 84, 85, 87, 98, 101, 102, 104,
　106, 109, 110, 111, 113, 117, 118, 119, 161, 178, 180, 181
コナダニ ……… 179
ゴマダラカミキリ ……… 146, 151

● サ ●

サビダニ類 ……… 26, 147, 149
シルバーリーフコナジラミ
　(タバコナジラミ　バイオタイプB) …… 31, 49
シロイチモジヨトウ ……… 121, 123, 125, 126, 127
シロスジヨトウ ……… 26
シンクイムシ類 ……… 133, 135, 141

● タ ●

ダニ類 ……… 136
タバコナジラミ ……… 24, 25, 27, 31, 40, 56, 60,
　66, 68, 78, 82, 84, 85, 87, 90, 111, 113, 118, 167
チビガ ……… 138
チャドクガ ……… 162
チャトゲコナジラミ ……… 154, 155, 158, 161
チャノナガサビダニ ……… 155
チャノホコリダニ ……… 30, 34, 43, 53, 54, 78, 84,
　85, 89, 90, 102, 113, 114, 115, 117, 118, 119, 155, 180
チャノホソガ ……… 152, 155, 157, 159

チャノミドリヒメヨコバイ
　……… 152, 154, 155, 157, 158, 161
チャミノガ ……… 162
チョウ目害虫 ……… 25, 98
ツノロウムシ ……… 134, 162
ツマグロアオカスミカメ ……… 154, 155
テントウムシダマシ ……… 114, 117
テントウムシダマシ類 ……… 115
トマトキバガ ……… 24, 25, 26, 27, 56, 60
トマトサビダニ ……… 24, 32, 110, 111, 112
トマトハモグリバエ ……… 89, 90

● ナ ●

ナガチャコガネ ……… 154, 159
ナシヒメシンクイ ……… 129, 131, 133, 140, 141, 142
ナシホソガ ……… 137, 138
ナモグリバエ ……… 104, 127
ニセナシサビダニ ……… 137
ネギコガ ……… 125, 126
ネギハモグリバエ ……… 125, 126, 128
ネキリムシ類 ……… 43

● ハ ●

ハスモンヨトウ ……… 41, 43, 48, 66, 84, 85, 89,
　95, 98, 104, 105, 106, 109, 110, 113,
　114, 117, 118, 119, 121, 122, 123, 125, 178
ハスモンヨトウ近縁種 ……… 26
ハダニ類 ……… 30, 34, 40, 43, 45, 52, 56, 61, 72, 78, 84,
　85, 89, 95, 96, 97, 98, 101, 105, 106, 108, 111, 113, 117,
　118, 119, 130, 133, 134, 135, 136, 138, 141, 167, 178, 180
　カンザワハダニ ……… 34, 52, 53, 113, 114,
　118, 131, 134, 135, 137, 140, 142,
　152, 155, 158, 160, 161, 167, 179, 180
　クワオオハダニ ……… 137, 142
　ナミハダニ ……… 28, 35, 49, 56, 96, 113, 118, 130,
　131, 134, 135, 137, 140, 142, 167, 179, 180

ミカンハダニ············29, 30, 144, 145, 146,
　　　　　　　147, 148, 149, 150, 151, 180
リンゴハダニ························130
ハマキガ類········152, 153, 155, 157, 159, 160
ハマキムシ類······129, 130, 133, 134, 135, 140, 141
　チャノコカクモンハマキ·······133, 152, 158, 159
　チャハマキ···············133, 152, 158, 160
　リンゴコカクモンハマキ··········131, 133, 142
　リンゴモンハマキ················131, 133, 142
ハモグリバエ類·········28, 34, 42, 43, 66, 84, 85, 89,
　　　　　　　102, 104, 106, 109, 110, 111, 118
ヒメボクトウ·····················129, 130, 131, 132
ホコリダニ類···························180

●マ●

マメコガネ································114
マメハモグリバエ············34, 85, 89, 98, 101
ミカンコナジラミ························147
ミカンサビダニ······················147, 149, 151
ミカントゲコナジラミ···················145, 161
ミカンナガタマムシ························147
モモシンクイガ·······129, 130, 131, 133, 140, 141, 142
モモノゴマダラノメイガ··········136, 138, 140, 142
モモハモグリガ·····················140, 141, 142, 143
モンクロシャチホコ························138
モンシロチョウ···················121, 122, 124

●ヤ●

ヨーロッパアワノメイガ······················12, 22
ヨコバイ·································154, 161
ヨトウガ························109, 121, 122, 125
ヨトウムシ······················34, 50, 103, 123
ヨモギエダシャク···························155, 159

●ラ●

リンゴワタムシ························129, 130, 131
ルビーロウムシ····················34, 145, 151, 162
ロウムシ類·································162

●ワ●

ワタヘリクロノメイガ···························90

天敵資材の問い合わせ先一覧

天敵資材名	商品名	製造販売元
チリカブリダニ	スパイデックス	アリスタライフサイエンス㈱
	カブリダニPP	シンジェンタジャパン㈱
	チリトップ	出光興産㈱、㈱アグリセクト
	石原チリガブリ	石原バイオサイエンス㈱
	チリカワーカー	小泉製麻㈱
ミヤコカブリダニ	スパイカルEX、スパイカルプラス	アリスタライフサイエンス㈱
	ミヤコトップ	㈱アグリセクト
	ミヤコスター	住化テクノサービス㈱
スワルスキーカブリダニ	スワルスキー、スワルスキープラス	アリスタライフサイエンス㈱
リモニカスカブリダニ	リモニカ	アリスタライフサイエンス㈱
キイカブリダニ	キイトップ	㈱アグリセクト
ククメリスカブリダニ	ククメリス	アリスタライフサイエンス㈱
	メリトップ	出光興産㈱、㈱アグリセクト
タイリクヒメハナカメムシ	オリスターA	住友化学㈱
	タイリク	アリスタライフサイエンス㈱
	リクトップ	出光興産㈱、㈱アグリセクト
	トスパック	協友アグリ㈱
アリガタシマアザミウマ	アリガタ	アリスタライフサイエンス㈱
ナミテントウ	テントップ	㈱アグリセクト
ヒメカメノコテントウ	カメノコS	住化テクノサービス㈱
ヒメクサカゲロウ	カゲタロウ	アグロスター㈲
オンシツツヤコバチ	エンストリップ	アリスタライフサイエンス㈱
	ツヤトップ、ツヤトップ25	㈱アグリセクト
サバクツヤコバチ	エルカード	アリスタライフサイエンス㈱
	サバクトップ	㈱アグリセクト
コレマンアブラバチ	アフィパール	アリスタライフサイエンス㈱
	アブラバチAC	シンジェンタジャパン㈱
	コレトップ	㈱アグリセクト
チャバラアブラコバチ	チャバラ	住化テクノサービス㈱
ギフアブラバチ	ギフパール	アリスタライフサイエンス㈱
イサエアヒメコバチ	ヒメトップ	出光興産㈱
ハモグリミドリヒメコバチ	ミドリヒメ	住友化学㈱
ヨーロッパトビチビアメバチ	ヨーロッパトビチビアメバチ	一般社団法人日本養蜂協会
顆粒病ウイルス	ハマキ天敵	アリスタライフサイエンス㈱
パスツーリアペネトランス	パストリア水和剤	サンケイ化学㈱
メタリジウムアニソプリエ	パイレーツ粒剤	アリスタライフサイエンス㈱
ボーベリアバシアーナ	ボタニガードES、ボタニガード水和剤	
ボーベリアバシアーナ	バイオリサマダラ	出光興産㈱
ペキロマイセスフモソロセウス	プリファード水和剤	三井物産㈱
ペキロマイセステヌイペス	ゴッツA®	出光興産㈱、住友化学㈱
バーティシリウムレカニ	マイコタール	アリスタライフサイエンス㈱
ボーベリアブロンニアティ	バイオリサカミキリ	出光興産㈱
スタイナーネマカーポカプサエ	バイオセーフ	㈱エスディーエスバイオテック、協友アグリ㈱、アリスタライフサイエンス㈱
スタイナーネマグラセライ	バイオトピア	㈱エスディーエスバイオテック、アリスタライフサイエンス㈱

注　1）本書で解説した天敵資材の製造元および販売元を掲載しました。連絡先は190ページをご覧ください。
　　2）入手については、まずは各地域のJAまたは農薬取扱店にお問い合わせください。

天敵資材の連絡先一覧　(50音順)

製造販売元	連絡先
㈱アグリセクト	〒300-0506 茨城県稲敷市沼田2629-1　☎029-840-5977
アグロスター㈲	〒254-0014 神奈川県平塚市四之宮2-6-25 ☎0463-23-7888
アリスタライフサイエンス㈱	〒104-6591 東京都中央区明石町8-1 聖路加タワー38階 ☎03-3547-4415
石原バイオサイエンス㈱	〒112-0004 東京都文京区後楽1-4-14 後楽森ビル15階 ☎03-5844-6320
出光興産㈱	〒100-8321 東京都千代田区丸の内3-1-1　☎03-6895-1331
㈱エスディーエスバイオテック	〒103-0004 東京都中央区東日本橋1-1-5 ヒューリック東日本橋ビル　☎03-5825-5522
協友アグリ㈱	〒103-0016 東京都中央区日本橋小網町6-1 山万ビル11階 ☎03-5645-0706
小泉製麻㈱	〒657-0864 兵庫県神戸市灘区新在家南町1-2-1 ☎078-841-4142
サンケイ化学㈱　(東京本社)	〒110-0005 東京都台東区上野7-6-11 第一下谷ビル ☎03-3845-7951
シンジェンタジャパン㈱	〒104-6021 東京都中央区晴海1-8-10 オフィスタワーX21階 ☎03-6221-1001
住化テクノサービス㈱	〒665-0051 兵庫県宝塚市高司4-2-1　☎0797-74-2120
住友化学㈱	〒104-8260 東京都中央区新川2-27-1 東京住友ツインビル東館 ☎0570-058-669(ナビダイアル)
(一社)日本養蜂協会	※本剤は市販しておらず、(一社)日本養蜂協会が必要に応じて組合員に配布している。
三井物産㈱	〒100-8631 東京都千代田区大手町1-3-1 JAビル ☎03-3285-5331

著者一覧 ＊所属は2016年3月時点

編著者

　　根本　久（保全生物的防除研究事務所）
　　和田哲夫（アリスタライフサイエンス㈱技術顧問）

著者（執筆順・所属）

　　アルベルト・ウルバネーハ（スペイン・バレンシア農業研究所）
　　Dr. Alberto Urbaneja（Instituto Valenciano de Investigaciones Agrarias）
　　メリトセル・ペレス-エド（スペイン・ハウメ大学）
　　Dr. Meritxell Perez-Hedo, PhD（Universitat Jaume I（UJI））
　　長坂幸吉（農研機構 中央農業総合研究センター）
　　黒木修一（宮崎県農政水産部 営農支援課）
　　厚井隆志（元 協友アグリ㈱）
　　滝本健雄（元 茨城県農業総合センター）
　　古味一洋（高知県農業振興部 環境農業推進課）
　　下元満喜（高知県農業技術センター）
　　伊村　務（栃木県農業試験場）
　　片山晴喜（静岡県農林技術研究所 果樹研究センター）
　　杜建明（㈲ユニオンファーム）
　　大井田寛（千葉県立農業大学校）
　　荒川昭弘（福島県農業総合センター 果樹研究所）
　　伊澤宏毅（鳥取県 西部農業改良普及所大山普及支所）
　　小澤朗人（静岡県農林技術研究所 茶業研究センター）

天敵利用の基礎と実際
──減農薬のための上手な使い方

2016年6月5日 第1刷発行

編著者　根本　久・和田哲夫

発行所　一般社団法人 農山漁村文化協会
〒107-8668　東京都港区赤坂7丁目6－1
電話　03(3585)1141(営業)　03(3585)1147(編集)
FAX　03(3585)3668　　振替　00120-3-144478
URL　http://www.ruralnet.or.jp/

ISBN978-4-540-14166-9　DTP製作／(株)農文協プロダクション
〈検印廃止〉　　　　　　　印刷・製本／(株)凸版印刷
Ⓒ根本久・和田哲夫ほか 2016
Printed in Japan　　　　　定価はカバーに表示
乱丁・落丁本はお取り替えいたします。